Introduction à la théorie des nombres

JEAN-MARIE DE KONINCK

ARMEL MERCIER

MODULO

Données de catalogage avant publication (Canada)

Mercier, Armel

   Introduction à la théorie des nombres

   (Collection universitaire de mathématiques)
   Comprend des réf. bibliogr. et un index.

   ISBN 2-89113-500-8

   1. Nombres, Théorie des. 2. Nombres, Théorie des – Problèmes et exercices. I. De Koninck, Jean-Marie, 1948- . II. Titre. III. Collection: Collection universitaire de mathématiques (Mont-Royal, Québec).

QA241.M47 1994   512.7   C94-941198-1

Équipe de production
Révision linguistique : François Morin
Correction d'épreuves : Marie Théorêt
Typographie : Lina Remon et André Montpetit
Illustration de la couverture : André-Jean Deslauriers

Portraits et photographies des mathématiciens : David Eugene Smith Collection, Rare Books and Manuscript Library, Columbia University.

Introduction à la théorie des nombres
© Modulo Éditeur, 1994
233, av. Dunbar, bureau 300
Mont-Royal (Québec)
Canada   H3P 2H4
Téléphone (514) 738-9818 / 1 888 738-9818
Télécopieur (514) 738-5838 / 1 888 273-5247
Site Internet : www.groupemodulo.com

Dépôt légal – Bibliothèque nationale du Québec, 1994
Bibliothèque nationale du Canada, 1994
ISBN 2-89113-500-8

Il est interdit de reproduire ce livre en tout ou en partie, par n'importe quel procédé, sans l'autorisation de la maison d'édition ou d'une société dûment mandatée.

Imprimé au Canada
3 4 5   09 08 07 06 05

Remerciements

Les auteurs remercient le professeur Jean-Marc Deshouillers de l'Université de Bordeaux pour ses précieux conseils, ainsi que les étudiantes et étudiants de l'Université du Québec à Chicoutimi et de l'Université Laval, qui ont vérifié et commenté les premières ébauches de cet ouvrage, contribuant ainsi à en améliorer le produit final. Il convient aussi de remercier les membres du comité de lecture de la Collection pour leur soutien et leurs remarques très judicieuses. Les auteurs tiennent enfin à remercier toute l'équipe de Modulo, dont l'enthousiasme et le professionnalisme ont été exemplaires.

L'objectif de cette collection est de produire des manuels de qualité en français pour le premier cycle universitaire dans tous les domaines des mathématiques. Un comité éditorial, dont le mandat est de garantir la pertinence et la justesse scientifique et pédagogique des ouvrages, a donc été mis sur pied. Il est composé de :

Pierre Leroux, département de mathématiques et d'informatique, Université du Québec à Montréal, président du comité

Hélène Décoste, éditrice, secrétaire du comité

Pierre Berthiaume, département de mathématiques et de statistique, Université de Montréal

Charles Cassidy, département de mathématiques et de statistique, Université Laval

Jacques Dubois, département de mathématiques et d'informatique, Université de Sherbrooke

Gilbert Labelle, département de mathématiques et d'informatique, Université du Québec à Montréal

Raymond Leblanc, département de mathématiques, Université du Québec à Trois-Rivières

Roger Pierre, département de mathématiques et de statistique, Université Laval

Michel Racine, département de mathématiques, Université d'Ottawa

Christiane Rousseau, département de mathématiques et de statistique, Université de Montréal

Comité de lecture

L'éditeur remercie de leurs précieux commentaires et remarques sur le contenu les personnes suivantes : Pierre Bouchard, département de mathématiques et d'informatique, Université du Québec à Montréal, Paulo Ribenboim, Department of Mathematics, Queen's University et Hidemitsu Sayeki, département de mathématiques et de statistique, Université de Montréal.

Dans la même collection

Introduction à l'analyse réelle   Jacques Labelle et Armel Mercier

Table des matières

Avant-propos   vii

CHAPITRE 1   La divisibilité   **1**
    1.1   Introduction 1
    1.2   Les notations 2
    1.3   L'induction mathématique et le théorème du binôme 2
    1.4   La divisibilité 4
    Exercices sur le chapitre 1 14

CHAPITRE 2   Les nombres premiers   **21**
    2.1   Introduction 21
    2.2   Le théorème fondamental de l'arithmétique 21
    2.3   Le crible d'Ératosthène 25
    2.4   La distribution des nombres premiers 26
    Exercices sur le chapitre 2 32

CHAPITRE 3   Les congruences   **37**
    3.1   Introduction 37
    3.2   Définition et propriétés élémentaires 37
    3.3   Le théorème de Fermat 40
    3.4   Le théorème du reste chinois 46
    3.5   Une application 47
    3.6   Une autre application : le codage des messages secrets 48
    Exercices sur le chapitre 3 54

CHAPITRE 4   Quelques fonctions importantes de la théorie des nombres   **61**
    4.1   La fonction $[x]$ 61
    4.2   Les fonctions arithmétiques 65

Exercices sur le chapitre 4 80

CHAPITRE 5 La distribution des nombres premiers — 93
    5.1   Introduction 93
    5.2   Les inégalités de Tchebycheff 94
    5.3   Des sommes restreintes à la suite des nombres premiers 103
    5.4   La fonction zêta de Riemann 105
    Exercices sur le chapitre 5 108

CHAPITRE 6 Les équations diophantiennes — 111
    6.1   Introduction 111
    6.2   L'équation $ax + by = c$ 111
    6.3   L'équation $x^2 + y^2 = z^2$ 114
    6.4   L'équation $x^4 + y^4 = z^2$ 117
    6.5   Le dernier théorème de Fermat 119
    6.6   Le problème de Waring 120
    Exercices sur le chapitre 6 125

CHAPITRE 7 La réciprocité quadratique — 129
    7.1   Introduction 129
    7.2   Les résidus quadratiques 130
    7.3   La loi de réciprocité quadratique 138
    Exercices sur le chapitre 7 142

CHAPITRE 8 Les fractions continues — 145
    8.1   Introduction 145
    8.2   Les fractions continues finies 145
    8.3   Les propriétés de p_n et q_n 149
    8.4   Les fractions continues infinies 151
    8.5   Les nombres irrationnels 154
    8.6   L'approximation de nombres irrationnels 157
    Exercices sur le chapitre 8 159

CHAPITRE 9 La classification des nombres réels — 161
    9.1   Les nombres irrationnels 161
    9.2   L'approximation des irrationnels par des rationnels 164
    9.3   Les nombres algébriques et les nombres transcendants 165
    Exercices sur le chapitre 9 168

CHAPITRE 10 Quelques notions de la théorie des partitions 171
10.1 Introduction 171
10.2 La représentation graphique 173
10.3 Les fonctions génératrices 173
10.4 Le comportement asymptotique de $p(n)$ 174
10.5 La théorie des partitions et les fonctions génératrices 177
Exercices sur le chapitre 10 178

CHAPITRE 11 Les séries de Dirichlet 181
11.1 Les séries de Dirichlet 181
11.2 L'unicité de représentation des séries de Dirichlet 184
11.3 Les fonctions génératrices et le produit de Dirichlet 185
11.4 L'intervalle de convergence d'une série de Dirichlet 187
11.5 Les fonctions génératrices des fonctions multiplicatives 190
Exercices sur le chapitre 11 192

CHAPITRE 12 Quelques développements asymptotiques élémentaires 195
12.1 La moyenne asymptotique d'une fonction arithmétique 195
12.2 La fonction $\tau(n)$ 199
Exercices sur le chapitre 12 202

Annexe A : Les nombres premiers plus petits que 10 000 207

Annexe B : La fonction $\pi(x)$ et ses estimations 211

Annexe C : Nombres de Fermat, nombres de Mersenne et nombres parfaits 213

Annexe D : Problèmes ouverts en théorie des nombres 217

Corrigé partiel des problèmes 221

Bibliographie 249

Index 253

Avant-propos

La théorie des nombres s'intéresse aux propriétés des nombres naturels $1, 2, 3, \ldots$. C'est un des domaines les plus anciens des mathématiques. Son histoire est d'ailleurs truffée de conjectures, dont plusieurs ont résisté au cours des siècles à l'acharnement des mathématiciens.

Pourtant, plusieurs des problèmes qui relèvent de la théorie des nombres peuvent être posés assez simplement. C'est le cas par exemple de la *conjecture des nombres premiers jumeaux*, selon laquelle il existe une infinité de nombres premiers p tels que $p+2$ est premier; elle n'est pas encore élucidée, même si la plupart des scientifiques pensent qu'elle est vraie! Cette simplicité apparente explique en partie pourquoi tant de mathématiciens, amateurs ou professionnels, ont été intrigués et attirés par les grandes questions de la théorie des nombres. D'ailleurs, beaucoup de problèmes qu'on aborde en théorie des nombres s'énoncent de façon élémentaire et arrivent donc aisément à susciter la curiosité de tous ceux qui en prennent connaissance. Aussi, on pourrait être porté à croire que la théorie des nombres ne met en œuvre que des manipulations de formules élémentaires ne comprenant que des nombres entiers. Or, il n'en est rien. En effet, très souvent, les démonstrations utilisent les propriétés des nombres réels, des théorèmes de l'analyse réelle et même, dans certains cas, la théorie des fonctions d'une variable complexe. C'est ainsi que l'on peut démontrer que la fonction $\pi(x)$, qui désigne le nombre de nombres premiers inférieurs ou égaux à x, vérifie la relation $\lim_{x \to \infty} \frac{\pi(x) \log x}{x} = 1$. Ce résultat, connu sous le nom de «théorème des nombres premiers», a été démontré pour la première fois en 1896 indépendamment par Hadamard et de La Vallée-Poussin, et cela au moyen de méthodes d'analyse complexe.

Le présent ouvrage expose les éléments de base de la théorie des nombres et constitue ainsi un excellent tremplin pour une étude approfondie des grands problèmes classiques de la théorie des nombres. Il s'adresse donc aux étudiants qui veulent s'initier à ce domaine fascinant des mathématiques qu'est la théorie des nombres. Pour le parcourir, nous abordons plusieurs thèmes classiques de la théorie des nombres, sans trop les explorer en profondeur, mais plutôt en les développant suffisamment pour motiver le lecteur à en apprendre davantage, en lui suggérant même à l'occasion des lectures supplémentaires.

Les thèmes que nous avons choisis sont les suivants : la divisibilité, les nombres premiers et leur distribution, les congruences et la réciprocité quadratique, les fonctions arithmétiques et leurs fonctions génératrices, la distribution des nombres premiers, les équations diophantiennes, les fractions continues, les nombres irrationnels, les nombres algébriques et les nombres transcendants, la théorie des partitions et enfin quelques développements asymptotiques élémentaires concernant les fonctions arithmétiques.

Nous nous sommes également permis de mentionner et parfois même de développer davantage des thèmes un peu plus spécialisés ; c'est ainsi que nous étudions au chapitre 3 le problème du codage des messages secrets, un sujet «très à la mode», surtout depuis le virage informatique des années 1970.

Des exercices, pour la plupart assez simples, sont donnés en fin de chapitre. Plusieurs des problèmes posés se rapportent à des logiciels mathématiques, tels que MAPLE et MATHEMATICA ; d'autres nécessitent l'application de méthodes d'analyse ou de notions d'algèbre. Les plus difficiles sont marqués d'un astérisque ($*$). Des solutions sont données à la fin du document.

La théorie des nombres est une branche des mathématiques dont l'étude fait beaucoup appel à l'intuition et à l'imagination. C'est pourquoi nous croyons que le présent ouvrage convient parfaitement pour un cours de base du Baccalauréat en mathématiques ou encore du Baccalauréat en enseignement secondaire avec majeure en mathématiques.

Jean-Marie De Koninck et Armel Mercier, septembre 1994.

Chapitre 1
La divisibilité

1.1 Introduction

La théorie des nombres s'intéresse aux propriétés des nombres naturels 1, 2, 3, ... Beaucoup de ces propriétés ont été étudiées avant notre ère. Ainsi, bien avant J.-C., on savait qu'un entier est divisible par 3 si et seulement si la somme de ses chiffres est divisible par 3 et on savait aussi que l'équation $x^2 + y^2 = z^2$ possède une infinité de solutions pour des nombres naturels. De même, l'infinitude des nombres premiers 2, 3, 5, 7, 11, 13, 17, ... était connue du grand mathématicien Euclide[1], qui vécut aux environs de l'an 300 av. J.-C.

Ainsi, la théorie des nombres est l'une des plus vieilles branches de la mathématique. Il est probable que les Grecs ont appris des Babyloniens et des anciens Égyptiens les principales propriétés des entiers naturels. Les premiers rudiments de la théorie des nombres actuelle sont attribués à Pythagore[2] et à ses disciples, auxquels on doit d'ailleurs la classification des nombres pairs et impairs. La division était utilisée par Euclide comme base pour trouver le plus grand commun diviseur de deux entiers. Il est l'auteur des *Éléments*, traité contenant un exposé de la géométrie et de diverses théories de l'arithmétique. Les concepts de nombres pair et impair de même que la définition des carrés, des cubes, des nombres premiers et des nombres composés apparaissent déjà dans le livre VII des *Éléments d'Euclide*.

Dans le présent ouvrage, nous nous limitons aux propriétés élémentaires des nombres naturels. Par exemple, on trouvera la propriété qui caractérise la suite de nombres entiers 5, 13, 17, 29, 37, 41, ... (voir chapitre 7, section 3) de même que celle pour la suite des nombres entiers 6, 28, 496, 8128, 33 550 336, 8 589 869 056, ... (voir chapitre 4, section 2) et beaucoup d'autres. Ainsi, on pourrait penser que le nombre

---

[1]. Euclide (330–270 av. J.-C.) fut un mathématicien de l'école d'Alexandrie.
[2]. Notre connaissance de la vie de Pythagore est incertaine. On estime qu'il est né entre 580 et 562 av. J.-C. dans l'île de Samos.

1729 est un entier sans intérêt. Ce n'est pas le cas, puisque Srinavasa Ramanujan (1887–1920) remarqua que ce nombre possède la propriété d'être le plus petit entier positif pouvant s'exprimer comme somme de deux cubes positifs, et cela de deux façons différentes, puisque $1729 = 1^3 + 12^3 = 9^3 + 10^3$. Notre objectif n'est pas de dresser la liste de toutes les propriétés des nombres naturels : ce serait bien sûr impossible. Nous aborderons plutôt, outre les propriétés classiques et fondamentales des nombres naturels, celles qui, selon nous, sont de nature à captiver l'imagination du lecteur et à l'encourager ainsi à en apprendre davantage.

1.2 Les notations

Nous désignerons respectivement par $\mathbb{N}$, $\mathbb{Z}$, $\mathbb{Q}$, $\mathbb{R}$ et $\mathbb{C}$ l'ensemble des nombres naturels, l'ensemble des nombres entiers, l'ensemble des nombres rationnels, l'ensemble des nombres réels et l'ensemble des nombres complexes. Nous désignerons aussi par $\emptyset$ l'ensemble vide. Finalement, le symbole ∎ indiquera la fin d'une démonstration.

1.3 L'induction mathématique et le théorème du binôme

Nous tiendrons pour acquis le principe du bon ordre, qui s'énonce ainsi :

Théorème A (Principe du bon ordre) *Tout ensemble non vide $S \subset \mathbb{N}$ contient un plus petit élément.*

On peut utiliser ce théorème pour démontrer une propriété importante des nombres.

Théorème 1.1 (Propriété archimédienne) *Soit $a, b \in \mathbb{N}$. Alors, il existe un entier positif n tel que $na \geq b$.*

DÉMONSTRATION Supposons le contraire, c'est-à-dire que $na < b$ pour chaque entier positif n. Considérons alors l'ensemble $S = \{b - na \mid n \in \mathbb{N}\}$. Il est clair que $S \subset \mathbb{N}$ et que $S \neq \emptyset$. En utilisant le théorème A, on déduit qu'il existe $s_0 \in S$ tel que $s_0 \leq s$ pour tout $s \in S$. Posons $s_0 = b - n_0 a$. Or, comme $b - (n_0 + 1)a \in S$, on doit avoir

$$b - (n_0 + 1)a \geq b - n_0 a,$$

ce qui veut dire que $n_0 + 1 \leq n_0$, d'où une contradiction évidente. ∎

Du principe du bon ordre on peut aussi déduire le principe d'induction.

Théorème 1.2 (Principe d'induction) *Soit S un ensemble de nombres naturels qui possède les deux propriétés suivantes :*

i) $1 \in S$;

ii) *si $k \in S$, alors $k+1 \in S$.*

Alors $S = \mathbb{N}$.

DÉMONSTRATION   Soit $B = \mathbb{N} \setminus S$. On veut démontrer que $B = \emptyset$. Supposons le contraire. Par le principe du bon ordre (théorème A), puisque $B \subset \mathbb{N}$, B doit posséder un plus petit élément b_0. Puisque $1 \in S$, on a que $b_0 > 1$. Ainsi, $0 < b_0 - 1 < b_0$, ce qui entraîne que $b_0 - 1 \notin B$, c'est-à-dire $b_0 - 1 \in S$. En faisant appel à ii), on a que $b_0 \in S$, c'est-à-dire que $b_0 \notin B$, donc une contradiction. ∎

Exemple 1.3 Montrer, à l'aide du principe d'induction, que la somme des n premiers carrés est égale à $n(n+1)(2n+1)/6$, c'est-à-dire que, pour $n \geq 1$,

$$1^2 + 2^2 + \cdots + n^2 = \frac{n(n+1)(2n+1)}{6}. \tag{1.1}$$

SOLUTION   D'abord (1.1) est facilement vérifiée pour $n = 1$. Supposons que $n = k$ vérifie (1.1); nous allons montrer que $n = k+1$ vérifie aussi (1.1). En vertu de l'hypothèse d'induction,

$$1^2 + 2^2 + \cdots + k^2 + (k+1)^2 = \frac{k(k+1)(2k+1)}{6} + (k+1)^2$$
$$= \frac{(k+1)(2k+3)(k+2)}{6},$$

ce qui est bien la relation (1.1) avec $n = k+1$, d'où le résultat.

Définition 1.4   Soit $n \in \mathbb{N}$ et k un entier satisfaisant $0 \leq k \leq n$. Alors, on définit

$$\binom{n}{k} = \frac{n!}{k!(n-k)!} = \frac{n(n-1)\ldots(n-k+1)}{k!}.$$

(On adopte la convention $0! = 1$.)

Lemme 1.5 (Règle de Pascal) *Soit $n \in \mathbb{N}$, alors, si $1 \leq k \leq n$, on a*
$$\binom{n}{k} + \binom{n}{k-1} = \binom{n+1}{k}.$$

DÉMONSTRATION Il suffit de recourir à la définition précédente. ∎

Remarque À l'aide de la règle de Pascal et de l'induction, on montre aisément que $\binom{n}{k}$ est nécessairement un entier.

Théorème 1.6 (Théorème du binôme) *Soit $a, b \in \mathbb{R}$ et $n \in \mathbb{N}$. Alors*
$$(a+b)^n = \sum_{k=0}^{n} \binom{n}{k} a^{n-k} b^k.$$

DÉMONSTRATION Il suffit d'appliquer le principe d'induction. ∎

1.4   La divisibilité

Définition 1.7 Soit $a, b \in \mathbb{Z}$ avec $a \neq 0$. On dit que a **divise** b s'il existe un entier q tel que $b = aq$, auquel cas on écrit $a|b$. Dans le cas contraire, on écrit $a \nmid b$ et on lit « a **ne divise pas** b ».

Remarque Si $a|b$, on dira aussi que b est divisible par a ou que b est un multiple de a. Dans le cas où $a|b$ et que $1 \leq a < b$, on dira que a est un diviseur propre de b. De plus, il est clair que $a|0$ quel que soit $a \in \mathbb{Z} \setminus \{0\}$. Enfin, on écrira $a^i \| b$ pour signifier que $a^i | b$ mais que $a^{i+1} \nmid b$.

Voici maintenant quelques résultats élémentaires se rattachant à la divisibilité.

Théorème 1.8 *Soit $a, b, c \in \mathbb{Z}$.*

  i) *Si $a|b$, alors $a|bc$ quel que soit $c \in \mathbb{Z}$.*

  ii) *Si $a|b$ et $b|c$, alors $a|c$.*

  iii) *Si $a|b$ et $a|c$, alors $a|(bx + cy)$, quels que soient $x, y \in \mathbb{Z}$.*

  iv) *Si $a|b$ et $b|a$, alors $a = \pm b$.*

v) *Si $a|b$ et $b \neq 0$, alors $|a| \leq |b|$.*

DÉMONSTRATION

i) Si $a|b$, alors il existe un entier q tel que $b = aq$. Alors, $bc = a(qc)$ et ainsi $a|bc$.

ii) Si $a|b$ et $b|c$, alors il existe des entiers q et r tels que $b = aq$ et $c = br$. Donc, $c = a(qr)$ et ainsi $a|c$.

iii) Si $a|b$ et $a|c$, alors il existe des entiers q et r tels que $b = aq$ et $c = ar$. Il s'ensuit que
$$bx + cy = aqx + ary = a(qx + ry)$$
et ainsi que $a|(bx + cy)$ quels que soient $x, y \in \mathbb{Z}$.

iv) Si $a|b$ et $b|a$, alors il existe des entiers q et r tels que $b = aq$ et $a = br$. On a donc $b = b(qr)$ et ainsi $qr = 1$; c'est pourquoi $q = \pm 1$, c'est-à-dire que $a = \pm b$.

v) Si $a|b$ et $b \neq 0$, alors il existe un entier $q \neq 0$ tel que $b = aq$. Mais alors, $|b| = |a||q| \geq |a|$, puisque $|q| \geq 1$. ∎

Théorème 1.9 (Division euclidienne) *Soit $a, b \in \mathbb{Z}$ avec $a > 0$; alors, il existe des entiers q et r tels que $b = aq + r$, où $0 \leq r < a$. De plus, si $a \nmid b$, alors $0 < r < a$.*

DÉMONSTRATION Considérons l'ensemble
$$S = \{b - ma \mid m \in \mathbb{Z}, \ b - ma \geq 0\}.$$

Il est facile de voir que $S \subset \mathbb{N} \cup \{0\}$ et que $S \neq \emptyset$, d'où, d'après le principe du bon ordre, on conclut que S contient un plus petit élément $r \geq 0$. Soit q l'entier satisfaisant à $r = b - qa$. Ainsi, on a $b = aq + r$. Il reste à montrer que $r < a$. Supposons le contraire, c'est-à-dire que $r \geq a$. Alors, dans ce cas, on a $b - qa \geq a$, ce qui est équivalent à $b - (q+1)a \geq 0$; mais $b - (q+1)a \in S$ et $b - (q+1)a < b - qa$, ce qui contredit le fait que $b - qa$ est le plus petit élément de S. Donc, $r < a$. Enfin, il est clair que si $r = 0$, on a $a|b$, d'où la seconde affirmation du théorème. ∎

Remarques

1. Dans l'énoncé de la division euclidienne, on a supposé que $a > 0$. Qu'obtient-on lorsque $a < 0$? Dans cette situation, $-a$ est positif, et alors on peut appliquer la division euclidienne à b et $-a$. Par conséquent, il existe des entiers q et r tels que

$$b = q(-a) + r, \quad \text{où} \quad 0 \leq r < |a|.$$

Or, cette relation peut s'écrire $b = (-q)a + r$, où, bien sûr, $-q$ est un entier. La conclusion est que la division euclidienne peut s'énoncer sous la forme plus générale : *Soit $a, b \in \mathbb{Z}$ avec $a \neq 0$, alors il existe des entiers q et r tels que $b = aq + r$, où $0 \leq r < |a|$. De plus, si $a \nmid b$, alors $0 < r < |a|$.*

2. Les entiers q et r dans le théorème 1.9 sont uniques. En effet, s'il existe deux autres entiers q_1 et r_1 tels que $b = aq_1 + r_1$ avec $0 \leq r_1 < a$, alors $a(q_1 - q) = r - r_1$ et ainsi $a \mid (r - r_1)$. En vertu du théorème 1.8 v), on a, si $r - r_1 \neq 0$, $|r - r_1| \geq a$. Or, cette dernière inégalité est impossible puisque $-a < r - r_1 < a$. Donc, $r = r_1$ et, puisque $a \neq 0$, alors $q_1 = q$; d'où l'unicité.

Définition 1.10 Soit $a, b \in \mathbb{Z}$ tels que $ab \neq 0$. Le **plus grand commun diviseur** (*p.g.c.d.*) de a et b, noté (a, b), est l'entier positif d qui satisfait aux deux conditions suivantes :

  i) $d \mid a$ et $d \mid b$;   ii) si $c \mid a$ et $c \mid b$, alors $c \leq d$.

Exemple 1.11 On a $(-4, 8) = 4$, $(9, 12) = 3$ et $(-14, -18) = 2$.

Remarque Notons que 1 est un diviseur commun de deux entiers arbitraires. Cependant, il n'est pas évident que le p.g.c.d. de deux entiers a et b existe toujours; ce fait est démontré dans le théorème suivant. Cependant, si le p.g.c.d. existe, il est unique. En effet, si $d = (a, b)$ et $d_1 = (a, b)$, alors $d \leq d_1$ et $d_1 \leq d$ et puisque d et d_1 sont positifs, alors $d = d_1$.

Théorème 1.12 *Soit $a, b \in \mathbb{Z}$ tels que $ab \neq 0$. Alors, il existe des entiers x_0 et y_0 tels que*

$$(a, b) = ax_0 + by_0.$$

DÉMONSTRATION   Considérons l'ensemble

$$S = \{ax + by \mid x, y \in \mathbb{Z}, ax + by > 0\}.$$

Comme $S \subset \mathbb{N}$ et $S \neq \emptyset$ (puisqu'au moins un des nombres $\pm a, \pm b$ est positif), on peut utiliser le principe du bon ordre et conclure que S possède un plus petit élément d. On peut alors écrire $d = ax_0 + by_0$, pour un certain choix $x_0, y_0 \in \mathbb{Z}$. Il suffit de montrer que $d = (a, b)$. Pour cela, il faut montrer que d satisfait aux conditions i) et ii) de la définition 1.10. Commençons par i). Supposons que $d \nmid a$. Alors, d'après la division euclidienne, il existe $q, r \in \mathbb{Z}$ tels que $a = qd + r$, où $0 < r < d$. Mais alors

$$r = a - qd = a - q(ax_0 + by_0) = a(1 - qx_0) + b(-qy_0)$$

et donc $r \in S$ et $r < d$, ce qui contredit le fait que d est le plus petit élément de S. Donc, $d|a$ et, de la même façon, on démontre que $d|b$. D'autre part, si c est un commun diviseur de a et b, alors, d'après le théorème 1.8 iii), on a que $c|ax + by$, quels que soient $x, y \in \mathbb{Z}$; en particulier $c|d$ et, comme $d > 0$, on a que $c \leq d$, et ainsi ii) est satisfait. ∎

Remarque Les entiers x_0, y_0 dont il est question dans l'énoncé du théorème 1.12 ne sont pas uniques. Voir à ce sujet l'exercice 14, en fin de chapitre.

Corollaire 1.13 *Soit $a, b \in \mathbb{Z}$ tels que $ab \neq 0$. Alors*

$$S = \{ax + by \mid x, y \in \mathbb{Z}\}$$

constitue l'ensemble de tous les multiples de $d = (a, b)$.

DÉMONSTRATION Soit $M = \{nd \mid n \in \mathbb{Z}\}$. On veut montrer que $S = M$. Soit d'abord $s \in S$. Comme $d|a$ et $d|b$, alors $d|ax + by$ pour tout $x, y \in \mathbb{Z}$. En particulier $d|s$, ce qui implique que $s \in M$. Réciproquement, choisissons $m \in M$, c'est-à-dire $m = nd$ pour un certain $n \in \mathbb{Z}$. Comme $d = ax_0 + by_0$ pour un choix d'entiers $x_0, y_0 \in \mathbb{Z}$, alors

$$m = nd = n(ax_0 + by_0) = a(nx_0) + b(ny_0) \in S.$$

Ainsi se termine la démonstration. ∎

Remarque Que se passe-t-il si, au lieu de définir le plus grand commun diviseur de deux entiers non nuls, on permet à l'un d'eux d'être égal à 0, disons $a \neq 0, b = 0$? Dans ce cas, on a $a|b$ et, selon notre définition du p.g.c.d., il est clair que $(a, 0) = |a|$.

Définition 1.14 Soit $a_1, a_2, \ldots, a_n \in \mathbb{Z}$, $a_1 a_2 \cdots a_n \neq 0$. Le **plus grand commun diviseur** de $a_1, a_2, \ldots, a_n$, noté $(a_1, a_2, \ldots, a_n)$, est l'entier positif d qui satisfait aux deux conditions suivantes :

i) $d|a_1, d|a_2, \ldots, d|a_n$;
ii) si $c|a_1, c|a_2, \ldots, c|a_n$, alors $c \leq d$.

Théorème 1.15 *Soit $a_1, a_2, \ldots, a_n \in \mathbb{Z}$ tels que $a_1 a_2 \cdots a_n \neq 0$. Posons $d = (a_1, a_2, \ldots, a_n)$. Alors, il existe des entiers $x_1, x_2, \ldots, x_n$ tels que*

$$d = (a_1, a_2, \ldots, a_n) = \sum_{i=1}^{n} a_i x_i.$$

De plus, d est le plus petit élément positif de

$$S = \left\{ \sum_{i=1}^{n} a_i y_i \ \Big| \ y_i \in \mathbb{Z}, \ i = 1, 2, \ldots, n \right\}.$$

Enfin, S constitue l'ensemble de tous les multiples de d.

DÉMONSTRATION   La démonstration de la première partie est analogue à celle du théorème 1.12 et celle de la deuxième partie à celle du corollaire 1.13. ∎

Le résultat suivant est souvent utilisé comme définition du p.g.c.d.

Théorème 1.16 *Soit $a, b \in \mathbb{Z}$ tels que $ab \neq 0$. Soit d un entier positif. Alors*

$$d = (a, b) \iff \begin{cases} d|a \text{ et } d|b & (1) \\ c|a \text{ et } c|b \Rightarrow c|d & (2). \end{cases}$$

DÉMONSTRATION   Supposons que $d = (a, b)$, alors (1) est vérifié. D'après le théorème 1.12, il existe des entiers $x_0, y_0 \in \mathbb{Z}$ tels que $d = ax_0 + by_0$. Par conséquent, si $c|a$ et $c|b$, alors $c|(ax_0 + by_0) = d$, ce qui démontre (2).

Inversement, soit d un entier positif satisfaisant (1) et (2). La première partie de la définition est vérifiée. Pour la seconde partie, on procède comme suit : si $c|a$ et $c|b$, alors, d'après l'hypothèse, on a $c|d$ et donc $d \geq c$, ce qui veut dire que d est le plus grand commun diviseur de a et b. ∎

Théorème 1.17 *Soit $d = (a, b)$ et soit $m \in \mathbb{Z}$; alors :*

i) $(a, b + ma) = (a, b) = (a, -b)$;

ii) $(am, bm) = |m|(a, b)$, où $m \neq 0$;

iii) $\left(\dfrac{a}{d}, \dfrac{b}{d}\right) = 1$;

iv) *Si $g \in \mathbb{Z} \setminus \{0\}$ tel que $g|a$ et $g|b$, alors* $\left(\dfrac{a}{g}, \dfrac{b}{g}\right) = \dfrac{1}{|g|}(a, b)$.

DÉMONSTRATION

i) Soit $g = (a, b+ma)$. Puisque $d|a$ et $d|b$, alors $d|b+ma$ et ainsi $d|a$ et $d|b+ma$ entraînent $d|g$. Mais $g|a$ et $g|b+ma$ impliquent que $g|a$ et $g|b$, c'est-à-dire $g|(a,b) = d$. Puisque d et g sont positifs, on conclut que $d = (a,b) = (a, b+ma) = g$. On procède de la même façon pour montrer que $(a,b) = (a,-b)$.

ii) Supposons pour le moment que $m > 0$. Puisque $d|a$ et $d|b$, alors $dm|am$ et $dm|bm$; par conséquent, on a $dm|(am, bm)$. Il existe donc un entier $k > 0$ tel que

$$(am, bm) = dmk \tag{1.2}$$

et alors $dmk|am$ et $dmk|bm$, d'où $dk|a$ et $dk|b$ ou encore $dk|(a,b) = d$. Ainsi, on obtient que $k = 1$ et, d'après l'équation (1.2), on a

$$(am, bm) = dm = m(a,b) = |m|(a,b).$$

Si $m < 0$, alors $-m = |m| > 0$ et ainsi

$$(am, bm) = (-am, -bm) = (a|m|, b|m|) = |m|(a, b).$$

iii) Il est clair que

$$d = (a, b) = \left(d \cdot \frac{a}{d}, d \cdot \frac{b}{d}\right) = d\left(\frac{a}{d}, \frac{b}{d}\right),$$

d'où le résultat.

iv) On a $a = a_1 g$, $b = b_1 g$, d'où

$$(a, b) = (a_1 g, b_1 g) = |g|(a_1, b_1) = |g|\left(\frac{a}{g}, \frac{b}{g}\right)$$

et le résultat suit. ∎

Élaborons maintenant une méthode qui s'avérera très importante pour calculer le plus grand commun diviseur de deux entiers.

Théorème 1.18 (Algorithme d'Euclide) *Soit $a, b \in \mathbb{Z}$, où $a > 0$. En appliquant successivement la division euclidienne (théorème 1.9), on obtient la suite d'équations*

$$\begin{aligned}
b &= aq_1 + r_1, & 0 < r_1 < a \\
a &= r_1 q_2 + r_2, & 0 < r_2 < r_1 \\
r_1 &= r_2 q_3 + r_3, & 0 < r_3 < r_2 \\
&\vdots & \\
r_{j-2} &= r_{j-1} q_j + r_j, & 0 < r_j < r_{j-1} \\
r_{j-1} &= r_j q_{j+1} &
\end{aligned}$$

Si $d = (a,b)$, alors $d = r_j$. Par suite, les entiers x_0, y_0 satisfaisant à $d = ax_0 + by_0$ peuvent être obtenus par élimination de $r_1, r_2, \ldots, r_{j-1}$ du système d'équations.

DÉMONSTRATION   On veut d'abord montrer que $r_j = (a,b)$. Or, d'après le théorème 1.17 i), on a successivement

$$(a,b) = (a, r_1) = (r_1, r_2) = \ldots = (r_{j-1}, r_j) = r_j.$$

Pour démontrer la deuxième partie du théorème, on écrit l'avant-dernière équation du système sous la forme

$$r_j = r_{j-2} - q_j r_{j-1}.$$

Or, en utilisant l'équation précédant l'avant-dernière équation du système, on a

$$\begin{aligned}
r_j &= r_{j-2} - q_j(r_{j-3} - q_{j-1} r_{j-2}) \\
&= (1 + q_j q_{j-1}) r_{j-2} + (-q_j) r_{j-3}.
\end{aligned}$$

En continuant ce processus, on arrive à exprimer r_j comme une combinaison linéaire de a et b. ∎

Exemple 1.19 Calculer le plus grand commun diviseur de $(966, 429)$ et exprimer ce nombre comme une combinaison linéaire de 966 et de 429.

SOLUTION   Puisque

$$\begin{aligned}
966 &= 429 \times 2 + 108, \\
429 &= 108 \times 3 + 105, \\
108 &= 105 \times 1 + 3, \\
105 &= 3 \times 35,
\end{aligned}$$

on en déduit, d'après le théorème 1.18, que $(966, 429) = 3$ et, de plus, que

$$\begin{aligned} 3 &= 108 - 105 = 108 - (429 - 108 \cdot 3) = 108 \cdot 4 - 429 \\ &= (966 - 429 \cdot 2) \cdot 4 - 429 = 966 \cdot 4 - 429 \cdot 9 \\ &= 966 \cdot (4) + 429 \cdot (-9). \end{aligned}$$

Définition 1.20 On dit que les entiers $a_1, a_2, \ldots, a_n$ sont **relativement premiers** si $(a_1, a_2, \ldots, a_n) = 1$.

Théorème 1.21 *Soit $a, b \in \mathbb{Z}$ tels que $ab \neq 0$. Alors*

$$(a, b) = 1 \iff \text{il existe } x, y \in \mathbb{Z} \text{ tels que } ax + by = 1.$$

DÉMONSTRATION
($\Longrightarrow$) Si $(a, b) = 1$, alors, d'après le théorème 1.12, il existe $x, y \in \mathbb{Z}$ tels que $ax + by = 1$.
($\Longleftarrow$) Soit $d = (a, b)$, alors, d'après le théorème 1.8 iii), on a que $d | ax + by = 1$ et, comme $d \geq 1$, alors $d = 1$. ∎

Théorème 1.22 *Soit $a, m, n \in \mathbb{Z} \setminus \{0\}$. Alors*

$$(a, m) = (b, m) = 1 \iff (ab, m) = 1.$$

DÉMONSTRATION D'après le théorème précédent, on a $(ab, m) = 1$ si et seulement si il existe des entiers $x, y \in \mathbb{Z}$ tels que $abx + my = 1$. Si l'on applique encore ce théorème, cette dernière égalité est vraie si et seulement si $(a, m) = 1$ et $(b, m) = 1$. ∎

Remarque En recourant au théorème 1.22 et à l'induction, on peut démontrer que si $(a, b) = 1$, alors $(a^n, b^k) = 1$ quels que soient les entiers positifs n et k.

Théorème 1.23 (Lemme d'Euclide) *Si $a | bc$ et $(a, b) = 1$, alors $a | c$.*

DÉMONSTRATION D'après le théorème 1.21, il existe $x, y \in \mathbb{Z}$ tels que $1 = ax + by$ et alors $c = acx + bcy$. Mais $a | ac$ et $a | bc$ impliquent que $a | (acx + bcy)$, c'est-à-dire que $a | c$. ∎

Exemple 1.24

1. Montrer que si $b|a$ et $c|a$, où $(b,c) = 1$, alors $bc|a$.

SOLUTION Il existe des entiers m et n tels que $a = mb = nc$. Donc, $b|nc$ et, puisque $(b,c) = 1$, alors $b|n$ et ainsi $bc|nc = a$.

2. Montrer que si $(a,b) = 1$, alors $(ac,b) = (c,b)$.

SOLUTION Soit $d = (ac,b)$. Alors $d|ac$ et $d|bc$. Il s'ensuit que $d|(ac,bc) = |c|(a,b) = |c|$ et ainsi que $d|(b,c)$. D'autre part, (b,c) divise ac et b, c'est-à-dire $(b,c)|(ac,b) = d$.

Définition 1.25 Soit $a_1, a_2, \ldots, a_n \in \mathbb{Z} \setminus \{0\}$. On dit que m est un **commun multiple** de $a_1, a_2, \ldots, a_n$ si $a_i|m$ pour $i = 1, 2, \ldots, n$. Le **plus petit commun multiple** (p.p.c.m.) de $a_1, a_2, \ldots, a_n$, noté $[a_1, a_2, \ldots, a_n]$, est le plus petit entier positif parmi tous les communs multiples de $a_1, a_2, \ldots, a_n$.

Remarque Soit $a_1, a_2, \ldots, a_n \in \mathbb{Z} \setminus \{0\}$; alors, le plus petit commun multiple existe. En effet, considérons l'ensemble

$$E = \{m \in \mathbb{N} \mid a_i|m, \text{ pour } i = 1, 2, \ldots, n\}.$$

Puisque $|a_1 a_2 \cdots a_n| \in E$, alors l'ensemble est non vide et, d'après l'axiome du bon ordre, l'ensemble E contient un plus petit élément positif.

Théorème 1.26

i) *Si m est un commun multiple de $a_1, a_2, \ldots, a_n$, alors $[a_1, a_2, \ldots, a_n]|m$.*

ii) *Si $k > 0$, alors $[ka_1, ka_2, \ldots, ka_n] = k[a_1, a_2, \ldots, a_n]$.*

iii) $[a,b] \cdot (a,b) = |ab|$.

DÉMONSTRATION

i) Soit $M = [a_1, a_2, \ldots, a_n]$. Alors, d'après la division euclidienne, il existe des entiers q et r tels que

$$m = qM + r, \quad 0 \leq r < M.$$

Il suffit de montrer que $r = 0$. Supposons que $r \neq 0$. Puisque $a_i | m$ et $a_i | M$, alors on a $a_i | r$, et cela pour $i = 1, 2, \ldots, n$. Donc, r est un commun multiple de $a_1, a_2, \ldots, a_n$ plus petit que le plus petit commun multiple M. On a obtenu une contradiction, ce qui prouve la première partie.

ii) Soit $M = [a_1, a_2, \ldots, a_n]$ et $m = [ka_1, ka_2, \ldots, ka_n]$; alors, kM est un multiple de ka_i pour $i = 1, 2, \ldots, n$, et puisque m est le plus petit commun multiple de ka_i, on a $m \leq kM$. De plus, m est un multiple de tous les ka_i, $i = 1, 2, \ldots, n$; c'est pourquoi m/k est un multiple de tous les a_i, $i = 1, 2, \ldots, n$. Donc, $M \leq m/k$ et ainsi $kM \leq m$. C'est pourquoi $kM = m$.

iii) Puisque $(a, b) = (a, -b)$ et $[a, b] = [a, -b]$, il suffit de prouver le résultat pour des entiers positifs a et b. En tout premier lieu, considérons le cas où $(a, b) = 1$. L'entier $[a, b]$ étant un multiple de a, on peut écrire $[a, b] = ma$. Ainsi, on a $b | ma$ et, puisque $(a, b) = 1$, il s'ensuit, d'après le théorème 1.23, que $b | m$. Donc, $b \leq m$ et alors $ab \leq am$. Mais ab est un commun multiple positif de a et b qui ne peut être plus petit que le plus petit commun multiple; c'est pourquoi $ab = ma = [a, b]$.

Pour le cas général, c'est-à-dire $(a, b) = d > 1$, on a, d'après le théorème 1.17, $(ad^{-1}, bd^{-1}) = 1$. D'après le résultat obtenu précédemment, il découle que

$$\left[\frac{a}{d}, \frac{b}{d}\right] \cdot \left(\frac{a}{d}, \frac{b}{d}\right) = \frac{a}{d}\frac{b}{d}.$$

Lorsqu'on multiplie par d^2, le résultat suit. ∎

Exercices sur le chapitre 1

1. À l'aide de l'induction mathématique, démontrer que :

   a) $\sum_{k=1}^{n} k(k+1) = \dfrac{n(n+1)(n+2)}{3}$ pour chaque $n \in \mathbb{N}$;

   b) $\sum_{k=1}^{n} k^3 = \dfrac{n^2(n+1)^2}{4}$ pour chaque $n \in \mathbb{N}$;

   c) $\sum_{k=1}^{n} k(k!) = (n+1)! - 1$ pour chaque $n \in \mathbb{N}$.

2. Montrer que si $n \in \mathbb{N}$, alors :

   a) $\sum_{k=0}^{n} \binom{n}{k} = 2^n$ b) $\sum_{k=0}^{n} (-1)^k \binom{n}{k} = 0$

   c) $\sum_{k=0}^{n} 2^k \binom{n}{k} = 3^n$ d) $\sum_{k=2}^{n} \binom{k}{2} = \binom{n+1}{3}$, si $n \geq 2$.

3. Un *nombre triangulaire* est un nombre de la forme $k(k+1)/2$, où $k \in \mathbb{N}$. Démontrer que si $\{t_k\}$ désigne la suite croissante des nombres triangulaires, alors, pour chaque $n \in \mathbb{N}$, on a
$$\sum_{k=1}^{n} t_k = \frac{n(n+1)(n+2)}{6}.$$

4. À l'aide de la division euclidienne, montrer que tout entier peut s'écrire sous la forme $4k$ ou $4k+1$ ou $4k+2$ ou $4k+3$. En déduire que le carré de tout entier impair est de la forme $8m+1$.

5. Montrer que le cube d'un entier positif peut toujours s'écrire comme la différence de deux carrés.

6. Combien d'entiers entre 101 et 1001 sont divisibles par 7?

7. Soit m et n des entiers positifs.

   a) Montrer que le produit de quatre nombres consécutifs est divisible par 24.
   b) Si $(n,4) = 2$ et $(m,4) = 2$, montrer que $(n+m,4) = 4$.
   c) Montrer que $6 | n^3 - n$ pour chaque entier positif n.
   d) Montrer que $30 | n^5 - n$ pour chaque entier positif n.
   e) Montrer que si n est impair, alors $n^2 - 1$ est divisible par 8.
   f) Montrer que si m et n sont impairs, alors $m^2 + n^2$ est pair, mais non divisible par 4.

8. Montrer que si l'entier positif a est tel que $a|42n+37$ et $a|7n+4$ pour un certain entier n, alors $a|13$.

9. Si $a > 0$, $b > 0$ et $\dfrac{1}{a} + \dfrac{1}{b}$ est un entier, prouver que $a = b$. De plus, montrer que a est alors nécessairement égal à 1 ou 2.

10. Montrer que si $a \neq 0$, alors $(a, 0) = |a|$.

11. Si $d|mn$ où $(m, n) = 1$, montrer que d peut s'écrire sous la forme $d = rs$, où $r|m$ et $s|n$, $(r, s) = 1$.

12. Trouver la valeur de $(-357, 629)$ et trouver les entiers x et y tels que $(-357, 629) = -357x + 629y$.

13. Trouver le plus grand commun diviseur d des nombres 2183 et 6313 ; par suite, trouver les entiers x et y tels que $2183x + 6313y = d$.

14. Supposons que $(a, b) = d$ et soit x_0, y_0 des entiers tels que $ax_0 + by_0 = d$. Montrer que :

    a) $(x_0, y_0) = 1$;

    b) x_0 et y_0 ne sont pas uniques.

15. Soit a, b, c et n des entiers positifs.

    a) Trouver la valeur de $(n, n+1)$ et celle de $[n, n+1]$.

    b) Montrer que $4 \nmid (n^2 + 1)$ pour chaque $n \in \mathbb{N}$.

    c) Si $(b, c) = 1$, montrer que $(a, bc) = (a, b) \cdot (a, c)$.

16. Si $(a, b) = 1$, montrer que :

    a) $(a+b, a-b) = 1$ ou 2 ;   b) $(2a+b, a+2b) = 1$ ou 3 ;
    c) $(a^2 + b^2, a+b) = 1$ ou 2 ;   d) $(a+b, a^2 - 3ab + b^2) = 1$ ou 5.

17. Montrer que si $(a, b) = c$, alors $(a^2, b^2) = c^2$.

18. Pour chacune des affirmations suivantes, dire si elle est vraie ou fausse. Si elle est vraie, donner une démonstration ; si elle est fausse, donner un contre-exemple.

    a) Si $(a, b) = (a, c)$, alors $[a, b] = [a, c]$.

    b) Si $(a, b) = (a, c)$, alors $(a^2, b^2) = (a^2, c^2)$.

    c) Si $(a, b) = (a, c)$, alors $(a, b) = (a, b, c)$.

    d) Si $a^n | b^n$, où $n \geq 1$, alors $a|b$.

    e) Si $a^m | b^n$, où $m > n \geq 1$, alors $a|b$.

    f) Si $a^m | b^n$, où $1 \leq m < n$, alors $a|b$.

19. Démontrer les propriétés suivantes.

    a) Si $(a, b) = 1$ et $c|a$, alors $(c, b) = 1$.

    b) Si $(a, bc) = 1$, alors $(a, b) = (a, c) = 1$.

    c) $(a, b) = (a+b, [a, b])$.

20. Montrer que $(a,b,c) = ((a,b),c)$.

21. Est-il vrai que si $(a,b) = 1$, alors $(a^2, ab, b^2) = 1$? Expliquer.

22. Est-il vrai que $[a^2, ab, b^2] = [a^2, b^2]$? Expliquer.

23. Est-il vrai que $(a,b,c) = ((a,b),(a,c))$? Expliquer.

24. Est-il vrai que $[a,b,c] \cdot (a,b,c) = |abc|$, $\forall\, a,b,c \in \mathbb{Z} \setminus \{0\}$? Expliquer.

25. Soit $n \in \mathbb{N}$. Montrer que
$$\binom{n}{k} = \binom{n}{k+1} \iff n = 2k+1.$$

26. * Démontrer que si a est un entier > 1, alors, pour des entiers positifs m et n,
$$(a^m - 1, a^n - 1) = a^{(m,n)} - 1.$$
Qu'obtient-on pour $(a^m + 1, a^n + 1)$ et pour $(a^m + 1, a^n - 1)$? Plus généralement, pour $a > 1$ et $b > 1$, quelles sont les valeurs de
$$(a^m - b^m, a^n - b^n), \quad (a^m + b^m, a^n + b^n), \quad (a^m + b^m, a^n - b^n)?$$

27. Trouver tous les entiers positifs n tels que $(n+1)|(n^2+1)$.

28. Si $b|(a^2+1)$, a-t-on nécessairement $b|(a^4+1)$? Expliquer.

29. Montrer que, pour chaque entier positif n, on a
$$49 | 2^{3n+3} - 7n - 8.$$

30. Trouver tous les entiers positifs a pour lesquels $a^{10} + 1$ est divisible par 10.

31. Montrer que :
    a) si un entier est de la forme $6k + 5$, alors il est nécessairement de la forme $3k - 1$, alors que la réciproque est fausse;
    b) le carré d'un entier de la forme $5k + 1$ est aussi de cette forme;
    c) le carré d'un entier est de la forme $3k$ ou $3k + 1$, et jamais de la forme $3k + 2$;
    d) le cube de tout entier est de la forme $9k$, $9k + 1$ ou $9k + 8$.

32. Vérifier que si un entier est à la fois un carré et un cube, alors il doit être de la forme $7k$ ou $7k + 1$.

33. Si x et y sont impairs, prouver que $x^2 + y^2$ ne peut être un carré parfait.

34. Quel est le plus petit entier positif divisible par 2 et par 3 qui est à la fois un carré parfait et une cinquième puissance?

35. Démontrer qu'il n'existe pas d'entiers m et n tels que $m + n = 101$ et $(m, n) = 3$.

36. Démontrer qu'il existe une infinité de paires d'entiers x et y satisfaisant $x + y = 40$ et $(x, y) = 5$.

37. Montrer que, pour chaque entier positif n, on a $n^2 | (n + 1)^n - 1$.

38. Soit $k, n \in \mathbb{N}$, où $n \geq 2$. Démontrer que $(n - 1)^2 | (n^k - 1)$ si et seulement si $(n - 1) | k$.

39. Soit N_n un entier formé par n «1» consécutifs. Par exemple, $N_3 = 111$, $N_7 = 1\,111\,111$. Montrer que $N_n | N_m \iff n | m$.

40. Démontrer qu'aucun entier dans la suite $11, 111, 1111, 11\,111, \ldots$ n'est un carré parfait.

41. Trouver toutes les paires d'entiers positifs $\{a, b\}$ tels que $(a, b) = 15$ et $[a, b] = 90$. Plus généralement, soit d et m des entiers positifs. Montrer qu'il existe une paire d'entiers positifs $\{a, b\}$ pour laquelle $(a, b) = d$ et $[a, b] = m$ si et seulement si $d | m$. De plus, dans cette situation, montrer que le nombre de telles paires est 2^r, où r est le nombre de facteurs premiers distincts de m/d.

42. Démontrer que la racine positive de l'équation $x^5 + x = 10$ est irrationnelle.

43. Trois des quatre entiers compris entre 100 et 1000 qui ont chacun la propriété d'être égal à la somme des cubes de leurs chiffres sont 153, 370 et 407. Quel est le quatrième de ces entiers?

44. * Soit $a, m, n \in \mathbb{N}$, avec $m \neq n$.

    a) Si $m > n$, alors montrer que $(a^{2^n} + 1) | (a^{2^m} - 1)$.

    b) Montrer que $(a^{2^n} + 1, a^{2^m} + 1) = \begin{cases} 1 & \text{si } a \text{ est pair} \\ 2 & \text{si } a \text{ est impair.} \end{cases}$

Problèmes à résoudre à l'ordinateur

45. Soit b un entier positif plus grand que 1. À l'aide de l'induction et de la division euclidienne, il est facile de montrer que tout entier positif N peut s'écrire de façon unique sous la forme :

$$N = a_m b^m + a_{m-1} b^{m-1} + \cdots + a_1 b + a_0 \qquad (*)$$

où m est un entier ≥ 0 et $0 \leq a_i < b$ pour $i = 0, 1, \ldots, m - 1$, avec a_m positif. Dans ce cas, on dit que le membre de droite de $(*)$ est la représentation de N dans la base b et on écrit $N = (a_m a_{m-1} \ldots a_0)_b$. Par exemple, $(216)_7$ signifie

$$2 \cdot 7^2 + 1 \cdot 7 + 6.$$

Si aucune base n'est spécifiée, cela signifie que le nombre est dans la base 10. On vérifie facilement que $(216)_7 = 111$.

Écrire un programme dans un langage au choix[3] pour convertir un nombre d'une base a à une base b et qui puisse exécuter les opérations élémentaires $+, -, \times, \div$. Vérifier, avec l'un ou l'autre des programmes, les résultats suivants.

a) $(21\,210\,010)_3 = 5673$
b) $(2A34)_{12} = (20\,202\,211)_3$
c) $(210\,102)_5 + (12\,334)_5 = (222\,441)_5$
d) $(232\,345)_6 = (112\,223)_7$
e) $(4213)_6 \div (253)_6 = (13)_6$
f) $(37A)_{12} \times (229)_{12} = (81\,866)_{12}$

46. Écrire un programme pour trouver le quotient et le reste de la division de deux entiers.

47. En générant des nombres aléatoires dans l'intervalle $[1, 1\,000\,000]$, donner une estimation du nombre d'entiers qui sont libres de carré.

48. Écrire un programme pour déterminer le p.g.c.d. et le p.p.c.m. de deux entiers a et b. Ce programme doit être en mesure aussi d'exprimer le p.g.c.d. de a et b comme une combinaison linéaire de ces deux entiers.

Problèmes de nature algébrique

49. Un idéal I de $\mathbb{Z}$ est un sous-ensemble I de $\mathbb{Z}$ vérifiant les deux conditions suivantes : i) si $a, b \in I$ alors $a + b \in I$; ii) si $a \in I$ et $m \in \mathbb{Z}$, alors $am \in I$.

   a) Montrer que $I = \mathbb{Z}$, $I = \{0\}$ sont des idéaux de $\mathbb{Z}$.

   b) Soit n un entier fixé. Montrer que $n\mathbb{Z} = \{nx \mid x \in \mathbb{Z}\}$ est un idéal de $\mathbb{Z}$.

50. Soit $E \subseteq \mathbb{Z}$ et soit $\mathcal{F} = \{I \text{ idéal de } \mathbb{Z} \mid I \supseteq E\}$.

   a) Montrer que $\mathcal{F} \neq \emptyset$.

   b) Soit $I(E) = \bigcap_{I \in \mathcal{F}} I$. Montrer que $I(E)$ est un idéal.

   c) À l'aide de la partie b), déduire que pour tout sous-ensemble E de $\mathbb{Z}$, il existe un plus petit idéal $I(E)$ contenant E. Cet idéal $I(E)$ est appelé *idéal engendré par* E.

51. Soit $E = \{a_1, a_2, \ldots, a_n \mid a_i \in \mathbb{Z}, \text{ où } 1 \leq i \leq n\} \neq \emptyset$. On écrit

$$I(E) \stackrel{\text{déf}}{=} (a_1, a_2, \ldots, a_n)$$

pour désigner l'*idéal engendré* par $a_1, a_2, \ldots, a_n$. Lorsque $E = \{a\}$, $I(E) = (a)$ est appelé *l'idéal principal* engendré par a. (Note : *Le contexte fait qu'il est peu probable que l'on confonde* $(a_1, a_2, \ldots, a_n)$ *avec le p.g.c.d. de* $a_1, a_2, \ldots, a_n$.)

---

3. On peut, bien sûr, utiliser des logiciels symboliques, par exemple **MapleV**, **Mathematica** ou **Pari-gp**.

a) Montrer que $(a_1, a_2, \ldots, a_n) = \{a_1x_1 + a_2x_2 + \cdots + a_nx_n \mid x_1, x_2, \ldots, x_n \in \mathbb{Z}\}$. Ainsi, on a : $\{0\} = (0)$ et $\mathbb{Z} = (1)$.

b) Montrer que tout idéal I de $\mathbb{Z}$ est principal.

c) Montrer que $a \in (b) \iff (a) \subseteq (b) \iff (a, b) = (a)$.

52. Rappelons que la notation $b|a$ traduit le fait que b est un diviseur de a.

    a) Montrer que $b|a \iff (a) \subset (b)$.

    b) Montrer que $a|1 \iff (a) = (1)$.

    c) Montrer que a divise b et b divise $a \iff (a) = (b)$.

Note : L'élément d est le plus grand commun diviseur des éléments $a_1, a_2, \ldots, a_n \iff (a_1, a_2, \ldots, a_n) = (d)$. Un élément m est le plus petit commun multiple des éléments $a_1, a_2, \ldots, a_n \iff (a_1) \cap (a_2) \cap \ldots \cap (a_n) = (m)$. Dans le présent chapitre, on a montré que si $(a, b) = (d)$ et $(a) \cap (b) = (m)$, alors $ab = dm$.

Chapitre 2
Les nombres premiers

2.1 Introduction

Nous nous proposons dans ce chapitre d'approfondir la théorie de la divisibilité sur l'ensemble des entiers positifs.

Tout entier supérieur à 1 admet au moins deux diviseurs, à savoir 1 et lui-même. Quelle autre propriété les nombres suivants ont-ils en commun?

2, 3, 5, 7, 11, 13, 17, 19, 23, 29, 31, 37, 41, 43, 47, 53, 59, 61, 67, 71, 73, 79, 83, 89, 97, 101, 103, 107, 109, 113, 127, 131, 137, 139, 149, 151, 157, 163, 167, 173, 179, 181, 191, 193, 197, 199, ...

Bien sûr, aucun de ces nombres n n'a d'autre diviseur que 1 et n. Ces nombres entiers ainsi que ceux qui ont cette propriété sont appelés «nombres premiers».

2.2 Le théorème fondamental de l'arithmétique

Définition 2.1 Un entier $p > 1$ est appelé un **nombre premier** (ou tout simplement un premier) si ses seuls diviseurs sont 1 et p. Un entier plus grand que 1 qui n'est pas premier est dit **composé**.

La liste ci-dessus donne tous les nombres premiers $p < 200$.

Théorème 2.2 *Si p est premier et $p|ab$, alors $p|a$ ou $p|b$.*

DÉMONSTRATION   Si $p|a$, alors le résultat est démontré. Supposons donc que $p \nmid a$ et démontrons que $p|b$. Puisque les seuls diviseurs de p sont 1 et p, on a que $(a, p) = 1$. En appliquant le lemme d'Euclide, on obtient que $p|b$. ∎

Corollaire 2.3 *Si p est premier et si $p|a_1 a_2 \cdots a_r$, alors il existe un entier k, avec $1 \leq k \leq r$, tel que $p|a_k$.*

DÉMONSTRATION   Il suffit de faire un raisonnement par induction et d'utiliser le théorème précédent. ∎

À l'aide de ce corollaire, on déduit facilement le cas particulier suivant :

Corollaire 2.4 *Si $p, q_1, q_2, \ldots, q_r$ sont des nombres premiers et si $p|q_1 q_2 \ldots q_r$, alors $p = q_k$ pour un certain k tel que $1 \leq k \leq r$.*

DÉMONSTRATION   On utilise le corollaire 2.3 en tenant compte du fait que si $p|q_k$, alors $p = q_k$. ∎

Nous sommes maintenant prêts à démontrer le théorème fondamental de l'arithmétique.

Théorème 2.5 (Théorème fondamental de l'arithmétique)
Tout nombre naturel $n > 1$ peut s'écrire comme un produit de nombres premiers, et cette représentation est unique, à part l'ordre dans lequel les facteurs premiers sont disposés.

Remarque   Ce théorème affirme que dans l'ensemble des nombres naturels, la factorisation en nombres premiers est unique. Ce résultat peut sembler évident, voire banal, mais il n'en est rien. En effet, il arrive que dans d'autres ensembles où l'on peut définir une notion de «nombres entiers» et une notion de «nombres premiers», la factorisation d'un entier en produit de nombres premiers n'est pas unique. Un exemple classique est le suivant. Considérons l'ensemble des entiers $E = \{2n \mid n \in \mathbb{N}\}$ et faisons porter notre attention sur l'ensemble E, dans le sens que les seuls «nombres» que l'on connaît sont ceux de E. Alors, $12 = 2 \times 6$ est «composé» tandis que 10 est «premier» et n'est pas le produit de deux «nombres» de E. Ainsi, un élément m de E est considéré comme premier seulement si m n'est pas le produit de deux nombres de E; les nombres premiers de E sont donc $2, 6, 10, 14, 18, 22, 26, 30, 34, \ldots$ Or, $60 \in E$ et 60 peut s'écrire comme 2×30 ou encore 6×10. Il s'ensuit que la factorisation en nombres premiers dans cet ensemble n'est pas unique. Un autre exemple un peu plus complexe est donné en exercice.

2.2 Le théorème fondamental de l'arithmétique

DÉMONSTRATION DU THÉORÈME 2.5   Si n est premier, alors la preuve est terminée. Supposons donc que n n'est pas premier et considérons l'ensemble

$$D = \{d \mid d|n \text{ et } 1 < d < n\}.$$

Alors, $D \subset \mathbb{N}$ et, puisque n est composé, on a que $D \neq \emptyset$. D'après le principe du bon ordre, D possède un plus petit élément p_1 qui est premier, sans quoi le choix minimal de p_1 serait contredit. On peut donc écrire $n = p_1 n_1$. Si n_1 est premier, alors la preuve est terminée. Si n_1 est composé, alors on répète le même argument que ci-dessus et on en déduit l'existence d'un nombre premier p_2 et d'un entier $n_2 < n_1$ tels que $n = p_1 p_2 n_2$. En poursuivant ainsi, à la k-ième étape, on a

$$n = p_1 p_2 \ldots p_k n_k \quad \text{avec} \quad n_1 > n_2 > \ldots > n_k > 1.$$

Comme les n_i sont des entiers, le processus a une fin et on arrive à une k-ième étape où n_k est premier, c'est-à-dire $n_k = p_{k+1}$. On a alors

$$n = p_1 p_2 \cdots p_{k+1},$$

ce qui démontre la première partie du théorème.

Supposons maintenant que l'on n'a pas l'unicité de la représentation, c'est-à-dire que

$$n = p_1 p_2 \ldots p_r = q_1 q_2 \ldots q_s,$$

où les p_i et les q_j sont tous des nombres premiers (pas nécessairement distincts). Considérons seulement l'équation

$$p_1 p_2 \ldots p_r = q_1 q_2 \ldots q_s.$$

On simplifie d'abord cette équation en éliminant au besoin les nombres premiers qui apparaissent des deux côtés à la fois. On obtient alors

$$p_{i_1} p_{i_2} \ldots p_{i_\alpha} = q_{j_1} q_{j_2} \ldots q_{j_\beta}, \tag{2.1}$$

où $\alpha \leq r$ et $\beta \leq s$. Ainsi, dans (2.1), tous les p_i sont différents des q_j. Mais ce résultat est impossible, car, d'après (2.1), $p_{i_1} | q_{j_1} q_{j_2} \ldots q_{j_\beta}$ et ainsi le corollaire 2.4 nous garantit l'existence d'un certain entier ρ, $1 \leq \rho \leq \beta$, tel que $p_{i_1} = q_{j_\rho}$, ce qui contredit le fait que tous les p_i sont différents des q_j. Voilà qui démontre l'unicité de la représentation. ∎

Il est souvent commode d'énoncer le théorème fondamental de l'arithmétique sous la forme suivante :

Corollaire 2.6 *Tout nombre naturel $n > 1$ peut s'écrire de façon unique sous la forme*

$$n = q_1^{a_1} q_2^{a_2} \ldots q_r^{a_r}, \tag{2.2}$$

où les q_i sont des nombres premiers distincts et où les a_i sont des entiers positifs.

Remarque On appelle souvent la représentation (2.2) la forme canonique d'un entier n. Par exemple, la forme canonique de 60 est

$$60 = 2^2 \cdot 3 \cdot 5.$$

Il arrive parfois que l'on veuille comparer les factorisations respectives de deux ou plusieurs nombres entiers. Dans ce cas, les représentations canoniques correspondantes pourraient comporter des exposants $a_i = 0$, tout simplement afin que l'on puisse mieux comparer leur factorisation. C'est ainsi qu'on écrira $10 = 2 \cdot 3^0 \cdot 5$ et $6 = 2 \cdot 3 \cdot 5^0$.

Théorème 2.7 *Soit $n = \prod_{i=1}^{r} q_i^{a_i}$, $a_i > 0$ pour chaque i et soit $d > 0$. Alors*

$$d | n \iff d = \prod_{i=1}^{r} q_i^{b_i},$$

pour certains entiers non négatifs $b_i \leq a_i$, $i = 1, 2, \ldots, r$.

DÉMONSTRATION Si $d = \prod_{i=1}^{r} q_i^{b_i}$ avec $0 \leq b_i \leq a_i$, alors

$$n = \prod_{i=1}^{r} q_i^{a_i} = \prod_{i=1}^{r} q_i^{a_i - b_i + b_i} = \prod_{i=1}^{r} q_i^{a_i - b_i} q_i^{b_i}$$

$$= \prod_{i=1}^{r} q_i^{a_i - b_i} \prod_{i=1}^{r} q_i^{b_i} = c \cdot d,$$

où $c = \prod_{i=1}^{r} q_i^{a_i - b_i}$ et $c \geq 1$. Donc, $d | n$, ainsi qu'il le fallait.

Inversement, supposons que $d | n$. Alors, il existe un entier c tel que $cd = n$ et on peut former la représentation canonique de n en prenant le produit de la représentation canonique de d et celle de c. En tenant compte de la remarque ci-dessus, on peut écrire

$$d = \prod_{i=1}^{r} q_i^{d_i}, \qquad c = \prod_{i=1}^{r} q_i^{c_i}, \qquad c_i \geq 0, \text{ et } d_i \geq 0.$$

Alors, puisque $cd = n$, on obtient $a_i = c_i + d_i$ et donc $a_i \geq d_i$. ∎

Théorème 2.8 *Si $a = \prod_{i=1}^{r} q_i^{\alpha_i}$ et $b = \prod_{i=1}^{r} q_i^{\beta_i}$, avec $\alpha_i \geq 0$ et $\beta_i \geq 0$ pour chaque i, sont les représentations canoniques de a et b, alors*

$$(a,b) = \prod_{i=1}^{r} q_i^{\min\{\alpha_i,\beta_i\}} \quad et \quad [a,b] = \prod_{i=1}^{r} q_i^{\max\{\alpha_i,\beta_i\}}.$$

DÉMONSTRATION Soit $d = \prod_{i=1}^{r} q_i^{c_i}$, où $c_i = \min\{\alpha_i, \beta_i\}$. Puisque $c_i \leq \alpha_i$ et $c_i \leq \beta_i$, alors $d|a$ et $d|b$ et ainsi d est un diviseur commun de a et b. Supposons que $g|a$ et $g|b$; alors $|g| = \prod_{i=1}^{r} q_i^{e_i}$ avec $e_i \leq \alpha_i$ et $e_i \leq \beta_i$ pour chaque i. Puisque c_i est le plus petit des nombres α_i et β_i il s'ensuit que $e_i \leq c_i$ pour chaque i et ainsi que $|g|$ divise d; d'où $g|d$. Puisque $d > 0$, on a ainsi montré que $d = (a,b)$.

Pour compléter la preuve, on note tout d'abord que

$$\alpha_i + \beta_i - \min\{\alpha_i, \beta_i\} = \max\{\alpha_i, \beta_i\}.$$

Ensuite, en vertu de la propriété $[a,b] = \dfrac{ab}{(a,b)}$, on obtient facilement le résultat. ∎

2.3 Le crible d'Ératosthène

Il est théoriquement possible d'ordonner les nombres premiers en suite croissante :

$$p_1 = 2, \quad p_2 = 3, \quad p_3 = 5, \quad p_4 = 7, \quad p_5 = 11, \quad \text{etc.}$$

On ne connaît pas de loi qui nous permet de calculer p_n en fonction de son rang n. Ainsi, pour savoir si un entier m est premier, il est pratiquement plus facile de vérifier sa présence dans une table de nombres premiers.

Pour établir une telle liste de nombres premiers, on doit examiner chaque nombre naturel n (dans l'ordre croissant) et déterminer s'il est premier ou composé. En fait, aussitôt qu'un nombre entier n possède un diviseur d tel que $1 < d < n$, on l'élimine. Mais ce processus simple (et jusqu'à un certain point «naïf») exige tout de même que l'on vérifie si n est divisible par chacun des nombres d tels que $1 < d < n$ avant de pouvoir conclure qu'il est premier ou non. Or, en réalité, il suffit de vérifier si n est divisible par un nombre premier $p \leq \sqrt{n}$. En effet, supposons que n est composé et que tous les nombres premiers p qui divisent n satisfont à la condition

$$\sqrt{n} < p \leq n. \tag{2.3}$$

Il s'ensuit que si un certain nombre premier p_0 divise n et satisfait à (2.3), on pourra écrire $n = p_0 n_0$ pour un certain entier $n_0 > 1$. Mais alors, $n_0 | n$ et

$$n_0 = \frac{n}{p_0} < \frac{n}{\sqrt{n}} = \sqrt{n},$$

et on a ainsi trouvé un diviseur de n qui possède au moins un facteur premier inférieur à $\sqrt{n}$, ce qui est une contradiction. *Donc, un nombre naturel n qui n'est divisible par aucun nombre premier $p \leq \sqrt{n}$ est automatiquement lui-même premier.* C'est avec cette règle bien simple qu'Ératosthène[1] a construit son crible. Plus précisément, supposons que l'on veuille dresser une liste de tous les nombres premiers inférieurs ou égaux à x; la méthode d'Ératosthène se décrit alors comme suit. On écrit d'abord sur un tableau tous les nombres naturels de 2 à x. On raye ensuite tous les multiples propres de 2 (c'est-à-dire tous les multiples de 2 qui sont différents de 2), puis tous les multiples propres de 3, puis tous les multiples propres de 5. On observe ainsi que le plus petit nombre supérieur à 5 qui n'est pas rayé est 7. On raye alors tous les multiples propres de 7. Et ainsi de suite. Toutefois, aussitôt que l'on arrive à l'étape où le plus petit nombre qui n'a pas été rayé est supérieur à $\sqrt{x}$, on arrête le processus et on est ainsi assuré que tous les nombres non rayés dans la liste sont tous les nombres premiers $p \leq x$.

Cette méthode extrêmement simple est encore employée aujourd'hui pour dresser, à l'aide d'ordinateurs très rapides, des listes de nombres premiers.

Exemple 2.9 L'entier 223 n'est divisible ni par 2, ni par 3, ni par 5, ni par 7, ni par 11, ni par 13. Il est inutile de diviser par 17, car $17^2 = 289 > 223$. On en déduit dès lors que le nombre 223 est premier.

2.4 La distribution des nombres premiers

«Existe-t-il une infinité de nombres premiers?» Voilà une question bien naturelle à laquelle Euclide a répondu par l'affirmative, il y a de cela plus de 2000 ans.

Théorème 2.10 (Euclide) *Il existe une infinité de nombres premiers.*

DÉMONSTRATION Supposons le contraire, c'est-à-dire qu'il existe un nombre fini de nombres premiers, disons $p_1, p_2, \ldots, p_k$. Alors, considérons le nombre

$$N = p_1 p_2 \cdots p_k + 1. \tag{2.4}$$

Si N est premier, alors on a trouvé un nombre premier plus grand que p_k et on obtient ainsi une contradiction. Par contre, si N est composé, alors N est divisible par un nombre premier et, comme $p_1, p_2, \ldots, p_k$ sont les seuls nombres premiers existants, c'est qu'il existe un indice i ($1 \leq i \leq k$) tel que $p_i | N$. Mais alors, il découle de (2.4) que $p_i | 1$, ce qui est une contradiction. ∎

---

[1]. Ératosthène (276–194 av. J.-C.) fut un mathématicien de l'École d'Alexandrie.

2.4 La distribution des nombres premiers

Notons que les entiers définis par la suite de nombres

$$M_k = p_1 p_2 \cdots p_k + 1$$

sont des nombres premiers pour $1 \leq k \leq 5$. En effet,

$$\begin{aligned}
M_1 &= 2 + 1 = 3, \\
M_2 &= 2 \cdot 3 + 1 = 7, \\
M_3 &= 2 \cdot 3 \cdot 5 + 1 = 31, \\
M_4 &= 2 \cdot 3 \cdot 5 \cdot 7 + 1 = 211, \\
M_5 &= 2 \cdot 3 \cdot 5 \cdot 7 \cdot 11 + 1 = 2311.
\end{aligned}$$

Cependant,

$$M_6 = 59 \cdot 509 \quad \text{et} \quad M_7 = 19 \cdot 97 \cdot 277$$

sont des nombres composés. Actuellement, on ne sait pas si cette suite $\{M_k\}$ contient une infinité de nombres premiers.

Il est intéressant de remarquer que la démonstration du théorème d'Euclide fournit des compléments d'information sur la distribution des nombres premiers. Tout d'abord, elle permet de voir que si l'on note par p_r le r-ième nombre premier, alors

$$p_r \leq 2^{2^{r-1}} \tag{2.5}$$

pour chaque $r \in \mathbb{N}$. En effet, tout nombre premier divisant $p_1 p_2 \ldots p_r + 1$ est distinct de $p_1, p_2, \ldots, p_r$; il s'ensuit donc que

$$p_{r+1} \leq p_1 p_2 \ldots p_r + 1,$$

et, à l'aide d'un raisonnement par induction, on obtient

$$p_{r+1} \leq 2^{2^1} \cdot 2^{2^2} \cdots 2^{2^{r-1}} + 1 < 2^{2^r},$$

d'où l'inégalité (2.5).

On vient donc d'obtenir une première borne supérieure pour le r-ième nombre premier. Considérons maintenant la fonction

$$\pi(x) \stackrel{\text{déf}}{=} \sum_{p \leq x} 1,$$

soit la fonction qui compte le nombre de nombres premiers $p \leq x$. Utilisons (2.5) pour obtenir une borne inférieure pour $\pi(x)$. Plus précisément, montrons que, pour $x \geq 2$,

$$\pi(x) \geq \log \log x. \tag{2.6}$$

Tchebycheff, mathématicien russe, est le fondateur de l'école mathématique de Saint-Pétersbourg.

Il s'est intéressé à la théorie analytique des nombres, à la théorie des probabilités et à la théorie de l'approximation des fonctions continues par des polynômes.

Il est également reconnu pour son travail sur les inégalités mathématiques.

Pafnouti Lvovich Tchebycheff (1821–1894)

On procède comme suit. Soit $x \geq 2$. Choisissons $r \in \mathbb{N}$ tel que

$$e^{e^{r-1}} < x \leq e^{e^r}. \tag{2.7}$$

On observe aisément qu'un tel choix de r est unique. L'inégalité de gauche de (2.7), le fait que $\pi(x)$ est une fonction non décroissante et la relation (2.5) permettent d'écrire

$$\pi(x) \geq \pi(e^{e^{r-1}}) \geq \pi(2^{2^{r-1}}) \geq \pi(p_r) = r. \tag{2.8}$$

L'inégalité de droite de (2.7) garantit que

$$r \geq \log \log x. \tag{2.9}$$

En combinant (2.8) et (2.9), on obtient (2.6), soit l'inégalité escomptée.

L'inégalité (2.6) est assez faible, car en fait on peut démontrer beaucoup plus. Ainsi, P.L. Tchebycheff démontrait en 1850 qu'il existe des constantes positives A et B satisfaisant à $A < 1 < B$ telles que

$$A\frac{x}{\log x} < \pi(x) < B\frac{x}{\log x}, \tag{2.10}$$

pour tout $x \geq 2$. Ces inégalités sont étudiées au chapitre 5.

Maintenant que l'on sait qu'il existe une infinité de nombres premiers, on peut se demander s'il existe, par exemple, une infinité de nombres premiers de la forme $4n + 3$. La réponse est «oui». Voici comment on peut le démontrer. Supposons qu'il n'y a qu'un nombre fini de nombres premiers de la forme $4n + 3$. Notons-les par

$$q_1 < q_2 < \ldots < q_k$$

et considérons le nombre

$$N = 4q_1q_2\ldots q_k - 1 = 4(q_1q_2\ldots q_k - 1) + 3, \qquad (2.11)$$

lequel est sûrement de la forme $4n + 3$. Si N est premier, alors on a trouvé un nombre premier de la forme $4n + 3$ plus grand que q_k, et on obtient ainsi une contradiction. Si N est composé, alors N ne peut pas être le produit de seulement des nombres premiers de la forme $4n + 1$ (car N serait aussi de la forme $4n + 1$). Il existe donc un nombre premier q de la forme $4n + 3$ qui divise N. Or, si q était égal à un des q_i, on aurait, d'après la relation (2.11), que $q|1$, c'est-à-dire une contradiction. Donc, $q > q_k$ et le résultat est démontré.

Il est connu que le nombre de premiers de la forme $4n + 1$ est infini. Pour le démontrer, le lecteur peut toujours essayer la technique utilisée ci-dessus, mais il échouera sûrement puisque celle-ci ne suffit pas à démontrer un tel résultat. Une preuve du résultat est donnée au chapitre 7.

Il existe par ailleurs un résultat général obtenu par Dirichlet qui englobe toutes les questions de ce genre. En fait, étant donnés deux entiers a et b tels que $(a, b) = 1$, on peut démontrer (et c'est le théorème de Dirichlet, démontré en 1837) qu'il existe une infinité de nombres premiers de la forme $an + b$. La démonstration n'est pas facile et nous la laisserons de côté[2].

On peut se demander aussi s'il existe une infinité de nombres premiers p tels que $p + 2$ est aussi premier. Actuellement, la réponse à cette question n'est pas encore connue, bien que l'on croie qu'elle soit affirmative. C'est ce qu'on appelle la *conjecture des nombres premiers jumeaux*. Nous en traiterons brièvement au chapitre 5.

Une autre question naturelle est de se demander s'il existe des *intervalles arbitrairement longs de nombres composés consécutifs*. La réponse est oui et la preuve en est facile. En effet, si l'on cherche n nombres composés consécutifs, on n'a qu'à considérer la suite

$$(n + 1)! + 2, (n + 1)! + 3, \ldots, (n + 1)! + (n + 1),$$

et le tour est joué.

Poursuivons maintenant l'étude de la distribution des nombres premiers en démontrant que la somme des réciproques des nombres premiers diverge. La divergence de cette série a été prouvée pour la première fois par Euler en 1737.

---

2. Cette démonstration est faite dans *Approche élémentaire de l'étude des fonctions arithmétiques* de J.-M. De Koninck et A. Mercier, Québec, Les Presses de l'Université Laval, p. 94–99.

30 Les nombres premiers

Théorème 2.11 *La série*
$$\frac{1}{2} + \frac{1}{3} + \frac{1}{5} + \frac{1}{7} + \frac{1}{11} + \frac{1}{13} + \frac{1}{17} + \cdots$$
diverge.

DÉMONSTRATION Considérons les k premiers nombres premiers : $p_1, p_2, \ldots, p_k$. Soit $N_k = \{n \mid p\mid n \implies p \leq p_k\}$ et soit $N_k(x)$ la cardinalité de $\{n \leq x \mid n \in N_k\}$. Chaque $n \in N_k$ peut s'écrire sous la forme
$$n = \ell^2 \cdot m,$$
où m est libre de carré, c'est-à-dire
$$m = p_1^{a_1} p_2^{a_2} \cdots p_k^{a_k},$$
avec $0 \leq a_i \leq 1$ pour chaque $1 \leq i \leq k$. Il en découle que $N_k(x)$ est certainement inférieur ou égal au nombre de ℓ tels que $\ell^2 \leq x$ multiplié par le nombre de m qui sont libres de carré ; en d'autres mots, on a que

$$N_k(x) \leq \sqrt{x} \cdot 2^k, \text{ quel que soit l'entier } k \geq 1. \tag{2.12}$$

Utilisons cette inégalité pour démontrer que $\sum_p \frac{1}{p} = +\infty$. Supposons le contraire, c'est-à-dire que $\sum_p \frac{1}{p}$ converge. Alors, il existe un entier positif k tel que

$$\sum_{i=k+1}^{\infty} \frac{1}{p_i} < \frac{1}{2}. \tag{2.13}$$

Cet entier k étant fixé, on définit
$$M_k = \{n \mid \exists p > p_k \text{ tel que } p\mid n\}$$
et
$$M_k(x) = \#\{n \leq x \mid n \in M_k\}.$$
Il est clair que, si x est un nombre entier positif,
$$M_k(x) = x - N_k(x).$$

En utilisant (2.13), on a

$$M_k(x) \leq \sum_{\substack{n \leq x \\ p_{k+1}|n}} 1 + \sum_{\substack{n \leq x \\ p_{k+2}|n}} 1 + \cdots \leq \frac{x}{p_{k+1}} + \frac{x}{p_{k+2}} + \cdots < \frac{x}{2}.$$

On en déduit que $x - N_k(x) = M_k(x) < x/2$ et ainsi que $N_k(x) > x/2$. En combinant ce dernier résultat avec (2.12), on obtient

$$\frac{x}{2} < N_k(x) \leq 2^k \sqrt{x},$$

ce qui revient à affirmer que

$$x < 2^{2k+2} \tag{2.14}$$

pour toute valeur entière de x. Or, il est évident que l'inégalité (2.14) est fausse si x est assez grand. On a ainsi établi une contradiction et démontré le théorème. ∎

Le théorème 2.11 fournit un peu plus d'information quant à la quantité de nombres premiers distribués dans la suite des nombres naturels.

Depuis qu'on sait qu'il y a une infinité de nombres premiers, plusieurs mathématiciens (y compris des « amateurs ») se sont demandés comment générer des nombres premiers ou, plus précisément, ils se sont demandé s'il existe une formule simple qui donne uniquement des nombres premiers. Examinons par exemple la fonction $f(m) = m^2 + m + 41$. Pour chaque valeur de m variant entre 0 et 39, on obtient successivement pour $f(m)$ les nombres 41, 43, 47, 53, 61, 71, 83, 97, 113, 151, 173, 197, 223, 251, 281, 313, 347, 383, 421, 461, 503, 547, 593, 641, 691, 743, 797, 853, 911, 971, 1033, 1097, 1163, 1231, 1301, 1373, 1447, 1523, 1601. Formidable! Tous des nombres premiers. Malheureusement, cette formule ne donne pas toujours des nombres premiers. En effet, on peut voir facilement que $f(40) = 1681 = 41^2$ et que $f(41) = 1763 = 41 \cdot 43$. On ne sait même pas encore aujourd'hui si cette fonction $f(m)$ produit une infinité de nombres premiers. Une autre fonction polynomiale fonctionnerait peut-être? Non, et c'est précisément ce que le prochain résultat démontre.

Théorème 2.12 *Soit f un polynôme non constant à coefficients entiers. Alors, $f(n)$ ne peut représenter un nombre premier pour toutes les valeurs de $n \in \mathbb{N}$.*

DÉMONSTRATION Écrivons ce polynôme f sous la forme

$$f(n) = a_k n^k + a_{k-1} n^{k-1} + \cdots + a_1 n + a_0,$$

où $k \geq 1$, $a_i \in \mathbb{Z}$ et $a_k \neq 0$. Supposons que $f(n)$ est un nombre premier pour chaque valeur de $n \in \mathbb{N}$. Choisissons au hasard un $n_0 \in \mathbb{N}$ et posons $f(n_0) = p_0$ pour un certain nombre premier p_0. Il s'ensuit que pour chaque $t \in \mathbb{N}$ on aura

$$f(n_0 + tp_0) = a_k(n_0 + tp_0)^k + \cdots + a_1(n_0 + tp_0) + a_0$$
$$= a_k n_0^k + \cdots + a_1 n_0 + a_0 + p_0 g(t), \quad (2.15)$$

où $g(t)$ est un certain polynôme à coefficients entiers. La relation (2.15) peut s'écrire

$$f(n_0 + tp_0) = f(n_0) + p_0 g(t) = p_0 + p_0 g(t) = p_0(1 + g(t)).$$

On a donc démontré que si $f(n_0) = p_0$, alors on a automatiquement que $p_0 | f(n_0 + tp_0)$ pour chaque valeur entière de t. Il s'ensuit donc que $f(n_0 + tp_0)$ est un nombre composé pour chaque valeur de $t \in \mathbb{N}$, auquel cas on a une contradiction, sinon $f(n_0 + tp_0) \in \{0, p_0, -p_0\}$ pour chaque $t \in \mathbb{N}$; mais cette dernière avenue est impossible, car on sait qu'un polynôme de degré $k \geq 1$ ne peut donner la même valeur plus de k fois. Ainsi, dans tous les cas, on obtient une contradiction et le résultat est démontré. ∎

À ce jour, on ne connaît pas de polynôme de degré ≥ 2 (d'une seule variable) qui détermine une infinité de nombres premiers. Ainsi, on ne peut répondre à la question suivante : *Existe-t-il une infinité de nombres premiers de la forme $n^2 + 1$?* Notons cependant que pour un polynôme de degré un, le problème est résolu : c'est le théorème de Dirichlet!

Exercices sur le chapitre 2

1. Soit $p \geq 5$ un nombre premier. Montrer que $p^2 + 2$ est un nombre composé.

2. Montrer que chaque entier positif n peut être représenté d'une façon unique sous la forme $n = 2^r m$, où $r \geq 0$ et m est un entier positif impair.

3. Montrer que :
   a) tout nombre premier de la forme $3k + 1$ est aussi de la forme $6k + 1$;
   b) tout entier positif de la forme $3k + 2$ possède un facteur premier de la même forme;
   c) tout entier positif de la forme $4k + 3$ possède un facteur premier de la même forme;
   d) tout entier positif de la forme $6k + 5$ possède un facteur premier de la même forme.

4. Si $(a, b) = p$ où p est premier, trouver toutes les valeurs possibles de :
   a) (a^2, b) b) (a^2, b^2) c) (a^3, b) d) (a^3, b^2)

5. Supposer que $(a, p^2) = p$ et $(b, p^4) = p^2$, où p est premier. Trouver toutes les valeurs possibles de :

   a) (ab, p^5) b) $(a+b, p^4)$ c) $(a-b, p^5)$ d) $(pa - b, p^5)$

6. Évaluer (a^2b^2, p^4) et $(a^2 + b^2, p^4)$, étant donné que $(a, p^2) = p$ et que $(b, p^3) = p^2$, où p est un nombre premier.

7. Si a et b sont des entiers positifs tels que $(a, b) = 1$ et ab est un carré parfait, prouver que a et b sont des carrés parfaits.

8. Est-il possible que $n(n+1)$ soit un carré parfait pour un certain entier positif n?

9. Soit p un nombre premier. Pour chacune des affirmations suivantes, dire si elle est vraie ou fausse. Si elle est vraie, donner une démonstration; si elle est fausse, donner un contre-exemple :

   a) Si $p|a$ et $p|(a^2 + b^2)$, alors $p|b$.
   b) Si $p|a^9$, alors $p|a$.
   c) Si $p|(a^2 + b^2)$ et $p|(b^2 + c^2)$, alors $p|(a^2 - c^2)$.
   d) Si $p|(a^2 + b^2)$ et $p|(b^2 + c^2)$, alors $p|(a^2 + c^2)$.

10. Soit a, b et c des entiers positifs.

    a) Si $a = \prod_{i=1}^r p_i^{\alpha_i}$, $b = \prod_{i=1}^r p_i^{\beta_i}$, $c = \prod_{i=1}^r p_i^{\gamma_i}$ avec $\alpha_i \geq 0$, $\beta_i \geq 0$ et $\gamma_i \geq 0$ sont les représentations canoniques de a, b et c, alors montrer que
    $$(a, b, c) = \prod_{i=1}^r p_i^{\min\{\alpha_i, \beta_i, \gamma_i\}}, \qquad [a, b, c] = \prod_{i=1}^r p_i^{\max\{\alpha_i, \beta_i, \gamma_i\}}.$$

    b) Montrer que $abc = (a, b, c)[ab, bc, ac]$.
    c) Montrer que $abc = (ab, bc, ac)[a, b, c]$.
    d) Supposer que $abc = (a, b, c)[a, b, c]$. Montrer que cela implique nécessairement que $(a, b) = (b, c) = (a, c) = 1$.
    e) Montrer que $([a, b], c) = [(a, c), (b, c)]$ et que $[(a, b), c] = ([a, c], [b, c])$.
    f) Montrer que $\dfrac{[a, b, c]^2}{[a, b][b, c][c, a]} = \dfrac{(a, b, c)^2}{(a, b)(b, c)(c, a)}$.

11. Pour quels entiers positifs n a-t-on
    $$\sum_{j=1}^n j \;\Bigg|\; \prod_{j=1}^n j \;?$$

12. Trouver le plus petit entier positif n tel que les nombres $n, n+1, \ldots, n+6$ sont tous des nombres composés.

13. Tartaglia affirmait, en 1556, que les sommes
$$1+2+4,\ 1+2+4+8,\ 1+2+4+8+16,\ \ldots$$
représentaient alternativement un nombre premier et un nombre composé. Avait-il raison? Expliquer pourquoi.

14. Montrer que si $a^n - 1$ est premier, avec $n > 1$ et $a > 1$, alors $a = 2$ et n est premier.

    Remarque   Les nombres entiers de la forme $2^p - 1$, où p est premier, sont appelés les nombres premiers de Mersenne. On les dénote par M_p en souvenir de Marin Mersenne (1588–1648), qui avait affirmé que M_p est premier pour
    $$p = 2, 3, 5, 7, 13, 17, 19, 31, 67, 127, 257$$
    et composé pour tous les autres nombres premiers $p < 257$. Trois cents ans plus tard, on a trouvé quelques erreurs dans les calculs de Mersenne : M_p n'est pas premier pour $p = 67$ et $p = 257$, et par ailleurs M_p est premier pour $p = 61$, $p = 89$ et $p = 109$. On trouvera à l'annexe C la liste des nombres premiers de Mersenne M_p correspondants aux nombres premiers p satisfaisant à $2 \leq p \leq 44\,497$. Notons tout de même que l'on a découvert récemment que $2^{859433} - 1$ est premier. On sait également que les nombres premiers M_p sont intimement liés au NOMBRES PARFAITS (voir le théorème 4.31).

15. Montrer que $n^4 + 64$ est un nombre composé pour $n \geq 1$.

16. Montrer que si $a^n + 1$ est premier, avec $n > 0$ et $a > 1$, alors a est pair et $n = 2^r$.

    Remarque   Les nombres premiers de la forme $2^{2^k} + 1$ sont appelés «nombres premiers de Fermat». La raison en est que Pierre de Fermat avait affirmé en 1640 (en précisant toutefois qu'il ne pouvait pas le prouver) que tous les nombres de la forme $2^{2^k} + 1$ étaient premiers. Un siècle plus tard, Leonhard Euler démontra que
    $$2^{2^5} + 1 = 4\,294\,967\,297 = 641 \times 6\,700\,417.$$
    On ne sait toujours pas aujourd'hui si, à part les cas $k = 1, 2, 3, 4$, il existe d'autres nombres premiers de cette forme. On sait toutefois que $2^{2^k} + 1$ est composé pour $5 \leq k \leq 20$ (voir annexe C).

17. Considérer l'ensemble $E = \{1, 2, \ldots, n\}$. Soit 2^k la plus grande puissance de 2 qui appartienne à E. Montrer que pour tout $m \in E \setminus \{2^k\}$, on a $2^k \nmid m$. À l'aide de ce dernier fait, montrer que $\sum_{j=1}^n 1/j$ n'est pas un entier si $n > 1$.

18. Soit $f : \mathbb{N} \to \mathbb{R}$ une fonction définie par
    $$f(x) = a_r x^r + a_{r-1} x^{r-1} + \cdots + a_1 x + a_0,$$
    où $a_r \neq 0$ et où les a_i, où $0 \leq i \leq r$, sont des entiers. Démontrer que, par un choix approprié des a_i, avec $1 \leq i \leq r$ (avec la restriction $a_r \neq 0$), l'image de f contiendra au moins r nombres premiers.

19. Considérer les entiers positifs pouvant s'écrire comme un suite alternée de 0 et de 1. Le nombre 101 010 101 est un tel nombre et $101\,010\,101 = 41 \times 271 \times 9091$. Outre 101, existe-t-il d'autres nombres premiers de cette forme?

20. Soit $E = \{a + b\sqrt{-5} \mid a, b \in \mathbb{Z}\}$.
    a) Montrer que la somme et le produit d'éléments de E sont dans E.
    b) On définit la norme d'un élément $z \in E$ par $\|z\| = \|a + b\sqrt{-5}\| = a^2 + 5b^2$. On dit qu'un élément $p \in E$ est premier s'il est impossible d'écrire $p = n_1 n_2$, avec $n_1, n_2 \in E$, $\|n_1\| > 1$, $\|n_2\| > 1$. Montrer que, dans E, 3 est un nombre premier et 29 est un nombre composé.
    c) Montrer que la factorisation de 9 n'est pas unique dans E.

Problèmes à résoudre à l'ordinateur

21. Écrire un programme pour factoriser un entier positif N en nombres premiers. Trouver le p.g.c.d. et le p.p.c.m. de deux entiers positifs a et b en fonction de cette factorisation. Trouver la factorisation de 200!.

22. Écrire un programme pour générer des nombres premiers jusqu'à un nombre N. On peut, bien sûr, utiliser la méthode du crible d'Érathosthène.

23. Trouver tous les nombres premiers p jusqu'à 10 000 ayant la propriété selon laquelle p, $p + 2$ et $p + 6$ sont tous premiers.

24. Donner un contre-exemple de l'affirmation que $2^{2^n} + 15$ est premier pour chaque entier positif n.

25. Écrire un programme pour déterminer la différence entre deux nombres premiers successifs; produire une table jusqu'à une valeur N qui ne retient que les nombres premiers dont la différence est un nombre fixe $k > 1$.

26. En 1775, Lagrange conjecturait que tout nombre impair plus grand que 5 peut s'exprimer comme $2p + q$, où p et q sont deux nombres premiers. Par exemple, $21 = 2 \cdot 5 + 11$, $169 = 2 \cdot 43 + 83$, $1057 = 2 \cdot 487 + 83, \ldots$. Cette conjecture n'a pas encore été vérifiée ni réfutée. Écrire un programme pour vérifier cette conjecture pour une centaine d'entiers impairs.

27. Pour chacun des entiers $1\,234\,567$, $876\,342\,591$, $564\,567\,543\,233\,123$, $2^{2^5} - 1$, $2^{802} + 1$, $162\,259\,276\,829\,213\,363\,391\,578\,010\,288\,127$, vérifier à l'aide de l'ordinateur s'il est premier et, dans le cas contraire, trouver tous ses facteurs premiers.

28. Trouver tous les nombres premiers de la forme $n^2 + 1$ inférieurs ou égaux à un entier positif donné m. Y en a-t-il une infinité?

29. Christian Goldbach (1690–1764), un mathématicien russe, conjectura que tout entier pair ≥ 6 est la somme de deux premiers. Par exemple, $18 = 5 + 13$, $136 = 53 + 83$. Jusqu'à aujourd'hui, tous les efforts fournis par les mathématiciens n'ont pas permis de résoudre cette conjecture. Cependant, en 1937, I.M. Vinogradov (1891–1983) montra que tout nombre impair suffisamment grand est la somme de trois nombres premiers. Écrire un programme pour montrer que des centaines de nombres pairs peuvent s'écrire comme la somme de deux premiers.

Problèmes de nature algébrique

30. Soit $p \in \mathbb{N}$ un nombre premier. Montrer que les énoncés suivants sont équivalents :

    a) p est un nombre premier $\iff$ $p = ab$ implique $a = \pm 1$ ou $b = \pm 1$;

    b) (p) est un idéal premier $\iff$ $(ab) \subseteq (p)$ implique $(a) \subseteq (p)$ ou $(b) \subseteq (p)$;

    c) (p) est un idéal maximal $\iff$ $(p) \subseteq (a) \subseteq \mathbb{Z}$ implique $(p) = (a)$ ou $(a) = \mathbb{Z}$.

31. Soit $i = \sqrt{-1}$ et $\mathbb{Z}[i] = \{a + bi \mid a, b \in \mathbb{Z}\}$.

    a) Montrer que $\mathbb{Z}[i]$ est un anneau (appelé « anneau gaussien »).

    b) Soit $a, b \in \mathbb{Z}[i]$. On dit que a divise b s'il existe un $c \in \mathbb{Z}[i]$ tel que $b = ac$. Montrer que, dans $\mathbb{Z}[i]$, 4 est divisible par $(1 + i)^2$.

    c) Soit $z = a + bi \in \mathbb{Z}[i]$. La norme de z, notée $\mathcal{N}(z)$, est définie par $\mathcal{N}(a + bi) = a^2 + b^2$. Montrer que
    $$\mathcal{N}((a + bi)(c + di)) = \mathcal{N}(a + bi)\mathcal{N}(c + di).$$

Chapitre 3
Les congruences

3.1 Introduction

Une autre approche de la notion de divisibilité, centrée sur la notion du reste, est appelée la *théorie des congruences*. Cette théorie a été introduite par Gauss dans son traité *Disquisitiones Arithmeticae*, publié en 1801, alors qu'il n'avait que 24 ans. Il est à noter cependant que la notion de congruence avait déjà été utilisée par Euler, Lagrange et Legendre. Toutefois, c'est à Gauss que l'on doit le développement de la théorie des congruences présentée dans ce chapitre.

3.2 Définition et propriétés élémentaires

Étant donnés deux entiers a et b, on dira que a est congru à b modulo m si leurs restes après la division par m sont égaux. En termes plus formels :

Définition 3.1 Soit $m \in \mathbb{Z} \setminus \{0\}$. On dit que a est **congru à** b **modulo** m, et on écrit $a \equiv b \pmod{m}$, si $m|(a-b)$; dans le cas contraire, on écrit $a \not\equiv b \pmod{m}$ et on dit que «a est **non congru à** b **modulo** m».

Exemple 3.2

1. $19 \equiv 7 \pmod{12}$, $1 \equiv -11 \pmod{12}$, $3^2 \equiv 4 \equiv -1 \pmod 5$.

2. n est pair $\iff n \equiv 0 \pmod 2$.

Théorème 3.3 *Soit $m \in \mathbb{N}$ et soit $a, b, c, d \in \mathbb{Z}$. Alors :*

i) $a \equiv a \pmod{m}$;

Gauss est considéré par plusieurs comme le plus grand mathématicien de tous les temps. Ce «prince des mathématiciens» se distingue de bonne heure par la précocité de ses talents. À 15 ans, il conjecture le théorème des nombres premiers. À 18 ans, il caractérise les polygones qui peuvent se construire à la règle et au compas. À 22 ans, il prouve que tout polynôme de degré n possède n racines. Finalement, à 24 ans, il publie son ouvrage fondamental : *Disquisitiones arithmeticae*. Il s'est intéressé à la géométrie, à l'analyse, à l'astronomie et à la physique. Il a passé sa vie de chercheur à l'Université de Göttingen. Son oeuvre complète compte environ 12 volumes.

Carl Friedrich Gauss (1777–1855)

ii) $a \equiv b \pmod{m} \iff b \equiv a \pmod{m}$;

iii) *si* $a \equiv b \pmod{m}$ *et* $b \equiv c \pmod{m}$, *alors* $a \equiv c \pmod{m}$;

iv) *si* $a \equiv b \pmod{m}$ *et* $c \equiv d \pmod{m}$, *alors* $ac \equiv bd \pmod{m}$ *et* $ax + cy \equiv bx + dy \pmod{m}$ *pour tout* $x, y \in \mathbb{Z}$;

v) *si* $a \equiv b \pmod{m}$ *et* $d | m$, $d > 0$, *alors* $a \equiv b \pmod{d}$;

vi) *soit* f *un polynôme à coefficients entiers et soit* $a \equiv b \pmod{m}$, *alors* $f(a) \equiv f(b) \pmod{m}$.

DÉMONSTRATION Les parties i), ii) et iii) et v) sont des conséquences immédiates de la définition 3.1.

iv) On a par hypothèse $m|(a-b)$ et $m|(c-d)$, d'où $a - b = km$ et $c - d = k'm$ pour certains entiers k et k', ce qui implique que

$$ac = bd + bk'm + dkm + kk'm^2 \quad \text{c'est-à-dire} \quad ac \equiv bd \pmod{m};$$

d'autre part, on a $m|(a-b)x + (c-d)y = (ax+cy) - (bx+dy)$, ce qui est équivalent à

$$ax + cy \equiv bx + dy \pmod{m}.$$

vi) En utilisant iv), on a (avec $c = a$ et $d = b$) que si $a \equiv b \pmod{m}$, alors $a^2 \equiv b^2 \pmod{m}$. L'induction nous permet d'obtenir finalement que si

$$a \equiv b \pmod{m} \quad \text{alors} \quad a^k \equiv b^k \pmod{m}, \quad \text{où } k \in \mathbb{N}.$$

Posons $f(x) = \sum_{k=0}^{n} c_k x^k$, où $c_k \in \mathbb{Z}$. Or, puisque

$$a \equiv b \pmod{m} \implies c_k a^k \equiv c_k b^k \pmod{m},$$

alors

$$\sum_{k=0}^{n} c_k a^k \equiv \sum_{k=0}^{n} c_k b^k \pmod{m}.$$

Le théorème est ainsi démontré. ∎

Remarque Puisque la congruence modulo m possède les propriétés de réflexivité, de symétrie et de transitivité, c'est-à-dire puisqu'elle est une relation d'équivalence, alors elle induit une partition de l'ensemble $\mathbb{Z}$ en classes d'équivalence qu'on appelle *classes résiduelles modulo m*.

Exemple 3.4

1. Montrer que $7 | (3 \cdot 2^{101} + 9)$.

   SOLUTION Sans avoir à élever 2 à la puissance 101 (ce qui serait d'ailleurs très long), on peut procéder comme suit. Comme $2^{101} = (2^3)^{33} \cdot 2^2$ et $2^3 \equiv 1 \pmod 7$, on a, en utilisant le théorème 3.3,

   $$3 \cdot 2^{101} + 9 \equiv 3 \cdot (+1)^{33} \cdot 4 + 9 \equiv 12 + 9 \equiv 0 \pmod 7,$$

   d'où la conclusion.

2. Montrer qu'un entier $n > 0$ est divisible par 9 si et seulement si la somme de ses chiffres est divisible par 9.

   SOLUTION Soit $n = a_k 10^k + a_{k-1} 10^{k-1} + \cdots + a_1 10 + a_0$. Puisque $10 \equiv 1 \pmod 9$, alors $10^n \equiv 1 \pmod 9$ et ainsi

   $$n \equiv a_0 + a_1 + \cdots + a_k \pmod 9,$$

   d'où le résultat.

À la lecture des énoncés i), ii), iii) et iv) du théorème 3.3, on pourrait être porté à croire que les congruences se comportent toujours comme des égalités. Or, il n'en est rien. Ainsi, lorsque $a \neq 0$, on a bien que $ax = ay \implies x = y$; mais qu'advient-il si $ax \equiv ay \pmod{m}$? La réponse se trouve dans le résultat suivant :

Théorème 3.5 *Soit $m \in \mathbb{N}$ et $x, y \in \mathbb{Z}$. Alors :*

i) $ax \equiv ay \pmod{m} \iff x \equiv y \pmod{m/(a,m)}$;

ii) *si* $ax \equiv ay \pmod{m}$ *et* $(a, m) = 1$, *alors* $x \equiv y \pmod{m}$;

iii) $x \equiv y \pmod{m_i}$ *pour* $i = 1, 2, \ldots, r \iff x \equiv y \pmod{[m_1, \ldots, m_r]}$.

DÉMONSTRATION
  i) ($\implies$) Soit $d = (a, m)$. Alors, par hypothèse, il existe un entier $s \in \mathbb{Z}$ tel que $ax - ay = ms$ et ainsi

$$\frac{a}{d}(x - y) = \frac{m}{d}s \quad \text{ou encore} \quad \frac{m}{d} \;\Big|\; \frac{a}{d}(x - y).$$

Par ailleurs, d'après le théorème 1.17, on a que $\left(\frac{a}{d}, \frac{m}{d}\right) = 1$, ce qui implique, à cause du théorème 1.23, que

$$\frac{m}{d} \;\Big|\; (x - y),$$

d'où la conclusion.
  ($\impliedby$) On a $\frac{m}{d} \;\Big|\; (x - y)$ ou encore $m | d(x - y)$; c'est pourquoi $m | a(x - y)$ et ainsi $ax \equiv ay \pmod{m}$.
  ii) Cet énoncé est une conséquence immédiate de i).
  iii) On considère seulement le cas $r = 2$, le résultat général s'obtenant facilement par induction. Puisque $m_1 | (a - b)$ et $m_2 | (a - b)$, alors $a - b$ est un commun multiple de m_1 et m_2, ce qui signifie que $[m_1, m_2] | (a - b)$. Le théorème est ainsi démontré. ∎

3.3 Le théorème de Fermat

Soit m un entier positif fixe. À tout entier a on peut associer le reste r de la division de a par m, c'est-à-dire

$$a = qm + r, \qquad 0 \leq r < m.$$

Ainsi, $a \equiv r \pmod{m}$ et, puisque r satisfait l'inégalité $0 \leq r < m$, il est facile de voir que tout entier est congru modulo m à une des valeurs $0, 1, \ldots, m-1$. Il est clair qu'aucune de ces m valeurs n'est congrue à une autre d'entre elles modulo m. Ces m valeurs constituent un système complet de résidus modulo m, notion que nous définissons ci-dessous.

Définition 3.6 Si $y \equiv x \pmod{m}$, alors x est appelé un **résidu** de y modulo m. Un ensemble d'entiers $\{x_1, x_2, \ldots, x_m\}$ est appelé un **système complet de résidus** modulo m si pour chaque entier y il existe un et un seul x_i tel que $y \equiv x_i \pmod{m}$.

Remarque Notons que pour un ensemble complet de résidus $\{x_i\}$, si $j \neq k$, alors $x_j \not\equiv x_k \pmod{m}$, autrement x_j serait congru à deux nombres du système : lui-même et x_k.

Exemple 3.7 L'ensemble $\{-2, 5, 9, 11, 17\}$ est un système complet de résidus modulo 5. En effet, $-2 \equiv 3$, $5 \equiv 0$, $9 \equiv 4$, $11 \equiv 1$, $17 \equiv 2 \pmod 5$.

Théorème 3.8 *Si $x \equiv y \pmod{m}$, alors $(x, m) = (y, m)$.*

DÉMONSTRATION Par hypothèse, on a $x - y = km$ pour un certain entier k. Cette relation implique que $(x, m)|y$ et donc que $(x, m)|(y, m)$. De la même manière, on a que $(y, m)|x$ et ainsi $(y, m)|(x, m)$. D'où $(x, m) = (y, m)$, ce qui termine la démonstration. ∎

Définition 3.9 Un **système réduit de résidus** modulo m est un ensemble d'entiers r_i tel que $(r_i, m) = 1$, $r_i \not\equiv r_j \pmod{m}$ lorsque $i \neq j$, et tel que chaque entier x relativement premier avec m est congru à un certain r_i modulo m.

Exemple 3.10 L'ensemble $\{1, 5\}$ est un système réduit de résidus modulo 6. L'ensemble $\{1, 2, 3, 4, 5, 6\}$ est un système réduit de résidus modulo 7.

On peut facilement voir que si p est un nombre premier, alors le nombre d'éléments dans un système réduit de résidus modulo p est égal à $p-1$. Et, en fait, quel que soit $m \in \mathbb{N}$, le nombre d'éléments dans un système réduit de résidus modulo m dépend uniquement de m et non du système particulier : *ce nombre est toujours égal au nombre d'entiers positifs $n \leq m$ tels que $(n, m) = 1$*; on note ce nombre par $\phi(m)$. On appelle cette fonction ϕ la *fonction d'Euler*. Plus formellement :

Fermat était un magistrat et il a agi comme conseiller du roi au parlement de Toulouse. Il a laissé à la communauté mathématique un grand nombre de théorèmes intéressants, presque tous sans démonstration. Les journaux scientifiques n'existant pas à l'époque, il n'a de son vivant publié aucun ouvrage d'importance. Cependant, il exposait ses conceptions et ses résultats, par lettres, principalement au père Marin Mersenne. C'est ce qui explique que la plupart des preuves qu'il a rédigées ont été perdues; le peu de celles qu'on a retrouvées nous font regretter d'autant plus celles qui nous manquent. On lui attribue, avec Blaise Pascal, le calcul des probabilités. Il est surtout fameux pour son énoncé selon lequel l'équation $x^n + y^n = z^n$ n'a pas de solution en entiers non nuls x, y, z si n est un entier supérieur à 2, affirmation connue depuis lors sous le nom de «dernier théorème de Fermat».

Pierre de Fermat (1601–1665)

Définition 3.11 La **fonction** ϕ **d'Euler** est définie par

$$\phi(m) = \#\{n \leq m \mid (n, m) = 1\}.$$

Exemple 3.12 $\phi(6) = 2$, $\phi(12) = 4$ et $\phi(p) = p - 1$ pour chaque nombre premier p.

Nous allons maintenant démontrer le «petit théorème de Fermat», lequel dit que $a^{p-1} \equiv 1 \pmod{p}$ lorsque $(a, p) = 1$. On a toutefois besoin d'un outil supplémentaire donné par le résultat suivant.

Théorème 3.13 *Soit* $(a, m) = 1$. *Si* $r_1, r_2, \ldots, r_{\phi(m)}$ *est un système réduit de résidus modulo* m, *alors* $ar_1, ar_2, \ldots, ar_{\phi(m)}$ *en est un aussi.*

DÉMONSTRATION Puisque $(r_i, m) = 1$ et $(a, m) = 1$, alors $(ar_i, m) = 1$. Par ailleurs, si $i \neq j$, on veut montrer que $ar_i \not\equiv ar_j \pmod{m}$. Supposons le contraire, c'est-à-dire supposons que $ar_i \equiv ar_j \pmod{m}$. Alors, en raison du théorème 3.5 ii), on a $r_i \equiv r_j \pmod{m}$. Puisque les r_i constituent un système réduit de résidus modulo m, on a $i = j$. Cette contradiction nous permet d'obtenir le théorème. ∎

Théorème 3.14 (Petit théorème de Fermat) *Soit p un nombre premier et soit a un entier positif tel que $p \nmid a$. Alors $a^{p-1} \equiv 1 \pmod{p}$. De plus, quel que soit l'entier a, on a la congruence $a^p \equiv a \pmod{p}$.*

Néanmoins, l'implication réciproque n'est pas vraie, car il existe des nombres N qui ne sont pas premiers et tels que $a^N \equiv a \pmod{N}$ pour des entiers a, $1 \leq a \leq N-1$ (et parfois même pour tous les entiers a entre 1 et $N-1$). Un tel exemple est $561 = 3 \times 11 \times 17$.

Remarque Le théorème 3.14 est appelé «petit théorème de Fermat» pour le distinguer du «dernier théorème de Fermat», qui dit que si n est un entier supérieur à 2, alors l'équation
$$x^n + y^n = z^n$$
n'a pas de solution entière (avec x, y, z non nuls). Fermat a énoncé ce dernier résultat en 1637, en prenant soin d'écrire dans la marge de ses notes qu'il avait une démonstration facile, mais qu'il «n'avait pas suffisamment de place dans la marge pour écrire sa preuve». En fait, avant juin 1993[1], personne n'avait réussi à démontrer ce résultat, que l'on a tout de même toujours appelé «théorème», et cela pour des raisons historiques. La recherche d'une preuve du dernier théorème de Fermat a d'ailleurs donné naissance à la théorie algébrique des nombres. On traitera à nouveau du dernier théorème de Fermat à la section 5 du chapitre 6.

On verra à la section 6 une application très importante du «petit théorème de Fermat».

En fait, ce théorème est une conséquence immédiate d'une généralisation du théorème de Fermat due à Euler. La voici.

Théorème 3.15 (Théorème d'Euler) *Soit $(a, m) = 1$, alors*
$$a^{\phi(m)} \equiv 1 \pmod{m}.$$

DÉMONSTRATION Soit $\{r_1, r_2, \ldots, r_{\phi(m)}\}$ un système réduit de résidus modulo m. En raison du théorème 3.13, on a que $\{ar_1, ar_2, \ldots, ar_{\phi(m)}\}$ est aussi un système

---

1. Le 23 juin 1993, Andrew Wiles, un jeune mathématicien anglais, annonçait, à l'occasion d'un colloque à Cambridge, qu'il avait réussi à démontrer un résultat sur les courbes elliptiques qui impliquait le dernier théorème de Fermat. Puisque sa démonstration comporte quelques centaines de pages, il n'est pas possible de confirmer, au moment de mettre sous presse le présent ouvrage, que le résultat de Wiles ne contient pas de faiblesses.

réduit de résidus modulo m. En fait, il est facile de voir qu'il y a bijection entre les deux systèmes. C'est pourquoi on peut écrire

$$\prod_{i=1}^{\phi(m)} ar_i \equiv \prod_{i=1}^{\phi(m)} r_i \pmod{m}$$

et donc

$$a^{\phi(m)} \prod_{i=1}^{\phi(m)} r_i \equiv \prod_{i=1}^{\phi(m)} r_i \pmod{m}.$$

Puisque $\left(m, \prod_{i=1}^{\phi(m)} r_i\right) = 1$, on peut conclure que

$$a^{\phi(m)} \equiv 1 \pmod{m},$$

d'où la conclusion. ∎

Exemple 3.16 Trouver le dernier chiffre dans la représentation décimale de 3^{345}. Quels sont les deux derniers chiffres ?

SOLUTION D'après le théorème d'Euler, $3^4 \equiv 1 \pmod{10}$, et alors

$$3^{345} = 3^{4 \cdot 86 + 1} \equiv 3 \pmod{10}.$$

Le chiffre des unités est donc 3.

Pour trouver les deux derniers chiffres, il faut trouver le reste de la division de 3^{345} par 100. On montre assez facilement que $\phi(100) = 40$ et ainsi, d'après le théorème d'Euler, on a

$$3^{40} \equiv 1 \pmod{100}.$$

Puisque

$$3^{345} = 3^{8 \cdot 40 + 25} \equiv 3^{25} \equiv 43 \pmod{100},$$

les deux derniers chiffres sont 4 et 3.

Soit $P(x)$ un polynôme dont les coefficients sont dans $\mathbb{Z}$. Un entier x satisfaisant $P(x) \equiv 0 \pmod{m}$ est appelé *solution* de la congruence. Or, si $x \equiv y \pmod{m}$, on a $P(x) \equiv P(y) \pmod{m}$ et alors toute congruence possédant une solution en possède une infinité. On adoptera la convention selon laquelle les solutions appartiennent à l'ensemble $\{1, 2, \ldots, m\}$. Ainsi, lorsque l'on fait allusion au *nombre de solutions* d'une congruence, on entend le nombre de solutions non congrues.

Théorème 3.17 *Si $(a,m) = 1$, alors la congruence $ax \equiv b \pmod{m}$ possède une solution x_0 et toutes les autres solutions sont données par*

$$x = x_0 + km, \qquad k \in \mathbb{Z}.$$

DÉMONSTRATION On vérifie facilement que $x_0 = a^{\phi(m)-1}b$ est une solution de $ax \equiv b \pmod{m}$. Supposons par ailleurs que x est une autre solution. Alors, $a(x - x_0) \equiv b - b \equiv 0 \pmod{m}$ et, comme $(a,m) = 1$, on en déduit par le théorème 3.5 ii) que $x - x_0 \equiv 0 \pmod{m}$, d'où la conclusion. ∎

Le résultat qui suit constitue une importante caractérisation des nombres premiers.

Théorème 3.18 (Théorème de Wilson) *Soit $m \in \mathbb{N}$, où $m > 1$. Alors*

$$m \text{ est premier} \iff (m-1)! \equiv -1 \pmod{m}.$$

DÉMONSTRATION ($\Longrightarrow$) Soit $m = p$ un nombre premier. Si $p = 2$ ou 3, la conclusion est facilement vérifiée. Supposons que $p \geq 5$ et considérons les entiers r tels que $1 \leq r \leq p - 1$. Il est clair qu'on a toujours $(r,p) = 1$. On peut donc faire usage du théorème 3.17 et conclure que pour chaque $1 \leq r \leq p - 1$, il existe un entier m ($1 \leq m \leq p - 1$) tel que $mr \equiv 1 \pmod{p}$. Comme $mr \equiv rm \equiv 1 \pmod{p}$, il est clair que r est aussi l'entier associé à m. À l'entier $r = 1$ est évidemment associé l'entier $m = 1$; de même, $p - 1$ est associé à lui-même. Soit r tel que $2 \leq r \leq p - 2$. Aucun de ces entiers r n'est associé à lui-même, car autrement on aurait $r^2 \equiv 1 \pmod{p}$, c'est-à-dire $(r-1)(r+1) \equiv 0 \pmod{p}$, ce qui n'est pas possible, puisque $(r-1,p) = (r+1,p) = 1$ pour chaque $2 \leq r \leq p - 2$. Il s'ensuit donc que les entiers $2, 3, \ldots, p-3, p-2$ peuvent être arrangés en des couples (r,m) tels que $r \neq m$ et $rm \equiv 1 \pmod{p}$. Or, comme $(p-1) \equiv -1 \pmod{p}$, il s'ensuit que

$$(p-1)! = 1 \cdot 2 \cdots (p-2)(p-1) \equiv 1 \cdot (p-1) \equiv -1 \pmod{p},$$

d'où la conclusion.

($\Longleftarrow$) Si m n'est pas premier, $m = a \cdot b$, $1 < a < m$, et alors $a | (m-1)!$. On obtient donc que $a \nmid ((m-1)! + 1)$ et, *a fortiori*, $m \nmid ((m-1)! + 1)$, ce qui complète la démonstration. ∎

Exemple 3.19 Le nombre $100! + 1$ n'est pas premier puisque $101 | 100! + 1$.

3.4 Le théorème du reste chinois

Terminons ce chapitre en démontrant un théorème qui s'avère très important dans la résolution de systèmes de congruences linéaires.

Théorème 3.20 *Soit $m_1, m_2, \ldots, m_r$ des nombres naturels relativement premiers deux à deux. Soit $a_1, a_2, \ldots, a_r$ des entiers quelconques. Alors, le système de congruences*

$$\begin{cases} x \equiv a_1 \pmod{m_1} \\ x \equiv a_2 \pmod{m_2} \\ \quad \vdots \\ x \equiv a_r \pmod{m_r} \end{cases}$$

possède une solution donnée par (3.1) ci-dessous. De plus, toutes les solutions sont congrues modulo $m_1 m_2 \ldots m_r$.

DÉMONSTRATION Posons $m = m_1 m_2 \ldots m_r$. Il est clair que $(m_j, m/m_j) = 1$ pour chaque j. Donc, d'après le théorème 3.17, il existe des entiers b_j tels que $(m/m_j) \cdot b_j \equiv 1 \pmod{m_j}$. Par ailleurs, il est évident que $(m/m_j) \cdot b_j \equiv 0 \pmod{m_i}$ si $i \neq j$. On prétend que la solution du système est donnée par

$$x_0 = \sum_{j=1}^{r} \frac{m}{m_j} \cdot b_j a_j. \tag{3.1}$$

En effet, on a, pour chaque $i = 1, 2, \ldots, r$,

$$x_0 = \sum_{j=1}^{r} \frac{m}{m_j} \cdot b_j a_j \equiv \frac{m}{m_i} \cdot b_i a_i \equiv a_i \pmod{m_i}.$$

Il reste à montrer l'unicité. Soit x_1 et x_2 deux solutions du système. Alors, $x_1 \equiv x_2 \pmod{m_i}$ pour $i = 1, 2 \ldots, r$ et ainsi $x_1 \equiv x_2 \pmod{m}$ en raison du théorème 3.5 iii). ∎

Exemple 3.21 Trouver le plus petit entier positif x tel que

$$x \equiv 2 \pmod{3},$$
$$x \equiv 3 \pmod{5},$$
$$x \equiv 4 \pmod{7}.$$

SOLUTION   On a $m_1 = 3$, $m_2 = 5$, $m_3 = 7$ et $m = 105$. Puisque l'énoncé

$$\frac{m}{m_j} \cdot b_j \equiv 1 \pmod{m_j}, \quad \text{où} \quad j = 1, 2, 3,$$

donne les valeurs $b_1 = 2$, $b_2 = 1$, $b_3 = 1$, la solution cherchée est

$$x_0 = \sum_{j=1}^{3} \frac{m}{m_j} b_j a_j = 263 \equiv 53 \pmod{105}.$$

Une autre façon élégante de procéder est la suivante. La première équation permet d'écrire $x = 2 + 3t$ et, par substitution dans la seconde, on obtient $2 + 3t \equiv 3 \pmod 5$ et alors $t \equiv 2 \pmod 5$. Donc, $x = 8 + 15u$ et, en substituant cette valeur à la troisième équation, on obtient $u \equiv 3 \pmod 7$ et finalement $x \equiv 53 \pmod{105}$.

3.5 Une application

Étant donné une fraction rationnelle, les chiffres qui se répètent dans son développement décimal sont appelés le *cycle* de la fraction, et le nombre de chiffres dans le cycle est appelé la *période* de la fraction. Par exemple, $\frac{17}{37} = 0,\overline{459}$ a le cycle 459 et la période 3. Considérons le nombre rationnel m/n où $(m, n) = 1$ et $m < n$. Supposons, de plus, que n n'est pas divisible par 2 ni par 5. Le résultat suivant permettra de conclure que, puisque $37 | (10^3 - 1)$, pour tout entier m, $m/37$ est de période 3.

Théorème 3.22 *La période de la fraction m/n est le plus petit entier positif h tel que $10^h \equiv 1 \pmod n$.*

DÉMONSTRATION   Supposons en tout premier lieu que $10^h \equiv 1 \pmod n$, c'est-à-dire qu'il existe un entier k tel que $10^h = 1 + kn$. Alors, pour toute fraction m/n, on a

$$10^h \frac{m}{n} = km + \frac{m}{n}. \tag{3.2}$$

Supposons que $m/n = 0.a_1 a_2 a_3 \ldots$. Alors, l'équation (3.2) permet d'écrire

$$km + \frac{m}{n} = a_1 a_2 \cdots a_h . a_{h+1} a_{h+2} \cdots .$$

En égalant les parties entière et fractionnaire, on en déduit que

$$km = a_1 a_2 \cdots a_h \tag{3.3}$$

et que
$$\frac{m}{n} = 0.a_{h+1}a_{h+2}\cdots. \qquad (3.4)$$

Mais l'équation (3.4) confirme que les chiffres a_{h+1}, a_{h+2},... sont précisément les chiffres a_1, a_2,... . Cela signifie que le développement de m/n se répète après h chiffres et qu'ainsi la période de m/n est h.

Inversement, si m/n est de période h, c'est-à-dire
$$\frac{m}{n} = 0.a_1 a_2 \cdots a_h a_1 \cdots a_h \cdots,$$
alors
$$10^h \frac{m}{n} - a_1 a_2 \cdots a_h = 0,a_1 a_2 \ldots a_h \cdots = \frac{m}{n}.$$
Par conséquent, l'égalité
$$\frac{(10^h - 1)m}{n} = a_1 a_2 \cdots a_h \qquad (3.5)$$

est un entier. Puisque m et n sont relativement premiers, alors on a $n|(10^h - 1)$.

Finalement, supposons que la période de m/n est h et que $10^{h^*} \equiv 1 \pmod{n}$. Alors, m/n a aussi h^* chiffres qui se répètent et $h^* \geq h$. En particulier, h est le plus petit entier positif satisfaisant $10^h \equiv 1 \pmod{n}$. ■

3.6 Une autre application : le codage des messages secrets

Avec la prolifération des ordinateurs et des moyens électroniques de communication, il devient de plus en plus important d'utiliser des codes secrets pour la transmission des données entre les organismes à caractère militaire ou financier. Au cours de l'histoire, on s'est servi de différents codes pour transmettre des messages secrets (surtout de nature militaire). Les messages qui étaient codés avec des méthodes relativement simples pouvaient, avec peu d'effort, être finalement déchiffrés. De leur côté, les messages qui recouraient à des codes très sophistiqués, et donc presque indéchiffrables, souffraient du désavantage d'être très compliqués à transmettre ou très longs à décoder. D'ailleurs, la plupart des codes employés au cours de l'histoire (par exemple, durant la Deuxième Guerre mondiale) pourraient aujourd'hui facilement être décodés par un intercepteur muni d'un ordinateur assez puissant. De toute manière, ces codes demeurent toujours déchiffrables, à condition que l'intercepteur possède «assez de temps et assez de papier».

3.6 Une autre application : le codage des messages secrets

En 1975, W. Diffie et M.E. Hellman, deux professeurs du département de génie électrique de Standford University, révolutionnaient la science de la cryptographie en démontrant l'existence d'un code (voir «New Directions in Cryptography», *IEEE Transactions on Information Theory*, novembre 1976) qui ne pouvait être déchiffré par un intercepteur à moins que ce dernier ne disposât de millions d'années de temps d'ordinateur. Le plus fascinant dans leur méthode — encore en usage aujourd'hui — c'est que le code utilisé ne nécessite pas le camouflage de la méthode employée et qu'il peut servir à maintes reprises sans aucune modification. On en trouvera l'explication ci-dessous. On verra d'ailleurs que le petit théorème de Fermat joue un rôle crucial dans l'élaboration du procédé.

Diffie et Hellman avaient suggéré divers moyens pour obtenir un codage efficace basé sur la théorie qu'ils avançaient. Toutefois, ce sont trois mathématiciens du Massachusetts Institute of Technology, R.L. Rivest, A. Shamir et L. Adleman, qui eurent l'idée d'utiliser les nombres premiers pour appliquer le système de Diffie et Hellman. Leur travail, intitulé «On Digital Signature and Public-Key Cryptosystems», a été publié dans le numéro d'avril 1977 de *Technical Memo 82* du laboratoire du MIT.

Avant d'expliquer en quoi consiste leur méthode, il vaut mieux d'abord présenter un certain nombre de résultats sur les tests de divisibilité et sur la factorisation des grands nombres premiers.

Problème. Étant donné un nombre N, décider si N est premier ou non.

On sait, d'après le théorème de Fermat, que si N est un nombre premier et si $a \in \mathbb{N}$, où $a < N$, alors $a^{N-1} \equiv 1 \pmod{N}$.

On peut écrire :

$$N \text{ premier} \Rightarrow a^N \equiv a \pmod{N} \text{ pour } 1 \leq a \leq N-1.$$

On peut appliquer ce petit théorème de Fermat sur un nombre N à propos duquel on aimerait savoir s'il est premier ou non :

i) on fait des essais préliminaires de division par 2, 3, 5, 7, 11 et des nombres premiers petits (jusqu'à 100 par exemple); si N est divisible par un de ces petits nombres, alors N n'est pas premier; sinon on continue;

ii) si $2^N \not\equiv 2 \pmod{N}$, alors N est composé; en d'autres mots, si 2 n'est pas le reste de la division de 2^N par N, alors N n'est pas premier; si $2^N \equiv 2 \pmod{N}$, alors N a une chance d'être premier, auquel cas on continue.

iii) si $3^N \not\equiv 3 \pmod{N}$, alors N est composé; si $3^N \equiv 3 \pmod{N}$, alors N a une meilleure chance d'être premier et on continue;

iv) on continue ce processus en remplaçant 3 par 5, 7, 11, 13, ... et, après un nombre convenable d'essais, on tire la conclusion suivante :

- ou bien N est composé,
- ou bien il y a une très forte chance pour que N soit premier.

Voilà une méthode simple. Il en existe d'autres moins simples, mais plus certaines ! Notons que l'on peut choisir un entier positif a au hasard ($a < N$) et vérifier si $a^N \equiv a$ (mod n); si ce n'est pas le cas, alors N n'est pas premier. Par contre, si en choisissant à plusieurs reprises et au hasard différentes valeurs de a on obtient toujours $a^N \equiv a$ (mod n), on est presque certain que N est premier. En fait, avec l'aide d'un ordinateur assez puissant, on peut décider si un nombre naturel impair de l'ordre de 10^{300} est premier ou non en l'espace de quelques minutes. Ce qu'il est important de savoir, c'est que, étant donné un nombre naturel N, on peut décider en relativement peu de temps s'il est premier ou non, sans pour autant connaître ses facteurs premiers (dans le cas où il est composé !). En fait, même avec les ordinateurs les plus puissants d'aujourd'hui, qui peuvent faire plusieurs millions d'opérations arithmétiques à la seconde, il faudrait plusieurs milliers d'années pour arriver à trouver les deux facteurs premiers p et q d'un nombre $N = pq$, où p et q sont de l'ordre de 10^{100} chacun. Et il semble peu probable que l'on découvre dans un avenir rapproché un algorithme assez efficace pour améliorer de façon appréciable ce temps de calcul. Notons qu'il est possible de déterminer si un nombre de 200 chiffres est premier en moins de 5 minutes. Cependant, pour factoriser un nombre de 200 chiffres, il faudrait au moins 100 ans[2]. Chose merveilleuse : les théories qui permettent ces exploits sont très profondes et ont été élaborées en partie il y a longtemps dans un cadre très différent.

Le fait qu'il soit beaucoup plus difficile de trouver les facteurs premiers d'un nombre N que de découvrir si N est premier ou composé est précisément ce qui a permis d'élaborer cette méthode très ingénieuse de *codage* et de *décodage* de messages.

On cherche donc un système simple, où le codage et le décodage seront presque instantanés, avec « clef publique », mais absolument « incassable ». Soit donc un groupe d'individus qui se transmettent régulièrement des messages par courrier électronique et pour lequel il est important que les messages ne soient connus que de l'émetteur et du destinataire. Alors, chacun des membres du groupe se trouve deux nombres premiers p et q très grands, soit de l'ordre de 10^{100}. Pour trouver de si grands nombres premiers, chaque membre choisit au hasard un nombre de 100 chiffres et vérifie par un des algorithmes connus s'il est premier ou non, et il répète l'expérience jusqu'à ce qu'il obtienne ainsi deux nombres premiers p et q. Il forme alors le nombre $n = pq$ qui

---

2. Pour plus d'information, on pourra consulter POMERANCE, C. « The Search for Prime Numbers », *Scientific American*, vol. 247, déc. 1982, p. 136–147.

sera ainsi constitué d'environ 200 chiffres. Ensuite, ce membre choisit un nombre entier positif a tel que $(a, \phi(n)) = 1$. Notons que $\phi(n) = \phi(pq) = (p-1)(q-1)$; par conséquent, par essais répétés, il est facile de trouver un tel nombre a. Tous les membres du groupe se sont donc trouvé un n et un a qu'ils publient dans un annuaire mis à la disposition de tous les membres du groupe (ainsi qu'à d'éventuels intercepteurs, mais cela n'a pas d'importance, comme on le verra dans un instant!).

A) PRÉPARATION

Supposons que le Pentagone fait partie de ce groupe de correspondants et qu'il veut transmettre le message «DÉCLENCHER L'OPÉRATION ROUGE» à un de ses agents en Allemagne, lui-même membre du groupe. Pour ce faire, le Pentagone transforme d'abord le message en chiffres en utilisant la convention :

Étape 1. Chaque lettre est remplacée par un nombre :

A	→	01	J	→	10	S	→	19
B	→	02	K	→	11	T	→	20
C	→	03	L	→	12	U	→	21
D	→	04	M	→	13	V	→	22
E	→	05	N	→	14	W	→	23
F	→	06	O	→	15	X	→	24
G	→	07	P	→	16	Y	→	25
H	→	08	Q	→	17	Z	→	26
I	→	09	R	→	18	espace	→	27

Le message devient ainsi un nombre M :

$$M = \underbrace{0405031205140308 0518}_{DÉCLENCHER}\, 27\, \underbrace{12}_{L}\, 27\, \underbrace{1516051801200 09 1514}_{OPÉRATION}\, 27\, \underbrace{1815210705}_{ROUGE}$$

B) CODAGE DU MESSAGE

Étape 2. Ensuite, le Pentagone consulte un annuaire spécial pour connaître le n et le a de l'agent à qui le message est destiné. En fait, ces deux nombres n et a doivent satisfaire aux conditions suivantes :

CONDITIONS
i) $n = pq$ où p et q sont premiers.
ii) p et q sont gardés secrets par chacun.
iii) $(a, (p-1)(q-1)) = 1$.

Supposons que $n = 98\,587$ et $a = 3$ sont deux nombres de la clef du destinataire. *Point technique.* Il faut que M et n n'aient pas de diviseur commun autre que 1. Sinon, on ajoute à la fin de M des chiffres sans valeur, comme 01, pour finalement avoir M et n sans diviseur commun. On peut aussi briser M en morceaux M_i dont le nombre de chiffres n'excède pas 99, auquel cas on aura toujours $(M_i, p) = (M_i, q) = (M_i, n) = 1$.

Étape 3. On défait M en morceaux, chacun étant plus petit que n :

$$\underbrace{0405}_{M_1}\ \underbrace{031205}_{M_2}\ \underbrace{1403}_{M_3}\ \underbrace{080518}_{M_4}\ \underbrace{2712}_{M_5}\ \underbrace{1516}_{M_6}\ \underbrace{051801}_{M_7}\ \underbrace{2009}_{M_8}\ \underbrace{1514}_{M_9}\ \underbrace{2718}_{M_{10}}\ \underbrace{1521}_{M_{11}}\ \underbrace{0705}_{M_{12}}$$

et on travaille successivement avec chaque morceau $M_1, M_2, \ldots, M_{12}$ du message.

Étape 4. On considère la puissance a de M_1 : M_1^a. On remplace M_1 par le nombre $\overline{M_1}$, qui est le reste de la division par n du nombre M_1^a. On procède de même pour les morceaux $M_2, M_3, \ldots, M_{12}$ qui sont remplacés par $\overline{M_2}, \overline{M_3}, \ldots, \overline{M_{12}}$.

Exemple : $\overline{M_1}$ est le reste de la division de 0405^3 par $98\,587$.

Étape 5. Le Pentagone envoie alors le message codé :

$$\overline{M} = \underbrace{\ldots\ldots}_{\overline{M_1}}\ \underbrace{\ldots\ldots}_{\overline{M_2}}\ \underbrace{\ldots\ldots}_{\overline{M_3}}\ \underbrace{\ldots\ldots}_{\overline{M_4}}\ \cdots\ \underbrace{\ldots\ldots}_{\overline{M_{11}}}\ \underbrace{\ldots\ldots}_{\overline{M_{12}}}$$

C) DÉCODAGE DU MESSAGE

Étape 6. Le destinataire connaît (lui seul) les facteurs premiers p et q de son nombre n de la clé publique.

Observation théorique

Rappelons que l'agent a choisi son a de telle sorte que $(a, \phi(n)) = 1$, ce qui implique, d'après le théorème 1.21, qu'il existe des entiers x et y tels que (on peut supposer que $x > 0$, auquel cas $y < 0$)

$$ax + \phi(n)y = 1 \text{ ou encore } ax \equiv 1 \pmod{\phi(n)}.$$

Seul le destinataire, c'est-à-dire celui qui reçoit le message, peut facilement calculer ce nombre x.

Si M_1 est le message à coder, alors $\overline{M_1}$ est le message reçu, où $M_1^a \equiv \overline{M_1}$ (mod n). De même pour $M_2, \ldots, M_{12}$.

3.6 Une autre application : le codage des messages secrets

Étape 7. Le message encodé est bien

$$\overline{M} = \underbrace{\ldots\ldots}\,\underbrace{\ldots\ldots}\,\underbrace{\ldots\ldots}\,\underbrace{\ldots\ldots}\,\cdots\,\underbrace{\ldots\ldots}\,\underbrace{\ldots\ldots}$$

et le nombre M est transformé en un message, en toutes lettres, comme il a été expliqué à l'étape (2).

L'agent reçoit $\overline{M}$ et élève à la puissance x les nombres $\overline{M_1}, \ldots, \overline{M_{12}}$ et obtient ainsi le message initial. En effet, il est clair que

$$\overline{M_1}^x \equiv M_1^{ax} \equiv M_1^{1-\phi(n)y} \equiv M_1 \pmod{n},$$

car $M_1^{\phi(n)} \equiv 1 \pmod{n}$, par le théorème 3.15.

Il est facile de voir que tout intercepteur ne peut décoder le message, car pour cela il devrait connaître la valeur de x, laquelle à son tour dépend de $\phi(n)$, qu'il ne connaît pas non plus, parce qu'il ne connaît pas les facteurs premiers de n.

Signalons, en terminant cette brève présentation du codage des messages secrets, que le gouvernement américain surveille de très près les activités des mathématiciens qui travaillent sur la factorisation des grands nombres[3]. En effet, si un de ceux-ci arrivait à trouver un algorithme permettant de factoriser en peu de temps un nombre de deux cents chiffres, cela mettrait en péril le caractère secret de plusieurs communications d'ordre militaire. Cette surveillance a d'ailleurs soulevé aux États-Unis un mouvement de protestation de la part des hommes de sciences, qui voient ainsi brimer leur liberté professionnelle (*cf. Notices of American Mathematical Society*, janvier 1983).

---

3. Le chercheur Michael Wiener, à l'emploi de Bell-Northern Research, a soumis en 1993 un projet de construction d'un gigantesque ordinateur muni de rien de moins de 57 000 microprocesseurs. L'objectif : arriver à décoder en quelques heures des messages encodés par la méthode décrite ci-dessus. Voilà un projet qui a fait sourire les spécialistes de la cryptographie, mais qui laisse tout de même entrevoir qu'éventuellement, peut-être vers la fin des années 1990, il sera sans doute possible de déjouer « mécaniquement » toute la puissance mathématique du petit théorème de Fermat.

Exercices sur le chapitre 3

1. Donner un exemple :

   a) d'un système de résidus complet modulo 17 qui est composé entièrement de multiples de 3;

   b) d'un système de résidus complet modulo 13 qui est composé entièrement de multiples de 5.

2. Soit $a, b \in \mathbb{Z}$. Si E est un système complet de résidus mod m et si $(a, m) = 1$, alors montrer que
$$E' = \{ax + b \mid x \in E\}$$
est un système complet de résidus mod m.

3. Écrire une seule congruence qui est équivalente à la paire de congruences
$$x \equiv 1 \pmod 4, \quad x \equiv 2 \pmod 3.$$

4. Prouver que si p est premier et $a^2 \equiv b^2 \pmod p$, alors $p|(a+b)$ ou $p|(a-b)$.

5. Prouver que tout entier qui est un carré parfait doit avoir comme dernier chiffre un des 6 nombres suivants : 0, 1, 4, 5, 6 ou 9.

6. Quelles sont les valeurs possibles du dernier chiffre de 4^m pour chaque $m \in \mathbb{N}$?

7. Montrer que la différence de deux cubes consécutifs n'est jamais divisible par 3.

8. Montrer que la différence de deux cubes consécutifs n'est jamais divisible par 5.

9. Exhiber un système réduit de résidus modulo 7 composé entièrement de puissances de 3.

10. Soit m un entier positif impair. Montrer que la somme des éléments d'un système de résidus complet modulo m est congrue à 0 $\pmod m$.

11. Soit $m > 2$ un entier positif. Montrer que la somme des éléments d'un système réduit de résidus modulo m est congrue à 0 $\pmod m$.

12. Si $r_1, r_2, \ldots, r_{p-1}$ est un système réduit modulo un nombre premier p, montrer que
$$\prod_{j=1}^{p-1} r_j \equiv -1 \pmod p.$$

13. Soit $a, b \in \mathbb{Z}$. À l'aide d'un exemple, montrer que si E est un système réduit de résidus mod m et si $(a, m) = 1$, alors l'ensemble $\{ax + b \mid x \in E\}$ n'est pas nécessairement un système réduit de résidus mod m.

14. Si p et q sont des nombres premiers distincts, est-il vrai que l'on a nécessairement
$$p^{q-1} + q^{p-1} \equiv 1 \pmod{pq} \ ?$$

15. Résoudre les congruences suivantes :

   a) $2x \equiv 1 \pmod 7$
   b) $4x \equiv 6 \pmod{18}$
   c) $12x \equiv 9 \pmod 6$
   d) $23x \equiv 41 \pmod{52}$
   e) $68x \equiv 100 \pmod{120}$
   f) $5x \equiv -1 \pmod 8$
   g) $20x \equiv 4 \pmod{30}$
   h) $20x \equiv 30 \pmod 4$

16. Montrer que
$$5^{6614} - 12^{857} \equiv 1 \pmod 7.$$

17. *Tests de divisibilité.* Soit N un entier positif dont la représentation décimale est $N = a_n 10^n + \cdots + a_2 10^2 + a_1 10 + a_0$, avec $0 < a_n \leq 9$ et $0 \leq a_k \leq 9$ pour $k = 0, \ldots, n-1$. Montrer que :

   a) N est divisible par 2 $\iff a_0 \equiv 0 \pmod 2$;
   b) N est divisible par 3 $\iff a_n + a_{n-1} + \cdots + a_1 + a_0 \equiv 0 \pmod 3$;
   c) N est divisible par 4 $\iff 10a_1 + a_0 \equiv 0 \pmod 4$;
   d) N est divisible par 5 $\iff a_0 \equiv 0 \pmod 5$;
   e) N est divisible par 6 $\iff 4(a_n + \cdots + a_1 + a_0) \equiv 3a_0 \pmod 6$;
   f) N est divisible par 7 $\iff (100a_2 + 10a_1 + a_0) - (100a_5 + 10a_4 + a_3) + (100a_8 + 10a_7 + a_6) - \cdots \equiv 0 \pmod 7$;
   g) N est divisible par 8 $\iff 100a_2 + 10a_1 + a_0 \equiv 0 \pmod 8$;
   h) N est divisible par 9 $\iff a_n + a_{n-1} + \cdots + a_0 \equiv 0 \pmod 9$;
   i) N est divisible par 10 $\iff a_0 = 0$;
   j) N est divisible par 11 $\iff a_n - a_{n-1} + \cdots + (-1)^n a_0 \equiv 0 \pmod{11}$.

18. Montrer qu'un nombre entier positif de :

   a) 3 chiffres et dont la représentation décimale est de la forme abc est divisible par 7 si et seulement si $2a + 3b + c$ est divisible par 7;
   b) de 6 chiffres et dont la représentation décimale est de la forme $abcabc$ (pour trois chiffres a, b et c) est nécessairement divisible par 13.

19. Quel est le dernier chiffre dans la représentation décimale de 3^{400}? Quels sont les deux derniers chiffres?

20. Soit p un nombre premier impair de la forme $4n+1$, montrer que $[(2n)!]^2 \equiv -1 \pmod p$. Plus généralement, si p est un nombre premier et si $m + n = p - 1$, où $m \geq 0$ et $n \geq 0$, alors
$$m! \, n! \equiv (-1)^{m+1} \pmod p.$$

Déduire de cette dernière formule que

$$\left\{\left(\frac{p-1}{2}\right)!\right\}^2 \equiv (-1)^{(p+1)/2} \pmod{p}.$$

21. En remarquant que $455 = 5 \cdot 7 \cdot 13$, montrer que pour tout entier positif n on a $455 | n^{13} - n$.

22. Soit a, m, n des entiers positifs tels que $m \neq n$.

    a) Montrer que
    $$(a^{2^m} + 1, a^{2^n} + 1) = \begin{cases} 1 & \text{si } a \text{ est pair} \\ 2 & \text{si } a \text{ est impair.} \end{cases}$$

    b) En considérant la suite des nombres
    $$2^{2^1} + 1, 2^{2^2} + 1, 2^{2^3} + 1, 2^{2^4} + 1, \ldots$$
    et en utilisant la partie a), démontrer qu'il existe une infinité de nombres premiers.

23. Soit p un nombre premier impair, $p \neq 5$. Montrer que p divise une infinité d'entiers parmi $1, 11, 111, 1111, \ldots$.

24. Montrer que
$$\pi(x) = \sum_{2 \leq n \leq x} \left[\cos^2\left(\pi \frac{(n-1)! + 1}{n}\right)\right],$$
où $[y]$ désigne le plus grand entier inférieur ou égal à y et où $\pi(x)$ représente le nombre de nombres premiers $p \leq x$.

25. Quel est le reste de la division de $\sum_{i=1}^{111} i!$ par 12?

26. Soit p un nombre premier. Montrer que
$$1^{p-1} + 2^{p-1} + \cdots + (p-1)^{p-1} \equiv -1 \pmod{p}.$$

27. Montrer que :

    a) un entier $n > 1$ est premier si et seulement si $n \mid \left((n-2)! - 1\right)$;

    b) si p est un nombre premier, alors $p | (a^p + a(p-1)!)$;

    c) si p est un nombre premier impair, alors $p \mid \left((p-1)! + 2^{p-1}\right)$.

28. Montrer que
$$\frac{n^5}{5} + \frac{n^3}{3} + \frac{7n}{15}$$

est un entier pour tout $n \in \mathbb{N}$. Plus généralement, montrer que si p et q sont des nombres premiers, alors
$$\frac{n^p}{p} + \frac{n^q}{q} + \frac{(pq-p-q)n}{pq}$$
est un entier pour tout $n \in \mathbb{N}$.

29. Soit $(a, m) = 1$ et supposons que s est le plus entier positif t pour lequel $a^t \equiv 1 \pmod{m}$. Montrer que si $a^n \equiv 1 \pmod{m}$, alors $s|n$.

30. Montrer que $561|2^{561} - 2$ et $561|3^{561} - 3$. Noter que $561 = 3 \cdot 11 \cdot 17$.

31. Résoudre les congruences :
    a) $19x \equiv 1 \pmod{140}$ b) $353x \equiv 254 \pmod{400}$
    c) $57x \equiv 87 \pmod{105}$ d) $64x \equiv 83 \pmod{105}$

32. Résoudre le système de congruences :
$$\begin{cases} 5x \equiv 1 \pmod{6} \\ 4x \equiv 13 \pmod{15} \end{cases}$$

33. Trouver le plus petit entier supérieur à 1 qui satisfait le système de congruences suivant :
$$\begin{cases} x \equiv 1 \pmod{3} \\ x \equiv 1 \pmod{5} \\ x \equiv 1 \pmod{7} \end{cases}$$

34. Trouver tous les entiers qui satisfont simultanément les congruences :
$$\begin{cases} x \equiv 2 \pmod{3} \\ x \equiv 3 \pmod{5} \\ x \equiv 5 \pmod{2} \end{cases}$$

35. Résoudre le système de congruences suivant :
$$\begin{cases} x \equiv 1 \pmod{4} \\ x \equiv 0 \pmod{3} \\ x \equiv 5 \pmod{7} \end{cases}$$

36. Trouver tous les entiers positifs qui donnent des restes respectifs de 1, 2 et 3, lorsqu'ils sont divisés par 3, 4 et 5 respectivement.

37. Trouver la solution du système d'équations suivant :
$$\begin{cases} x \equiv 2 \pmod{3} \\ x \equiv 3 \pmod{4} \\ x \equiv 4 \pmod{5} \\ x \equiv 5 \pmod{6}. \end{cases}$$

58 Les congruences

38. Trouver le plus petit entier $a > 2$ tel que
$$2|a, \quad 3|a+1, \quad 4|a+2, \quad 5|a+3, \quad 6|a+4.$$

39. Trouver les solutions des systèmes d'équations suivants :

   a) $2x \equiv 1 \pmod{5}$, $3x \equiv 2 \pmod{7}$, $4x \equiv 1 \pmod{11}$
   b) $5x \equiv 7 \pmod{12}$, $4x \equiv 12 \pmod{14}$

40. Trouver le cycle et la période de $1/3, 1/3^2, 1/3^3, 1/3^4, 1/7, 1/7^2, 1/7^3$. Soit p un nombre premier arbitraire pour lequel la période de $1/p$ est m. À l'aide des exemples précédents, que peut-on conjecturer à propos de la période de $1/p^2, 1/p^3, \ldots, 1/p^n$?

41. Si m/n possède le cycle $a_1 a_2 \cdots a_h$, alors montrer que $m | a_1 a_2 \cdots a_h$.

42. Supposons qu'un agent secret reçoit le message codé suivant :

   23373 48969 65640 40559 5011 90142 29871 75144 41936 41282 17164 71271 86297 31868 60075 78156 81421 1993 96367 24427 64594 12593 7201 8510 20397 91940 1993 81421 52021 36308 34669 1740 84700 1993

   En supposant que la clef est $n = 98\,587 = 311 \times 317$, avec $a = 3$, décoder ce message.

Problèmes à résoudre à l'ordinateur

43. Écrire un programme qui calcule, pour chaque entier a ($1 < a < n$), le plus petit entier positif m tel que $a^m \equiv 1 \pmod{n}$ ou alors qui établit qu'un tel entier m n'existe pas.

44. Écrire un programme pour trouver les solutions positives de $ax + by = n$. Trouver toutes les valeurs de n pour lesquelles cette équation diophantienne ne possède pas de solution positive.

45. Écrire un programme pour résoudre la congruence $ax \equiv b \pmod{m}$. Au départ, on pourra construire ce programme en essayant les valeurs $x = 0, 1, \ldots, m-1$. Par la suite, améliorer le programme et comparer le temps d'exécution des deux. Utiliser ce programme pour trouver la solution de $73\,124x \equiv 1613 \pmod{81\,763}$. (La solution est $x = 79\,586$.)

46. Écrire un programme pour vérifier quelques cas du théorème de Wilson.

47. Écrire un programme qui calcule la période et imprime le cycle des nombres rationnels $1/p, 1/p^2, 1/p^3$ pour $5 \leq p \leq 2003$.

48. Écrire un programme pour résoudre un système de congruences linéaires. On peut bien sûr utiliser le théorème du reste chinois.

Problèmes de nature algébrique

49. Soit $m \in \mathbb{N}$ et soit $\mathbb{Z}_m = \{a_1, a_2, \ldots, a_m\}$ l'ensemble des classes de résidus modulo m. Définissons dans cet ensemble une addition $\bigoplus$ et une multiplication $\odot$ comme suit :
$$a_i \bigoplus a_j = a_k \iff a_i + a_j \equiv a_k \pmod{m},$$
$$a_i \odot a_j = a_k \iff a_i \cdot a_j \equiv a_k \pmod{m}.$$
Montrer que $(\mathbb{Z}_m, \bigoplus, \odot)$ est un anneau commutatif.

50. Un élément d'un anneau est appelé une *unité* s'il possède un inverse multiplicatif (dans cet anneau). Considérons l'anneau $(\mathbb{Z}_m, \bigoplus, \odot)$ défini à l'exercice 49. Soit a un élément de cet anneau. Montrer que
$$a \text{ est une unité} \iff (a, m) = 1.$$

51. Soit p un nombre premier et considérons l'anneau $(\mathbb{Z}_m, \bigoplus, \odot)$. Montrer que
$$a^2 | 1 \text{ dans } \mathbb{Z}_p \iff a = 1 \text{ ou } a = p - 1.$$

52. Soit $I = (m)$ un idéal ($\neq 0$, $\neq \mathbb{Z}$) de $\mathbb{Z}$. Un élément $a \in \mathbb{Z}$ est congru à $b \in \mathbb{Z}$ modulo m si $a - b \in (m)$. Pour $i = 1, 2$, si $a_i \equiv b_i \pmod{m}$ implique $a_1 + a_2 \equiv b_1 + b_2 \pmod{m}$ et $a_1 a_2 \equiv b_1 b_2 \pmod{m}$, alors, muni de ces deux opérations, l'ensemble quotient $\mathbb{Z}/(m)$ est un anneau appelé *anneau des classes résiduelles* de $\mathbb{Z}$ par (m) ou *anneau quotient* de $\mathbb{Z}$ par (m).
   a) Montrer que, pour $a, b \in \mathbb{Z}$, l'équation $ax \equiv b \pmod{m}$ possède des solutions si et seulement si $b \in (a, m)$.
   b) L'anneau quotient $\mathbb{Z}/(m)$ est un corps si et seulement si m est un nombre premier.

53. Dans l'anneau des matrices 3×3, à coefficients dans l'anneau des entiers modulo 9, la matrice
$$\begin{pmatrix} 8 & 6 & 5 \\ 3 & 2 & 7 \\ 1 & 5 & 4 \end{pmatrix}$$
est-elle inversible? Si oui, trouver son inverse.

54. Notons par $U(\mathbb{Z}_m)$ le groupe multiplicatif des unités de $\mathbb{Z}_m$. Montrer que $U(\mathbb{Z}_8)$ n'est pas un groupe cyclique alors que $U(\mathbb{Z}_{10})$ en est un. Montrer que $U(\mathbb{Z}_m)$ est un groupe cyclique lorsque m est premier. Noter que ce résultat est équivalent à l'existence des racines primitives.

55. Considérons le groupe multiplicatif $\mathbb{Z}_m$.
   a) Montrer qu'il y a exactement $\phi(m)$ unités dans $\mathbb{Z}_m$.
   b) Montrer que si $(a, m) = 1$, alors $a^{\phi(m)} \equiv 1 \pmod{m}$.

Chapitre 4
Quelques fonctions importantes de la théorie des nombres

4.1 La fonction $[x]$

Une fonction simple et naturelle que l'on rencontre souvent dans plusieurs problèmes de la théorie des nombres est la fonction $[x]$ qui désigne le *plus grand entier inférieur ou égal à* x. Ainsi, $[1/2] = 0$, $[\pi] = 3$, $[-5.75] = -6$. On écrit aussi $\{x\}$ pour désigner la *partie fractionnaire* de x; on a ainsi $\{x\} = x - [x]$. Notons que selon l'algorithme de division, on a

$$b = aq + r, \quad \text{où} \quad 0 \leq r < a,$$

et, par le fait même, on obtient $q = \left[\dfrac{b}{a}\right]$.

Théorème 4.1 *Soit $x, y \in \mathbb{R}$. Alors :*

i) $[x] \leq x < [x] + 1$, $\quad 0 \leq x - [x] < 1$, $\quad x = [x] + \theta$, *où* $0 \leq \theta < 1$;

ii) $[x] = \sum\limits_{n \leq x} 1$, *lorsque* $x \geq 0$;

iii) $[x + m] = [x] + m$, *si* $m \in \mathbb{Z}$;

iv) $[x] + [y] \leq [x + y] \leq [x] + [y] + 1$;

v) $[-x] = \begin{cases} -[x] & \text{si } x \in \mathbb{Z} \\ -[x] - 1 & \text{si } x \notin \mathbb{Z}; \end{cases}$

vi) $\left[\dfrac{[x]}{m}\right] = \left[\dfrac{x}{m}\right]$ *si* $m \in \mathbb{N}$;

vii) *si $a \in \mathbb{N}$, alors $[x/a]$ représente le nombre d'entiers positifs inférieurs ou égaux à x qui sont divisibles par a.*

DÉMONSTRATION La première partie de i) est simplement la définition de $[x]$ sous forme algébrique. Les deux autres parties sont des réarrangements de la première partie. Dans ce cas, on peut écrire $x = [x] + \theta$, où $0 \leq \theta < 1$.

Pour ii), la somme est vide pour $x < 1$ et, dans ce cas, on adopte la convention selon laquelle la somme vaut 0. Alors, pour $x \geq 1$, la somme compte le nombre d'entiers positifs n qui sont plus petits ou égaux à x. Ce nombre est évidemment $[x]$.

La démonstration de iii) est évidente.

Pour prouver iv), on écrit $x = n + \theta$, $y = m + \phi$, où n et m sont des entiers et où $0 \leq \theta < 1$ et $0 \leq \phi < 1$. Alors,

$$[x] + [y] = n + m = [n + m] \leq [n + \theta + m + \phi] = [x + y]$$
$$= n + m + [\theta + \phi] \leq n + m + 1 = [x] + [y] + 1.$$

En écrivant $x = n + \theta$, où $0 \leq \theta < 1$, on a $-x = -n - 1 + 1 - \theta$, où $0 < 1 - \theta \leq 1$. Il s'ensuit que

$$[x] + [-x] = n + [-n - 1 + 1 - \theta]$$
$$= n - n - 1 + [1 - \theta] = \begin{cases} 0 & \text{si } \theta = 0 \\ -1 & \text{si } 0 < \theta < 1 \end{cases}$$

et on obtient v).

Pour démontrer vi), on écrit $x = n + \theta$, où $0 \leq \theta < 1$, et $n = qm + r$, où $0 \leq r \leq m - 1$. On obtient ainsi

$$\left[\frac{x}{m}\right] = \left[\frac{qm + r + \theta}{m}\right] = q + \left[\frac{r + \theta}{m}\right] = q$$

puisque $0 \leq r + \theta < m$. Par ailleurs,

$$\left[\frac{[x]}{m}\right] = \left[\frac{n}{m}\right] = \left[q + \frac{r}{m}\right] = q,$$

et on a ainsi le résultat.

Pour la dernière partie, on observe que, si $a, 2a, \ldots, ma$ sont tous les entiers positifs $\leq x$ qui sont divisibles par a, il suffit de prouver que $[x/a] = m$. Puisque $(m+1)a > x$, alors

$$ma \leq x < (m+1)a, \text{ c'est-à-dire } m \leq \frac{x}{a} < m + 1,$$

soit le résultat. ∎

Le théorème suivant constitue une des belles utilisations de la fonction $[x]$.

Théorème 4.2 *Soit p un nombre premier et soit n un entier naturel. Alors, le plus grand exposant $\alpha = \alpha_p$ tel que $p^\alpha | n!$ est donné par*

$$\alpha = \sum_{i=1}^{\infty} \left[\frac{n}{p^i}\right]. \tag{4.1}$$

Remarque Si $p^i > n$, alors $[n/p^i] = 0$ et la somme possède seulement un nombre fini de termes (ce n'est donc pas une série), ce qui se produit lorsque $i > \log n / \log p$.

DÉMONSTRATION Les n premiers entiers positifs qui sont divisibles par p sont : $p, 2p, \ldots, mp$, où m est le plus grand entier tel que $mp \leq n$; en d'autres mots, m est le plus grand entier plus petit ou égal à n/p, c'est-à-dire $m = [n/p]$. Il y a donc exactement $[n/p]$ multiples de p apparaissant dans le nombre $n!$ et ce sont

$$p, 2p, \ldots, [n/p]p. \tag{4.2}$$

L'exposant de p dans la factorisation de $n!$ en facteurs premiers est obtenu par addition au nombre d'entiers de (4.2) le nombre d'entiers parmi $1, 2, \ldots, n$ divisibles par p^2, et alors le nombre d'entiers divisibles par p^3, etc. Si l'on raisonne comme dans la première partie, les entiers entre 1 et n qui sont divisibles par p^2 sont

$$p^2, 2p^2, \ldots, [n/p^2]p^2, \tag{4.3}$$

et ils sont au nombre de $[n/p^2]$. De même, parmi les entiers $1, 2, \ldots, n$, il y en a seulement $[n/p^3]$ qui sont divisibles par p^3, soit

$$p^3, 2p^3, \ldots, [n/p^3]p^3.$$

En répétant ce procédé, on arrive à la conclusion que le nombre total de facteurs premiers qui divise $n!$ est $\sum_{i=1}^{\infty}[n/p^i]$. ∎

Remarque D'après le théorème 4.1 vi), on a la relation

$$\left[\frac{n}{p^{j+1}}\right] = \left[\frac{\left[\frac{n}{p^j}\right]}{p}\right],$$

laquelle peut parfois écourter certains calculs.

Exemple 4.3

1. La plus grande puissance α telle que 11^α divise $1002!$ est 99, car

$$\sum_{i=1}^{\infty} \left[\frac{1002}{11^i}\right] = \left[\frac{1002}{11}\right] + \left[\frac{1002}{121}\right] = 91 + 8 = 99.$$

2. Soit $a_i \geq 0$ des entiers tels que $a_1 + a_2 + \cdots + a_r = n$. Montrer que

$$\frac{n!}{a_1! a_2! \ldots a_r!} \text{ est un entier.}$$

SOLUTION On doit montrer que tout nombre premier qui divise le numérateur a une puissance plus grande ou égale à la puissance de ce nombre qui divise le dénominateur. Il suffit donc de montrer que

$$\sum_{i=1}^{\infty} \left[\frac{n}{p^i}\right] \geq \sum_{i=1}^{\infty} \left[\frac{a_1}{p^i}\right] + \cdots + \sum_{i=1}^{\infty} \left[\frac{a_r}{p^i}\right].$$

Or, d'après le théorème 4.1 iv), on sait que

$$\left[\frac{a_1}{p^i}\right] + \cdots + \left[\frac{a_r}{p^i}\right] \leq \left[\frac{a_1 + \cdots + a_r}{p^i}\right] = \left[\frac{n}{p^i}\right]$$

et, en sommant sur i, on obtient le résultat.

3. Trouver le nombre de zéros apparaissant à la fin de la représentation décimale du nombre 100!

SOLUTION Il suffit de trouver la plus grande puissance de $10 = 2 \cdot 5$ qui apparaîtra dans le nombre 100!, ce qui équivaut bien sûr à trouver la plus grande puissance de 5 qui divise 100!. Or,

$$\left[\frac{100}{5}\right] + \left[\frac{100}{25}\right] = 24,$$

et ainsi le nombre 100! se termine avec 24 zéros.

4.2 Les fonctions arithmétiques

Le domaine de la fonction $[x]$ est, bien sûr, l'ensemble des nombres réels. Étudions maintenant des fonctions dont le domaine est restreint à l'ensemble des nombres naturels. D'où la définition suivante :

Définition 4.4 Une **fonction arithmétique** est une application de $\mathbb{N}$ dans $\mathbb{C}$.

Ainsi, une fonction arithmétique est tout simplement une suite de nombres complexes. La principale raison pour laquelle on expose ici les fonctions arithmétiques est que l'étude de plusieurs de ces fonctions permet de révéler des propriétés importantes des nombres naturels. Voici d'ailleurs quelques fonctions arithmétiques qui ont un intérêt particulier :

i) $\tau(n)$: le *nombre de diviseurs* de n ;
ii) $\sigma(n)$: la *somme des diviseurs* de n ;
iii) $\omega(n)$: le *nombre de facteurs premiers distincts* de n ;
iv) $\phi(n)$: la *fonction d'Euler* (définie au chapitre 3) ;
v) $\mu(n)$: la *fonction de Mœbius* définie par

$$\mu(n) = \begin{cases} 0 & \text{si } n \text{ est divisible par un carré parfait} \\ (-1)^{\omega(n)} & \text{autrement;} \end{cases}$$

vi) $1(n) = 1$ pour chaque $n \geq 1$;
vii) $I(n) = n$ pour chaque $n \geq 1$;
viii) $E(n) = \left[\dfrac{1}{n}\right] = \begin{cases} 1 & \text{si } n = 1 \\ 0 & \text{si } n > 1. \end{cases}$

Exemple 4.5 Trouver la valeur de $\sum_{j=1}^{n} \mu(j!)$ si $n \geq 3$.

SOLUTION Pour $j > 3$, $2^2 | j!$, et alors $\mu(j!) = 0$. Par conséquent, la somme vaut

$$\mu(1) + \mu(2) + \mu(6) = 1.$$

Théorème 4.6 *Soit $n \in \mathbb{N}$. Alors,*

$$\sum_{d|n} \mu(d) = E(n).$$

Euler fut un mathématicien dont l'œuvre couvre presque toutes les branches des mathématiques. À l'âge de 28 ans, Euler devint borgne à la suite d'une congestion cérébrale provoquée par un excès de travail. Il perdit complètement la vue à l'âge de 64 ans. Cependant, grâce à sa prodigieuse mémoire, il continua à produire abondamment. Il a apporté une contribution importante à l'algèbre, à l'étude des séries infinies, à la théorie des nombres, à la théorie des équations, à la théorie des surfaces et à plusieurs autres branches des sciences.

Leonhard Euler (1707–1783)

L'édition complète de ses œuvres comprend 30 volumes de mathématiques, 32 volumes de mécanique et d'astronomie et 12 volumes de physique et de recherches diverses. Euler est considéré comme le plus prolifique des mathématiciens.

DÉMONSTRATION Le résultat est immédiat si $n = 1$. Supposons que $n > 1$ et posons $n = q_1^{a_1} \ldots q_k^{a_k}$. Pour la somme à évaluer, outre le terme avec $d = 1$, les seuls termes non nuls sont ceux dont les diviseurs d de n sont un produit de nombres premiers distincts. Ainsi, pour $n > 1$,

$$\sum_{d|n} \mu(d) = \mu(1) + \mu(q_1) + \cdots + \mu(q_k) + \mu(q_1 q_2) + \mu(q_1 q_3) + \cdots$$
$$+ \mu(q_{k-1} q_k) + \cdots + \mu(q_1 \ldots q_k)$$
$$= 1 + \binom{k}{1}(-1) + \binom{k}{2}(-1)^2 + \cdots + \binom{k}{k}(-1)^k$$
$$= (1 - 1)^k = 0.$$

Ainsi, pour tout $n \in \mathbb{N}$, le résultat est démontré. ∎

La fonction $\phi(n)$ d'Euler compte le nombre d'entiers positifs plus petits que n et relativement premiers à n, c'est-à-dire

$$\phi(n) = \sum_{\substack{k=1 \\ (k,n)=1}}^{n} 1.$$

4.2 Les fonctions arithmétiques

Théorème 4.7 *Pour chaque $n \in \mathbb{N}$, on a*

$$\sum_{d|n} \phi(d) = n. \tag{4.4}$$

DÉMONSTRATION   Soit $E = \{1, 2, \ldots, n\}$. On distribue les entiers de E en classes disjointes d'entiers de la façon suivante. Pour chaque diviseur d de n, on définit,

$$E_d = \{k \mid 1 \leq k \leq n, \ (k, n) = d\}.$$

Chaque entier $k \in [1, n]$ appartient à exactement un ensemble E_d et ainsi ces ensembles E_d forment une collection disjointe d'entiers dont l'union est E. Il faut donc déterminer le nombre d'entiers dans l'ensemble E_d. Puisque $(k, n) = d$, alors il existe des entiers k' et n' tels que $k = k'd$ et $n = n'd$ avec $(k', n') = 1$. Puisque $1 \leq k \leq n$, alors $1 \leq k' \leq n'$. Mais $(k', n') = 1$, d'où il y a $\phi(n') = \phi(n/d)$ nombres k'. Il en découle donc $\phi(n/d)$ nombres k dans E tels que $(k, n) = d$, c'est-à-dire $\phi(n/d)$ nombres dans E_d. Ainsi, si $d_1, \ldots, d_r$ représentent tous les diviseurs de n, alors

$$n = \#E_{d_1} + \#E_{d_2} + \cdots + \#E_{d_r} = \phi(n/d_1) + \cdots + \phi(n/d_r),$$

d'où on déduit que $n = \sum_{d|n} \phi(n/d) = \sum_{d|n} \phi(d)$. ∎

Théorème 4.8 *Pour chaque $n \in \mathbb{N}$, on a*

$$\phi(n) = \sum_{d|n} \mu(d) \frac{n}{d}.$$

DÉMONSTRATION   Il est clair que

$$\phi(n) = \sum_{\substack{k=1 \\ (k,n)=1}}^{n} 1 = \sum_{k=1}^{n} \left[\frac{1}{(n,k)}\right] = \sum_{k=1}^{n} \sum_{d|(n,k)} \mu(d).$$

Or, $1 \leq k \leq n$ et $d|(n,k)$ si et seulement si $d|n$ avec $k = md$ et $1 \leq m \leq n/d$. Ainsi,

$$\phi(n) = \sum_{d|n} \sum_{m=1}^{n/d} \mu(d) = \sum_{d|n} \mu(d) \sum_{m=1}^{n/d} 1$$
$$= \sum_{d|n} \mu(d)(n/d). \qquad \blacksquare$$

Au chapitre 3, on a vu que la fonction ϕ d'Euler satisfait à $\phi(p) = p - 1$ pour chaque nombre premier p. Établissons maintenant une formule explicite pour $\phi(n)$ valable pour chaque valeur de $n \in \mathbb{N}$.

Théorème 4.9 *Pour chaque $n \in \mathbb{N}$, on a*

$$\phi(n) = n \prod_{p|n} \left(1 - \frac{1}{p}\right).$$

DÉMONSTRATION Si $n = 1$, le produit est vide puisqu'il n'existe pas de nombre premier qui divise 1. Dans ce cas, on doit comprendre que le produit prend la valeur 1. Soit $n > 1$ et soit $q_1, \ldots, q_r$ les diviseurs premiers distincts de n. Alors,

$$\prod_{p|n}\left(1-\frac{1}{p}\right) = \prod_{i=1}^{r}\left(1-\frac{1}{q_i}\right)$$
$$= 1 - \sum \frac{1}{q_i} + \sum \frac{1}{q_i q_j} - \sum \frac{1}{q_i q_j q_k} + \cdots + \frac{(-1)^r}{q_1 q_2 \cdots q_r}.$$

Dans les sommes ci-dessus, par exemple $\sum(1/q_i q_j q_k)$, on considère tous les produits possibles $q_i q_j q_k$ des facteurs premiers distincts de n pris trois à la fois. Or, chacun des termes apparaissant dans ces sommes est de la forme $\pm 1/d$, où d est un diviseur de n qui est soit 1 soit un produit de nombres premiers distincts. Le signe ± 1 est exactement $\mu(d)$ et ainsi

$$\prod_{p|n}\left(1-\frac{1}{p}\right) = \sum_{d|n}\frac{\mu(d)}{d},$$

et le théorème précédent nous permet de conclure. ∎

Exemple 4.10 On a $\phi(30) = 8$ et les 8 nombres ainsi comptés (appelés aussi totives) sont : $1, 7, 11, 13, 17, 19, 23$ et 29. Toeplitz et Rademacher ont donné une preuve élémentaire du fait que 30 est le plus grand nombre dont les totives sont premiers.

Théorème 4.11 *Soit $m, n \in \mathbb{N}$. Alors :*

a) $\phi(p^a) = p^a - p^{a-1}$;

b) $\phi(mn) = \phi(m)\phi(n)\dfrac{d}{\phi(d)}$, où $d = (m, n)$;

(Lorsque $(m, n) = 1$, on obtient $\phi(mn) = \phi(m)\phi(n)$, propriété que nous étudierons ultérieurement.)

c) pour $n > 2$, $\phi(n)$ est un nombre pair;

d) pour $m|n$, $\phi(m)|\phi(n)$.

DÉMONSTRATION
  a) Il suffit de poser $n = p^a$ dans la formule du théorème 4.9.
  b) On note que chaque diviseur premier de mn est soit un diviseur premier de m ou de n, soit un diviseur premier qui divise à la fois m et n. C'est pourquoi

$$\frac{\phi(mn)}{mn} = \prod_{p|mn}\left(1 - \frac{1}{p}\right) = \frac{\prod_{p|m}\left(1 - \dfrac{1}{p}\right)\prod_{p|n}\left(1 - \dfrac{1}{p}\right)}{\prod_{p|(m,n)}\left(1 - \dfrac{1}{p}\right)}$$
$$= \frac{(\phi(m)/m) \cdot (\phi(n)/n)}{(\phi(d)/d)}.$$

c) Si $n = 2^r$, alors, puisque $n > 2$, on a $r \geq 2$, et ainsi $\phi(n) = 2^{r-1}$ est un nombre pair. Si n a au moins un facteur premier impair, alors

$$\phi(n) = n\prod_{p|n}\frac{p-1}{p} = \frac{n}{\prod_{p|n}p}\prod_{p|n}(p-1).$$

Puisque $n/\prod_{p|n}p$ est un entier et que $\prod_{p|n}(p-1)$ est un nombre pair, on a le résultat.
  d) Puisque $m|n$, alors $n = km$, où $1 \leq k \leq n$. Si $k = n$, alors $m = 1$ et alors $\phi(m)|\phi(n)$. En supposant que $k < n$, alors, par la partie b), on a

$$\phi(n) = \phi(km) = \phi(k)\phi(m)\frac{d}{\phi(d)} = d\phi(m)\frac{\phi(k)}{\phi(d)}, \qquad (4.5)$$

où $d = (m, k)$. On démontrera la partie d) en utilisant l'induction sur n. Si $n = 1$, alors $m = 1$ et on a le résultat. Supposons que ce résultat est vrai pour tous les entiers inférieurs à n. Or, puisque $k < n$ et $d|k$, alors $\phi(d)|\phi(k)$. Par conséquent, le membre de droite de (4.5) est un multiple de $\phi(m)$, c'est-à-dire $\phi(m)|\phi(n)$. ∎

Remarque D'après d), on a, pour $d|n$, $\phi(n) \geq \phi(d)$. On obtient ainsi
$$\sum_{d|n} \phi(n) \geq \sum_{d|n} \phi(d)$$
ou encore l'inégalité $\phi(n)\tau(n) \geq n$.

Exemple 4.12

1. Montrer qu'il existe une infinité d'entiers positifs n tels que $12|\phi(n)$.

   SOLUTION   Puisque $\phi(13) = 12$, alors
   $$\phi(13^n) = 13^n \left(1 - \frac{1}{13}\right) = 13^{n-1} \cdot 12.$$

2. Montrer que
   $$\phi(3n) = 3\phi(n) \iff 3|n.$$

   SOLUTION   Soit $d = (3, n)$. Alors,
   $$\phi(3n) = \phi(3)\phi(n)\frac{d}{\phi(d)} = 3\phi(n),$$
   et ainsi on en déduit que $\phi(d) = 2d/3$. On doit donc avoir $3|d$ et, puisque $d|n$, on obtient que $3|n$.

   Inversement, en posant encore $d = (3, n)$ et puisque $3|n$, il s'ensuit que $d = 3$ et ainsi que
   $$\phi(3n) = 2\phi(n)\frac{3}{2} = 3\phi(n).$$

3. Caractériser l'ensemble des entiers positifs tels que
   $$\phi(2n) > \phi(n).$$

   SOLUTION   Puisque $\phi(n) < n$ pour $n > 1$, on a
   $$\phi(2n) = \phi(2)\phi(n)\frac{d}{\phi(d)} > \phi(n)$$
   si $(n, 2) \neq 1$, c'est-à-dire lorsque n est un nombre pair. De la même manière, on trouve que $\phi(2n) = \phi(n)$ lorsque n est impair. Remarquons que l'on n'a jamais $\phi(2n) < \phi(n)$.

4. Pour tout entier positif n, démontrer que $\phi(n^2) = n\phi(n)$.

SOLUTION Puisque $n = (n, n)$, alors
$$\phi(n^2) = \phi(n)\phi(n)\frac{n}{\phi(n)} = n\phi(n).$$

Plus généralement, pour tout $k \geq 1$, on montre que
$$\phi(n^k) = n^{k-1}\phi(n).$$

5. Christian Goldbach (1690–1764) conjectura que tout nombre pair plus grand que 4 est somme de deux nombres premiers. Paul Erdös conjectura que pour tout nombre pair $2n$ il existe deux entiers r et s tels que $\phi(r) + \phi(s) = 2n$. Montrer que la conjecture de Goldbach implique celle de Erdös.

SOLUTION Si la conjecture de Goldbach est vraie, alors, pour chaque entier positif n, il existe des nombres premiers p et q tels que
$$2n + 2 = p + q = \phi(p) + 1 + \phi(q) + 1$$
ou encore $2n = \phi(p) + \phi(q)$, d'où le résultat.

Exemple 4.13 Trouver les valeurs entières de x pour lesquelles $\phi(x) = 16$.

SOLUTION Soit $x = \prod_{i=1}^{r} q_i^{a_i}$. Alors, on doit avoir
$$\phi(x) = \prod_{i=1}^{r} q_i^{a_i-1}(q_i - 1) = 16.$$

C'est pourquoi le plus grand facteur premier de x doit être plus petit ou égal à 17. S'il y a un seul nombre premier qui divise x, on obtient $\phi(17) = 16$. Puisque $\phi(2) = 1$, alors $\phi(34) = 16$ aussi. Puisque $6 \nmid 16$, $10 \nmid 16$ et $12 \nmid 16$, alors les nombres premiers 7, 11 et 13 ne peuvent diviser x. Donc, les seules possibilités pour les nombres premiers sont $p = 2, 3$ et 5. Soit $x = 2^k \cdot 3^r \cdot 5^s$; puisque $\phi(x) = 16$, on déduit que $0 \leq k \leq 5$, $0 \leq r \leq 1$ et $0 \leq s \leq 1$. Avec $p = 5$, les combinaisons possibles sont $x = 5 \cdot 8$ et $x = 5 \cdot 12$. Finalement, on trouve que les solutions de $\phi(x) = 16$ sont 17, 32, 34, 40, 48 et 60.

Exemple 4.14 Trouver les valeurs entières de x pour lesquelles $\phi(x) = 14$.

SOLUTION Si x contient dans sa décomposition en facteurs premiers un nombre premier ≥ 17, alors
$$\phi(x) \geq \phi(p^r) = p^{r-1}(p-1) \geq 16,$$
et donc les seuls facteurs premiers de x sont $2, 3, 5, 7, 11$ et 13. Il en découle que x peut s'écrire sous la forme
$$x = 2^a \cdot 3^b \cdot 5^c \cdot 7^d \cdot 11^e \cdot 13^f, \qquad \text{pour certains entiers} \quad a, b, c, d, e, f \geq 0.$$
Mais $\phi(13^f) = 13^{f-1} \cdot 12$, qui n'est pas un facteur de $\phi(x) = 14 = 2 \cdot 7$; alors, 13 n'est pas un facteur de x. De même, $\phi(11^e) = 11^{e-1} \cdot 10$, $\phi(7^d) = 7^{d-1} \cdot 6$ et $\phi(5^c) = 5^{c-1} \cdot 4$, et alors $5, 7, 11$ ne sont pas des facteurs de x. Dans ce cas, x est réduit à la forme $2^a 3^b$. Cependant, le fait que $\phi(x) = 2 \cdot 7$ impose les conditions $a \leq 2$ et $b \leq 1$. En vérifiant ces dernières possibilités, on obtient qu'il n'existe pas d'entier x tel que $\phi(x) = 14$.

Plusieurs des fonctions que nous venons de voir ont une importante propriété en commun. La voici :

Définition 4.15 Une fonction arithmétique f est dite **multiplicative** si $f(1) = 1$ et si $f(mn) = f(m)f(n)$ lorsque $(m, n) = 1$. Si la relation $f(mn) = f(m)f(n)$ est vraie pour toute paire d'entiers positifs m et n, on dit que la fonction f est **complètement multiplicative**.

Remarques

1. Il est clair que la condition $f(1) = 1$, dans ce cas-ci, est équivalente à la condition $f(1) \neq 0$.

2. De toute évidence, les fonctions définies en vi), vii) et viii) au début de la section sont multiplicatives. Nous avons déjà vu que la fonction ϕ d'Euler est multiplicative.

3. Une fonction multiplicative est entièrement déterminée par ses valeurs sur les puissances de nombres premiers; en effet, si $n = q_1^{a_1} q_2^{a_2} \ldots q_r^{a_r}$, avec les q_i distincts et les a_i entiers positifs, on a

$$f(n) = f\left(\prod_{i=1}^{r} q_i^{a_i}\right) = \prod_{i=1}^{r} f(q_i^{a_i}). \tag{4.6}$$

Exemple 4.16 Soit $a \in \mathbb{R}$. Puisque $(mn)^a = m^a n^a$, la fonction $f(n) = n^a$ est complètement multiplicative de même que multiplicative.

Exemple 4.17 La fonction de Mœbius est multiplicative.

SOLUTION On a $\mu(1) = 1$. Soit $(m,n) = 1$, alors $p^2|mn$ seulement si $p^2|m$ ou $p^2|n$ et, dans chaque cas, $\mu(n)\mu(m) = \mu(mn) = 0$. Si m et n sont tous les deux non divisibles par a^2, avec $a > 1$, alors $m = u_1 u_2 \ldots u_r$ et $n = q_1 q_2 \ldots q_s$, où les u_i et les q_j sont des nombres premiers distincts pour $1 \leq i \leq r$ et $1 \leq j \leq s$ respectivement. Donc, $mn = u_1 \ldots u_r q_1 \ldots q_s$, $\mu(n) = (-1)^r$, $\mu(m) = (-1)^s$ et $\mu(mn) = (-1)^{r+s}$, et ainsi la fonction μ est multiplicative.

Nous verrons plus loin la démonstration du fait que les fonctions τ et σ sont multiplicatives.

Comme la fonction τ est plus simple, étudions-la en premier lieu. Le résultat qui suit permet de conclure que la fonction τ est effectivement multiplicative.

Théorème 4.18 *Soit $n = q_1^{a_1} q_2^{a_2} \ldots q_r^{a_r}$. Alors,*

$$\tau(n) = (a_1 + 1)(a_2 + 1)\ldots(a_r + 1). \tag{4.7}$$

DÉMONSTRATION Puisque les diviseurs de n sont de la forme

$$d = q_1^{b_1} q_2^{b_2} \ldots q_r^{b_r},$$

où chacun des b_i satisfait à la condition $0 \leq b_i \leq a_i$, il s'ensuit qu'il y a exactement $(a_i + 1)(a_2 + 1)\ldots(a_r + 1)$ choix possibles pour d. ∎

Corollaire 4.19 *La fonction τ est multiplicative.*

DÉMONSTRATION Cette propriété découle immédiatement du théorème 4.18 et du fait que $\tau(1) = 1$. ∎

Exemple 4.20 Trouver le plus petit entier positif n tel $\tau(n) = 6$.

SOLUTION Puisque $\tau(n) = 2 \cdot 3 = (1+1)(2+1)$, le plus petit entier positif sera $n = 2^2 \cdot 3^1 = 12$.

Exemple 4.21 Montrer que $\tau(n)$ est impair si et seulement si n est un carré parfait.

SOLUTION Soit $n = \prod_{i=1}^{r} q_i^{a_i}$. Alors, $\tau(n) = \prod_{i=1}^{r}(a_i + 1)$ et c'est pourquoi $\tau(n)$ est impair si et seulement si a_i est pair. Il suffit alors de montrer que a_i est pair si et seulement si n est un carré parfait. Or, si a_i est pair, alors n est un carré parfait. Inversement, si n est un carré parfait, alors $n = m^2$, avec $m \in \mathbb{Z}$. Si $m = \prod_{i=1}^{r} q_i^{e_i}$, on obtient donc que $n = \prod_{i=1}^{r} q_i^{2e_i}$ et l'unicité de la représentation canonique de n implique alors que $a_i = 2e_i$.

Théorème 4.22 *Si f et g sont des fonctions multiplicatives et si*

$$F(n) = \sum_{d|n} f(d)g(n/d),$$

alors F est une fonction multiplicative.

DÉMONSTRATION Si $(m,n) = 1$, alors, par la représentation canonique des entiers, $d|mn \iff d = d_1 d_2$, où $d_1|m$, $d_2|n$ et $(d_1, d_2) = 1$. Ainsi,

$$\begin{aligned} F(mn) &= \sum_{d|mn} f(d)g(mn/d) \\ &= \sum_{d_1|m} \sum_{d_2|n} f(d_1 d_2)g(mn/d_1 d_2) \\ &= \sum_{d_1|m} \sum_{d_2|n} f(d_1)f(d_2)g(m/d_1)g(n/d_2) \\ &= \sum_{d_1|m} f(d_1)g(m/d_1) \cdot \sum_{d_2|n} f(d_2)g(n/d_2) \\ &= F(m)F(n). \end{aligned}$$

Cela montre que F est une fonction multiplicative. ∎

Corollaire 4.23 *Si f est une fonction multiplicative, alors la fonction $F(n) = \sum_{d|n} f(d)$ est aussi une fonction multiplicative.*

Forts de ce résultat, nous sommes prêts à étudier la fonction σ.

Théorème 4.24 *La fonction σ est multiplicative. Si $n = q_1^{a_1} q_2^{a_2} \ldots q_r^{a_r}$, alors on a*

$$\sigma(n) = \prod_{i=1}^{r} \frac{q_i^{a_i+1} - 1}{q_i - 1}. \tag{4.8}$$

DÉMONSTRATION   Il est clair, d'après les définitions de σ et I, que

$$\sigma(n) = \sum_{d|n} I(d).$$

Or, comme I est multiplicative, il découle du théorème 4.22 que σ est multiplicative. Pour démontrer la seconde partie, il suffit de prouver que pour chaque nombre premier p et chaque entier positif a, on a

$$\sigma(p^a) = \frac{p^{a+1} - 1}{p - 1}. \tag{4.9}$$

Or, il est clair que

$$\sigma(p^a) = 1 + p + p^2 + \cdots + p^a,$$

d'où la relation (4.9). ∎

Exemple 4.25   Puisque $1008 = 2^4 \cdot 3^2 \cdot 7$, alors

$$\tau(1008) = 30 \quad \text{et} \quad \sigma(1008) = 3224.$$

Exemple 4.26   Trouver une expression pour $\sum_{d|n} d^2$ en termes de la représentation canonique de n.

SOLUTION   Soit $F(n) = \sum_{d|n} f(d)$, où la fonction f est définie par $f(d) = d^2$. Puisque la fonction f est multiplicative, alors la fonction F est multiplicative. Ainsi, pour trouver $F(n)$, il suffit de trouver la valeur de $F(p^a)$. Or, par définition,

$$F(p^a) = \sum_{d|p^a} d^2 = 1 + p^2 + \cdots + p^{2a} = \frac{p^{2a+2} - 1}{p^2 - 1},$$

d'où, pour $n = \prod_{i=1}^{r} q_i^{a_i}$, on a

$$F(n) = \prod_{i=1}^{r} \frac{q_i^{2a_i+2} - 1}{q_i^2 - 1}.$$

Exemple 4.27 Soit $k \geq 2$.

a) Si $n = 2^{k-1}$, alors $\sigma(n) = 2n - 1$.

b) Si $2^k - 1$ est premier, alors $n = 2^{k-1}(2^k - 1)$ satisfait l'équation $\sigma(n) = 2n$. Par ailleurs, si $2^k - 3$ est premier, alors $n = 2^{k-1}(2^k - 3)$ satisfait l'équation $\sigma(n) = 2n + 2$.

c) Un entier n est premier si et seulement si $\sigma(n) + \phi(n) = n\tau(n)$.

Remarque On ne connaît pas encore d'entier n tel que $\sigma(n) = 2n + 1$.

SOLUTION

a) $\sigma(2^{k-1}) = 2^k - 1 = 2n - 1$.

b) Puisque $(2^{k-1}, 2^k - 1) = 1$ et comme la fonction σ est multiplicative, alors

$$\sigma(n) = \sigma(2^{k-1})\sigma(2^k - 1) = (2^k - 1)(2^k - 1 + 1) = 2n.$$

c) Si n est premier, $\sigma(n) = 1 + n$ et $\phi(n) = n - 1$, alors on obtient que la somme de ces deux fonctions arithmétiques est égale à $n\tau(n)$.

Inversement, puisque $\sigma(n)$ et $\phi(n)$ sont des fonctions multiplicatives, on peut facilement montrer que

$$\sum_{d|n} \sigma(d)\phi(n/d) = n\tau(n).$$

On en est donc ramené à caractériser les entiers n qui vérifient

$$\sigma(n) + \phi(n) = \sum_{d|n} \sigma(d)\phi(n/d),$$

c'est-à-dire ceux qui vérifient

$$\phi(n) = \sum_{\substack{d|n \\ d<n}} \sigma(d)\phi(n/d) = \phi(n) + \sum_{\substack{d|n \\ 1<d<n}} \sigma(d)\phi(n/d).$$

En conséquence, on obtient

$$\sum_{\substack{d|n \\ 1<d<n}} \sigma(d)\phi(n/d) = 0,$$

ce qui signifie que n ne possède pas de diviseur entre 1 et n; il s'ensuit que n est premier.

Exemple 4.28 Trouver tous les entiers positifs n dont la somme des diviseurs est 18.

SOLUTION On sait que si $n = \prod_{i=1}^{r} q_i^{a_i}$, on doit avoir

$$\sigma(n) = \prod_{i=1}^{r}(1 + q_i + \cdots + q_i^{a_i}) = 18.$$

Si n est divisible par un seul nombre premier, alors $q_1 = 17$. Si n est divisible par deux nombres premiers, alors on a $q_1 = 2$ et $q_2 = 5$, c'est-à-dire $n = 10$. Il est impossible que n soit divisible par plus de trois nombres premiers et, dans ce cas, les seules valeurs possibles de n sont 10 et 17.

Définition 4.29 Un entier positif n est appelé un **nombre parfait** si $\sigma(n) = 2n$.

Exemple 4.30 Les nombres 6, 28, 496, 8128 sont des nombres parfaits.

Remarque Signalons qu'on ne sait pas encore aujourd'hui s'il existe une infinité de nombres parfaits pairs. On ne connaît pas non plus de nombres parfaits impairs; toutefois, on sait que si un tel nombre existe, il doit excéder 10^{300} (voir Brent, Cohen et te Riele[1]) et il doit avoir au moins huit facteurs premiers dont au moins un doit être supérieur à 10^{12}. On trouvera à l'annexe C une liste des 30 premiers nombres parfaits pairs.

Théorème 4.31 *Si $2^k - 1$ est premier ($k > 1$), alors $n = 2^{k-1}(2^k - 1)$ est un nombre parfait. Si n est un nombre parfait pair, alors $n = 2^{k-1}(2^k - 1)$, où $2^k - 1$ est un nombre premier.*

DÉMONSTRATION La première partie a été obtenue dans l'exemple 4.27 b). Pour la seconde partie, supposons que n est un nombre parfait pair, c'est-à-dire supposons que $n = 2^t m$, où m est un nombre impair et $t > 0$. Alors,

$$2n = \sigma(n) = \sigma(2^t)\sigma(m) = (2^{t+1} - 1)\sigma(m)$$

ou encore

$$2^{t+1}m = (2^{t+1} - 1)\sigma(m). \tag{4.10}$$

---

1. BRENT, R.P., G.L. COHEN, et H.J.J. TE RIELE. «Improved Techniques for Lower Bounds for Odd Perfect Numbers», *Math. Comp.*, vol. 57, 1991, 857–868.

Mœbius fut professeur d'astronomie et directeur de l'observatoire de l'Université de Leipzig. Il était un élève de Gauss. Il étudia les surfaces et leurs relations avec les polyèdres, sujet qui devint par la suite un thème central de la topologie. En 1826, il écrivit son fameux texte sur le *calcul barycentrique* et, jusqu'à ses derniers jours, il s'efforça d'en répandre les applications. Il est devenu célèbre dans le monde mathématique pour sa conception d'une surface à un seul côté : *la surface de Mœbius*. Plus particulièrement, en théorie des nombres, son nom est rattaché à la « fonction de Mœbius », qui sert à « inverser » certaines fonctions arithmétiques.

Augustus Ferdinand Mœbius (1790–1868)

Il s'ensuit que $(2^{t+1} - 1)|2^{t+1}m$ et puisque $(2^{t+1} - 1, 2^{t+1}) = 1$, alors $2^{t+1} - 1|m$, c'est-à-dire $m = (2^{t+1} - 1)M$, pour un certain entier positif M. En remplaçant dans (4.10) cette valeur de m, on obtient $\sigma(m) = 2^{t+1}M$ et puisque m et M ($M < m$) sont des diviseurs de m, alors

$$2^{t+1}M = \sigma(m) \geq m + M = 2^{t+1}M.$$

Donc, $\sigma(m) = m + M$ et cette égalité signifie que m possède seulement les diviseurs m et M, c'est-à-dire que m est premier et $M = 1$. ∎

Étant donné une fonction arithmétique F exprimée en termes d'une autre fonction arithmétique f par la relation

$$F(n) = \sum_{d|n} f(d), \qquad (4.11)$$

on peut se demander s'il est possible d'« inverser » (4.11) pour obtenir f en termes de F. En fait, c'est possible. On verra que la fonction de Mœbius, évoquée au début du chapitre, joue un rôle important dans la « résolution » de l'équation (4.11).

Théorème 4.32 (Formule d'inversion de Mœbius)

$$F(n) = \sum_{d|n} f(d) \iff f(n) = \sum_{d|n} \mu(d) F(n/d).$$

DÉMONSTRATION
($\Longrightarrow$) Supposons que $F(n) = \sum_{d|n} f(d)$. Alors, en s'appuyant sur le théorème 4.6, on a

$$\sum_{d|n} \mu(d) F(n/d) = \sum_{d|n} \mu(d) \sum_{e|(n/d)} f(e) = \sum_{de|n} \mu(d) f(e)$$
$$= \sum_{e|n} f(e) \sum_{d|(n/e)} \mu(d) = f(n),$$

comme il convient.

($\Longleftarrow$) On a $\sum_{d|n} f(d) = \sum_{d|n} \left\{ \sum_{e|d} \mu(e) F(d/e) \right\}$ et puisque e et d/e parcourent les mêmes diviseurs, il s'ensuit que

$$\sum_{d|n} f(d) = \sum_{d|n} \left\{ \sum_{e|d} F(e) \mu(d/e) \right\}.$$

Or, n/d et d/e sont des entiers si et seulement si n/e et n/d sont des entiers; c'est pourquoi

$$\sum_{d|n} f(d) = \sum_{e|n} \left\{ \sum_{d|n} F(e) \mu(d/e) \right\} = \sum_{e|n} \left\{ F(e) \sum_{d|n} \mu(d/e) \right\}.$$

Posons $d = ke$. Alors, cette dernière équation devient

$$\sum_{d|n} f(d) = \sum_{e|n} \left\{ F(e) \sum_{ke|n} \mu(k) \right\} = \sum_{e|n} \left\{ F(e) \sum_{k|(n/e)} \mu(k) \right\} = F(n).$$

■

Exemple 4.33 Puisque $\tau(n) = \sum_{d|n} 1$ et que $\sigma(n) = \sum_{d|n} d$, le résultat précédent permet d'obtenir

$$\sum_{d|n} \mu(d) \tau(n/d) = 1 \quad \text{et} \quad \sum_{d|n} \mu(d) \sigma(n/d) = n.$$

Exemple 4.34 Si $1/n = \sum_{d|n} g(d)$ pour $n \geq 1$, trouver une formule pour exprimer $g(n)$ en termes de la représentation canonique de n.

SOLUTION D'après la formule d'inversion de Mœbius[2], on a
$$g(n) = \sum_{d|n} \mu(d)\frac{d}{n} = \frac{1}{n}\sum_{d|n} d\mu(d).$$

Comme les fonctions μ et I sont multiplicatives, $\sum_{d|n} d\mu(d)$ est aussi multiplicative. Il en est de même pour la fonction $1/n$, d'où g est une fonction multiplicative, et puisque
$$g(p^a) = \frac{1}{p^a}\sum_{d|p^a} d\mu(d) = \frac{1}{p^a}(1-p),$$
on peut conclure que, pour $n = \prod_{i=1}^{r} q_i^{a_i}$,
$$g(n) = \frac{1}{n}\prod_{i=1}^{r}(1-q_i).$$

Exercices sur le chapitre 4

1. Démontrer que
$$\lim_{m\to\infty}[\cos^2(m!\pi x)] = \begin{cases} 0 & \text{si } x \in \mathbb{R}\setminus\mathbb{Q}, \\ 1 & \text{si } x \in \mathbb{Q}, \end{cases}$$
où $[y]$ désigne le plus grand entier inférieur ou égal à y.

2. Si $[x+y] = [x] + [y]$ et $[-x-y] = [-x] + [-y]$, démontrer que x ou y est un entier.

3. Montrer que $0 \leq [x] - 2\left[\frac{x}{2}\right] \leq 1$, pour tout $x \in \mathbb{R}$.

4. Montrer que :

   a) quelle que soit la valeur de x, on a toujours
   $$[x] + [x + \tfrac{1}{2}] = [2x];$$
   b) $[x] \cdot [y] \leq [xy], \quad \forall x, y \in \mathbb{R}^+$;
   c) $[x-y] \leq [x] - [y] \leq [x-y] + 1, \quad \forall x, y \in \mathbb{R}$.

5. Montrer que $[nm/k] \geq n[m/k], \forall n, m, k \in \mathbb{N}$.

6. Trouver la plus grande puissance α telle que :

   a) 2^α divise $435!$;   b) 3^α divise $435!$;
   c) 6^α divise $435!$;   d) 12^α divise $435!$;
   e) 42^α divise $435!$.

---

2. Il existe d'autres «formules d'inversion de Mœbius». Voir à ce sujet HARDY, G.H., et E.M. WRIGHT, *An Introduction to the Theory of Numbers*, Oxford University Press, 1960.

7. Montrer que $\dfrac{(2n)!}{(n!)^2}$ est un entier pair pour tout $n \in \mathbb{N}$.

8. Trouver une formule qui détermine explicitement l'unique valeur de α telle que
$$p^\alpha \,\Big\|\, \prod_{i=1}^{n}(2i).$$

9. Trouver une formule qui détermine explicitement l'unique valeur de α telle que
$$p^\alpha \,\Big\|\, \prod_{i=0}^{n}(2i+1).$$

10. Montrer que si f et g sont des fonctions multiplicatives, alors le produit fg est aussi une fonction multiplicative. Si f est une fonction multiplicative, peut-on dire que kf, avec $k \in \mathbb{R}$, est aussi une fonction multiplicative?

11. Pour toute fonction arithmétique f, montrer que
$$\sum_{d|n} f(d) = \sum_{d|n} f\left(\frac{n}{d}\right).$$

12. Soit f une fonction strictement croissante de $\mathbb{N}$ dans $\mathbb{N}$ telle que $f(2) = 2$ et $f(mn) = f(m)f(n)$ si m et n sont relativement premiers. Montrer que f est l'identité.

13. Quel est le plus petit entier n tel que :
    a) $\tau(n) = 9$;   b) $\tau(n) = 10$;   c) $\tau(n) = 15$;
    d) $\sigma(x) = n$ n'a pas de solutions en x;
    e) $\sigma(x) = n$ a exactement une solution;
    f) $\sigma(x) = n$ a exactement deux solutions;
    g) $\sigma(x) = n$ a exactement trois solutions.

14. Soit n un entier positif fixe. Que peut-on dire du nombre de solutions de l'équation $\sigma(x) = n$? Qu'en est-il de l'équation $\tau(x) = n$?

15. Trouver le plus grand nombre premier p tel que :
    a) $p|\tau(20!)$;   b) $p|\sigma(20!)$;   c) $p^2|\tau(35!)$;   d) $p^2|\sigma(35!)$.

16. Soit $n \in \mathbb{N}$ et soit $F(n) = \sum_{d|n} \tau(d)$. Trouver une formule pour $F(n)$ en fonction de la représentation canonique de n.

17. Montrer que
$$\prod_{d|n} d = n^{\tau(n)/2}.$$

Qu'arrive-t-il si $\tau(n)$ est un nombre impair?

18. Montrer que $\prod_{d|n} d = n^3$ si et seulement si $n = p^5$ ou $n = p^2 q$, où p et q sont des nombres premiers distincts.

19. Pour chaque $a \in \mathbb{R}$, on définit la fonction σ_a par $\sigma_a(n) = \sum_{d|n} d^a$. Notons que $\tau(n)$ et $\sigma(n)$ sont des cas particuliers de $\sigma_a(n)$. Prouver que

$$\sigma_a(n) = \begin{cases} \prod_{p^\alpha \| n} \dfrac{p^{a(\alpha+1)} - 1}{p^a - 1} & \text{si } a \neq 0 \\ \prod_{p^\alpha \| n} (\alpha + 1) & \text{si } a = 0. \end{cases}$$

20. Montrer que $\sigma(n)$ est impair si et seulement si n est un carré ou deux fois un carré.

21. Si n est un nombre parfait, montrer que

$$\sum_{d|n} \frac{1}{d} = 2.$$

22. Montrer que $\sigma_{-k}(n) = n^{-k} \sigma_k(n)$.

23. Montrer que la somme des réciproques des diviseurs d'un nombre entier positif n est égale à $\sigma(n)/n$.

24. Pour chaque entier positif n, poser $f(n) = \sum_{d|n} \dfrac{\mu^2(d)}{\tau(d)}$. Trouver une formule pour $f(n)$ en termes de la représentation canonique de n.

25. Montrer que $\sum_{d|n} \tau^3(d) = \left(\sum_{d|n} \tau(d) \right)^2$ pour chaque entier positif n.

26. a) Soit f une fonction multiplicative. Montrer que

$$\sum_{d|n} \mu(d) f(d) = \prod_{p|n} (1 - f(p)).$$

b) Montrer que

$$\sum_{d|n} |\mu(d)| = 2^{\omega(n)}, \qquad \sum_{d|n} \mu(d) \tau(d) = (-1)^{\omega(n)},$$

$$\sum_{d|n} \mu(d) \sigma(d) = (-1)^{\omega(n)} \prod_{p|n} p \quad \text{et} \quad \sum_{d|n} \mu(d) \phi(d) = (-1)^{\omega(n)} \prod_{p|n} (p - 2).$$

27. Montrer que
$$\frac{n}{\phi(n)} = \sum_{d|n} \frac{\mu^2(d)}{\phi(d)}.$$

28. Soit g une fonction multiplicative. Pour chaque entier positif n, poser
$$F(n) = \sum_{d|n} \mu(d)g(n/d).$$

Montrer que
$$F(n) = \prod_{p^\alpha \| n} \left(g(p^\alpha) - g(p^{\alpha-1}) \right).$$

29. Montrer que $\phi(n) = 2n/5$ si et seulement si $n = 2^r 5^s$, avec r et $s \in \mathbb{N}$.

30. Calculer le nombre d'entiers positifs :
    a) ≤ 600 qui ont un facteur > 1 en commun avec 600;
    b) ≤ 1200 qui sont relativement premiers avec 600;
    c) ≤ 4200 qui sont relativement premiers avec 600. (Noter que $4200 = 7 \times 600$.)

31. Trouver toutes les solutions x de l'équation $\phi(x) = 24$.

32. Si m et k sont des entiers positifs, montrer que le nombre d'entiers positifs $\leq mk$ qui sont relativement premiers avec m est égal à $k\phi(m)$.

33. Soit $n \in \mathbb{N}$.
    a) Montrer que $\frac{1}{2}\sqrt{n} \leq \phi(n) \leq n$.
    b) Montrer que l'équation $\phi(x) = n$ a seulement un nombre fini de solutions entières x.

34. Trouver le plus petit entier n :
    a) tel que $\phi(x) = n$ n'a pas de solutions;
    b) tel que $\phi(x) = n$ possède exactement deux solutions;
    c) tel que $\phi(x) = n$ possède exactement trois solutions.

35. Trouver le plus grand nombre premier p tel que :
    a) $p|\phi(95!)$; b) $p^2|\phi(95!)$; c) $p^3|\phi(95!)$; d) $p^4|\phi(95!)$.

36. Si n est un entier positif pair, montrer que
$$\sum_{d|n} \mu(d)\phi(d) = 0.$$

37. Montrer que, pour chaque entier positif n, on a
$$\sum_{d|n} \sigma(d) = n \sum_{d|n} \frac{\tau(d)}{d}.$$

38. Si $n \geq 1$, montrer que
$$\sum_{d|n} \frac{1}{d^2} = \frac{\sigma_2(n)}{n^2}.$$

39. Soit $m, n \geq 1$. Montrer que $\phi(mn) \leq m\phi(n)$.

40. Montrer que $\phi(n) > n/7$ pour tous les nombres naturels n pour lesquels $\omega(n) \leq 9$.

41. Montrer que si n est un nombre pair, alors
$$\sum_{d|n} (-1)^{n/d} \phi(d) = 0.$$

42. Soit f et g deux fonctions arithmétiques telles que $f(1) = g(1) = 1$.

   a) Montrer que $\sum_{d|n} f(d)g(n/d) = f(n) + g(n) \iff n$ est premier.

   b) Montrer que $\sigma(n) - \phi(n) = 2 \iff n$ est premier.

43. Soit f une fonction arithmétique vérifiant l'équation
$$\sum_{d|n} f(d) = n.$$

Montrer que $f(n) = \phi(n)$.

44. Soit n un entier naturel. Dans chacun des deux cas ci-dessous, trouver une formule pour $g(n)$ en termes de la représentation canonique de n.

   a) $n^2 = \sum_{d|n} g(d)$ b) $\mu(n) = \sum_{d|n} g(d)$

45. La fonction arithmétique $\omega(n)$ est définie par
$$\omega(1) = 0 \text{ et } \omega(n) = \sum_{p|n} 1, \text{ si } n > 1.$$

   a) Montrer que pour des entiers naturels m et n tels que $(m, n) = 1$ on a $\omega(mn) = \omega(m) + \omega(n)$. En déduire que la fonction $2^{\omega(n)} n/\phi(n)$ est multiplicative.

b) Soit n un entier naturel. Trouver une formule pour $g(n)$ en termes de la représentation canonique de n, sachant que

$$2^{\omega(n)} \frac{n}{\phi(n)} = \sum_{d|n} g(d).$$

46. Montrer qu'il existe une constante positive C telle que, pour chaque $n \geq 2$, on a

$$C < \frac{\sigma(n)\phi(n)}{n^2} < 1.$$

47. On a trouvé récemment, en 1991, le 30e nombre parfait pair :

$$2^{132\,048}(2^{132\,049} - 1).$$

Trouver le nombre de chiffres dont ce nombre est composé.

48. Montrer que pour tout $n \geq 2$ la somme des entiers positifs inférieurs ou égaux à n et relativement premiers avec n est égale à $n\phi(n)/2$.

49. Montrer que $\tau(2^n - 1) \geq \tau(n)$ pour chaque $n \in \mathbb{N}$.

50. Montrer qu'un nombre parfait pair est un nombre triangulaire (notion présentée à l'exercice 3 du chapitre 1).

51. Soit $n > 1$ un entier. Montrer que $2^{\omega(n)-1} | \phi(n)$.

52. Récemment, à l'occasion du 125e anniversaire du Canada, des mathématiciens de l'Université du Manitoba ont défini la notion de «nombre parfait Canada». Un nombre entier composé n est appelé ainsi si la somme des carrés de ses chiffres en représentation décimale est égale à la somme de ses diviseurs propres > 1. En d'autres termes, n est «parfait Canada» si et seulement si

$$\sum_{1 \leq i \leq c(n)} \ell_i^2 = \sum_{\substack{d|n \\ 1 < d < n}} d, \qquad (*)$$

où $\ell_1, \ell_2, \ldots, \ell_{c(n)}$ sont les chiffres apparaissant dans la représentation décimale de n et où $c(n)$ est le nombre de chiffres. On vérifie aisément que 125 est un «nombre parfait Canada», car

$$1^2 + 2^2 + 5^2 = 30 = 5 + 25.$$

a) Démontrer que 581, 8549 et 16 999 sont aussi de tels nombres.

b) Démontrer qu'il n'existe pas de «nombre parfait Canada» supérieur à 10^6.

Suggestion : Pour la démonstration de b), il suffit de montrer que la somme de gauche de $(*)$ (notée $\sum_1$) est «trop petite» par rapport à la somme de droite (notée $\sum_2$), puisque $\sum_1 < 81 c(n) < 81(\log_{10} n + 1)$ et $\sum_2 > \sqrt{n}$. On utilisera l'induction.

53. Soit g une fonction arithmétique telle que $g(n) > 0$ pour tout n et soit
$$f(n) = \prod_{d|n} g(d).$$
Montrer que
$$g(n) = \prod_{d|n} \left(f(n/d)\right)^{\mu(d)}.$$

54. Trouver une infinité d'entiers n tels que $\sigma(n) \leq \sigma(n-1)$.

55. Soit f une fonction complètement multiplicative et soit F définie par
$$F(n) = \sum_{d|n} f(d).$$
A-t-on nécessairement que F est aussi complètement multiplicative?

56. Montrer que $\displaystyle\sum_{d=1}^{n} \phi(d) \left[\frac{n}{d}\right] = \frac{1}{2}n(n+1)$.

57. Montrer que
$$\sum_{n=1}^{\infty} \frac{\phi(n)\, x^n}{1 - x^n} = \frac{x}{(1-x)^2}.$$

58. * Montrer que
$$\sigma(n) = \sum_{j=1}^{n} \int_0^j \cos\left(\frac{2n\pi[x+1]}{j}\right) dx,$$
où $[y]$ désigne la partie entière de y.

59. Montrer que la fonction $f(n) = [\sqrt{n}] - [\sqrt{n-1}]$ est multiplicative.

60. En utilisant le fait que la moyenne géométrique est plus petite ou égale à la moyenne arithmétique, montrer que $\sigma(n) \geq \sqrt{n}\,\tau(n)$.

61. Montrer que, pour chaque $\alpha \in \mathbb{R}$, on a :

a) $\displaystyle\lim_{n \to \infty} \frac{[n\alpha]}{n} = \alpha$;

b) $[\alpha^{1/k}] = [[\alpha]^{1/k}]$, (si $\alpha \geq 0$ et $k \in \mathbb{N}$);

c) $[\alpha] + \left[\alpha + \dfrac{1}{n}\right] + \cdots = \left[\alpha + \dfrac{n-1}{n}\right] = [n\alpha]$;

d) $\left[\dfrac{\alpha}{n}\right] + \left[\dfrac{\alpha+1}{n}\right] + \cdots + \left[\dfrac{\alpha+n-1}{n}\right] = [\alpha]$.

62. * Soit a la solution positive de l'équation quadratique $x^2 - x - 1 = 0$. Montrer que pour chaque $n \in \mathbb{N}$, on a
$$[a^2 n] = [a[an] + 1].$$

63. Montrer que le nombre N de solutions entières du système $xy \leq n$ est donné par
$$N = \left[\frac{n}{1}\right] + \left[\frac{n}{2}\right] + \cdots + \left[\frac{n}{n}\right] = 2\sum_{k=1}^{[\sqrt{n}]} \left[\frac{n}{k}\right] - [\sqrt{n}]^2.$$

64. Soit $n \in \mathbb{N}$. Pour chaque $k = 0, 1, 2, \ldots$, trouver le nombre d'entiers i ($1 \leq i \leq n$) qui sont divisibles par 2^k mais non par 2^{k+1}. Établir ainsi que
$$\sum_{j=1}^{\infty} \left[\frac{n}{2^j} + \frac{1}{2}\right] = n.$$

On aura ainsi démontré que l'on peut évaluer la somme $\frac{n}{2} + \frac{n}{4} + \frac{n}{8} + \cdots$ en remplaçant chaque terme par son entier le plus proche (quitte à choisir le plus grand s'il en existe deux).

65. Montrer que, pour chaque entier $n \geq 2$, on a
$$(n!)^{\frac{1}{n}} \leq \prod_{p \leq n} p^{\frac{1}{p-1}}.$$

En déduire une autre preuve du fait qu'il existe une infinité de nombres premiers.

66. * On définit la fonction arithmétique r comme suit :
$$r(n) = \begin{cases} 1 & \text{si } n \text{ peut s'écrire comme une somme de deux carrés,} \\ 0 & \text{autrement.} \end{cases}$$

Comme nous le verrons au chapitre 6, on peut démontrer que $r(n) = 1$ si et seulement si chaque diviseur premier de la forme $4k + 3$ apparaît dans la décomposition canonique de n avec un exposant pair.

Par ailleurs, il est intéressant de remarquer que l'expression
$$R(x) \stackrel{\text{déf}}{=} \sum_{0 \leq n \leq x} r(n),$$

où on définit par commodité $r(0) = 1$, représente le nombre de points à coordonnées entières situés dans ou sur le cercle centré à l'origine et de rayon $\sqrt{x}$. En d'autres termes,
$$R(x) = \#\{(u, v) \in \mathbb{Z} \times \mathbb{Z} : u^2 + v^2 \leq x\}.$$

88   Quelques fonctions importantes de la théorie des nombres

La tâche de l'exercice (il était temps!) est de démontrer que $R(x)$ satisfait à la condition suivante :

($\diamond$) $\qquad\qquad |R(x) - \pi x| < 10\sqrt{x}, \ (\forall x \geq 2)$

Voici une suggestion pour résoudre ce problème. D'abord, il est clair que la surface du cercle en question est πx. On quadrille alors le plan cartésien en carrés dont les sommets sont les points à coordonnées entières. À chaque point (u, v) dans (ou sur) notre cercle on assigne le carré dont les quatre sommets sont précisément les points (u, v), $(u+1, v)$, $(u, v+1)$ et $(u+1, v+1)$. Ces carrés sont tous situés dans le cercle centré à l'origine et de rayon $\sqrt{x} + \sqrt{2}$. Ces mêmes carrés englobent le cercle de rayon $\sqrt{x} - \sqrt{2}$. Il s'ensuit que
$$\pi(\sqrt{x} - \sqrt{2})^2 \leq R(x) \leq \pi(\sqrt{x} + \sqrt{2})^2,$$
ce qui prouve ($\diamond$).

67. ** Démontrer la généralisation suivante du résultat ($\diamond$) donné dans l'exercice précédent[3] :

Soit R une région du plan cartésien bornée par une courbe C simple fermée et rectifiable (en d'autres mots, une belle courbe!). Soit A la surface de R et soit ℓ la longueur de C. Soit enfin N le nombre de points à coordonnées entières situés dans R. Alors,
$$|N - A| < \ell.$$

Pour démontrer ce résultat, on prouve d'abord deux lemmes :

Lemme 1. *Soit C une courbe rectifiable située à l'intérieur du carré unité et dont les deux points extrêmes sont sur la frontière du carré. Si C croise les deux diagonales du carré, alors la longueur de C doit être au moins égale à 1.*

Lemme 2. *Soit C une courbe rectifiable située à l'intérieur du carré unité et dont les deux points extrêmes sont sur la frontière du carré, de sorte que le carré est divisé en deux régions. Supposons que C ne traverse pas le centre du carré et soit Δ la région du carré qui ne contient pas le centre du carré. Alors, l'aire de Δ est inférieure à la longueur de C.*

Pour démontrer le résultat de Jarnik, on procède alors comme suit. On forme un réseau de carrés unitaires dans le plan cartésien avec les droites
$$x = m + \frac{1}{2}, \quad y = n + \frac{1}{2} \quad (m, n = 0, \pm 1, \pm 2, \ldots).$$

Soit maintenant $Q_1, Q_2, \ldots, Q_k$ les carrés ainsi formés qui contiennent une partie de ∂R (c'est la frontière de R) et soit C_i la partie de la courbe C située dans Q_i. Notons par Ω_i l'intersection de Q_i et de R. Posons en plus
$$N_i = \begin{cases} 1 & \text{si } \Omega_i \text{ contient un point à coordonnées entières,} \\ 0 & \text{autrement.} \end{cases}$$

---

3. Cette généralisation faite par le mathématicien tchécoslovaque M.V. Jarnik est tirée de HUA, L.K. *Introduction to Number Theory*, New York, Springer-Verlag, 1982.

Notons par A_i la surface de Ω_i et par ℓ_i la longueur de C_i. Le résultat sera démontré si on peut prouver que $|N_i - A_i| < \ell_i$. Si R est à l'intérieur d'un Q_i, alors le résultat est immédiat, car $\ell \geq 1$. On peut donc supposer que C_i est fait d'un certain nombre de sections de C et que Q_i est divisé en deux régions $D_i^{(s)}$. Si aucun point à coordonnées entières n'est situé dans aucun des $D_i^{(s)}$ de sorte qu'il est sur C_i, alors $N_i = 0$, $0 < A_i < 1$ et $\ell_i \geq 1$, auquel cas on obtient le résultat. Si un point à coordonnées entières est situé dans un $D_i^{(s)}$, soit $A_i^{(s)}$ la surface de $D_i^{(s)}$. Si $D_i^{(s)}$ n'est pas dans R, alors $N_i = 0$ et $A_i \leq 1 - A_i^{(s)}$; si $D_i^{(s)}$ est dans R, alors $N_i = 1$ et $1 - A_i \leq 1 - A_i^{(s)}$ et, en raison du lemme 2, on a $1 - A_i^{(s)} < \ell_i$, ce qui termine la preuve du résultat de Jarnik.

68. ** Un problème analogue à celui traité ci-dessus a été considéré par F. Guérin [4]. On peut le formuler comme suit. Soit R une région du plan cartésien bornée par une courbe C simple fermée et rectifiable. Soit A la surface de R et soit ℓ la longueur de C. Soit enfin N le nombre de carrés unités contenus entièrement dans R. Peut-on approcher N par A? Intuitivement, il est clair que oui! Mais avec quel degré de précision? Guérin a démontré qu'il existe une constante β telle que $A - N \leq \beta\ell$ pour toute courbe C. Il a même montré que si α est l'infimum de tous les β satisfaisant une telle inégalité, alors

$$\frac{\pi + 4}{2\pi} \leq \alpha \leq 3 + \frac{2}{\delta},$$

où $\delta = 6\pi \left(1 + \sqrt{1 + \frac{2}{9\pi}}\right)$. On peut démontrer ce résultat en deux étapes. On établit d'abord la borne inférieure pour α en construisant un cas extrême, soit en construisant une région R avec N minimal et ℓ grand. Pour obtenir la borne supérieure, on compte le nombre k de carrés unités traversés par la courbe C; on montre alors que $\ell \geq \left[\dfrac{k}{3}\right]$, établissant ainsi que $k \leq 3\ell + 2$ pour $k \geq 5$, et par le fait même que $A - N \leq k \leq 3\ell + 2$. En utilisant le fait que $A \leq \ell^2/4\pi$, on arrive ainsi à montrer que

$$A - N \leq \left(3 + \frac{2}{\delta}\right)\ell, \qquad \text{quel que soit } \ell.$$

Problèmes à résoudre à l'ordinateur

69. Peut-on affirmer que, pour chaque $n \geq 0$, il existe un nombre parfait entre $10^n + 1$ et $10^{n+1} + 1$? Peut-on affirmer que le dernier chiffre des nombres parfaits est alternativement 6 et 8?

70. R.D. Carmichael (1879–1967) a émis la conjecture suivante : «Pour chaque entier n, il existe $m \neq n$ tel que $\phi(m) = \phi(n)$.» D.H. Lehmer (1905–1991) a conjecturé : «Si $\phi(n)|(n-1)$, alors n est premier.» Vérifier ces deux conjectures à la limite de l'ordinateur.

---

[4]. GUÉRIN, F. «On a Problem Connected with a Theorem of Jarnik», *Monat. Math.*, vol. III, 1991, p. 287–291.

71. Écrire un programme pour explorer les valeurs de n pour lesquelles $\sigma(n) = 2n - 1$. Faire de même pour $\sigma(n) = 2n$ et aussi pour $\sigma(n) = 2n + 1$.

72. Burton[5] mentionne que l'entier $n = 5186$ est tel que $\phi(n) = \phi(n+1) = \phi(n+2)$. Cet entier est-il le plus petit? Peut-on trouver d'autres entiers possédant cette propriété? De plus, il mentionne que 3655 et 4503 sont des valeurs de n pour lesquelles $\tau(n) = \tau(n+1) = \tau(n+2) = \tau(n+3)$. Ces entiers sont-ils les plus petits? Peut-on trouver d'autres entiers vérifiant cette égalité?

73. Écrire un programme pour générer les nombres premiers de Mersenne $2^p - 1$ pour $2 \leq p \leq 127$ (voir l'annexe C). *Note* : Un nombre de Mersenne que l'on croyait premier était le nombre $2^{67} - 1$. En 1903, lors du congrès de l'American Mathematical Association, le mathématicien Frank Cole s'installe au tableau, élève à la puissance 67 le nombre 2 et en retranche 1; il change ensuite de tableau et effectue la multiplication : $761\,838\,257\,287 \times 193\,707\,721$: on constate alors que les deux résultats sont identiques. Cole reçoit alors une ovation debout pour avoir démontré que $2^{67} - 1$ n'est pas premier!

74. Écrire un programme pour générer une table de valeurs avec $\tau(n)$, $\sigma(n)$, $\phi(n)$, avec $n \leq 500$.

75. Écrire un programme pour trouver le plus grand entier positif n tel que $\phi(n) \leq 500$.

76. Les entiers positifs m et n sont dits *amicaux* si $\sigma(m) = m + n = \sigma(n)$. Par exemple, 220 et 284 sont des nombres amicaux; la paire suivante est 1184 et 1210. Écrire un programme pour trouver toutes les paires de nombres amicaux $< 20\,000$.

77. Trouver toutes les valeurs de $n < 10\,000$ pour lesquelles $4\tau(n+2) = \phi(n)$.

78. S'il n'existe aucun entier r tel que $1 \leq r < \phi(n)$ et tel que $a^r \equiv 1 \pmod{n}$, alors a est appelé une *racine primitive* de n.
   a) Produire une table des plus petites racines primitives pour tous les nombres premiers ≤ 200. Émettre une conjecture.
   b) Déterminer tous les entiers ≤ 1000 qui ont des racines primitives. Émettre une conjecture.
   c) Trouver le plus petit nombre premier p tel que 10 est une racine primitive de p et non de p^2.

Problèmes de nature algébrique

79. Soit $\mathcal{F}$ l'ensemble des fonctions arithmétiques telles que $f(1) \neq 0$. On définit le *produit de Dirichlet* $f * g$ de deux fonctions $f, g \in \mathcal{F}$ comme étant

$$(f * g)(n) = \sum_{d|n} f(d)g(n/d).$$

---

5. BURTON, D.M. *Elementary Number Theory*, Boston, Allyn and Bacon, 1980.

Montrer que $(\mathcal{F}, *)$ est un groupe commutatif. On définit aussi la *dérivée* f' d'une fonction $f \in \mathcal{F}$ par
$$f'(n) = f(n) \log n.$$
Montrer que si $f, g \in \mathcal{F}$, alors :

a) $(f+g)' = f' + g'$;
b) $(f*g)' = f'*g + f*g'$;
c) $(f^{-1})' = -f' * (f*f)^{-1}$.

Chapitre 5
La distribution des nombres premiers

5.1 Introduction

Il est coutume de noter par $p_1, p_2, \ldots, p_r, \ldots$ la suite croissante des nombres premiers. Nous avons vu au chapitre 2 que, pour chaque $k \in \mathbb{N}$, il existe $m = m(k) \in \mathbb{N}$ tel que

$$p_{m+1} - p_m > k. \tag{5.1}$$

Toutefois, on ne sait pas s'il existe une infinité de *nombres premiers jumeaux*[1] (voir aussi chapitre 2), c'est-à-dire des nombres premiers p_n et p_{n+1} tels que $p_{n+1} - p_n = 2$. D'ailleurs, de manière générale, Hardy et Littlewood[2] ont conjecturé en 1923 que pour tout entier naturel k pair, il existe une infinité de $n \in \mathbb{N}$ tels que $p_{n+1} - p_n = k$. Tout récemment, M. Rubinstein[3] a donné une belle démonstration heuristique de cette conjecture et de la formule

$$\pi_k(x) \stackrel{\text{déf}}{=} \sum_{\substack{p \leq x \\ p+k \text{ premier}}} 1 \sim 2C_2 \frac{x}{(\log x)^2} \prod_{\substack{p > 2 \\ p | k}} \frac{p-1}{p+2},$$

où $C_2 = \prod_{p>2} \left(1 - \frac{1}{(p-1)^2}\right)$.

---

1. La plus grande paire de nombres premiers jumeaux connue aujourd'hui est celle découverte en 1990 par B. Parady, J. Smith et S. Zarantonello : $1\,706\,595 \times 10^{11\,235} \pm 1$. (Voir PARADY, B. 7*et al.* «Largest Known Twin Primes», *Math. Comp.*, vol. 55, 1990, p. 381–382.)
2. HARDY, G.H., et J.E. LITTLEWOOD, «Some Problems of "Partitio Numerorum", III : On the Expression of a Number as a Sum of Primes», *Acta Math.*, vol. 44, 1923, p. 1-70. Réimprimé dans *Collected Papers* of G.H. Hardy, vol. 1, p. 561–630, Oxford, Clarendon Press, 1966.
3. RUBINSTEIN, M. «A Simple Heuristic Proof of Hardy and Littlewood Conjecture B», *Amer. Math. Monthly*, vol. 100, 1993, p. 456–460.

Signalons enfin qu'il y a quelques années une compagnie d'informatique (Worldwide Computer Services Inc.) offrait un prix de 25 000 $ à la personne qui publierait la première preuve de la *conjecture des nombres premiers jumeaux*; l'offre expirait le 31 mars 1985. Personne n'a gagné le prix.

Plus on étudie le problème de la distribution des nombres premiers, plus on constate que les nombres premiers sont distribués d'une manière irrégulière dans la suite des nombres naturels.

Dans cet esprit, mentionnons un «petit» résultat, qui est plus fort que la relation (5.1) et qui est aussi surprenant que facile à démontrer si on tient pour acquis le théorème de Dirichlet (déjà mentionné à la section 4 du chapitre 2). Il s'énonce ainsi :

> *Étant donné un nombre naturel k, il existe un nombre premier $p_0 = p_0(k)$ qui est le seul nombre premier appartenant à l'ensemble $\{p_0 \pm i \mid 0 \leq i \leq k\}$.*

La preuve se fait comme suit. D'après le théorème d'Euclide, il existe un nombre premier q_0 tel que $q_0 > k + 1$. On considère alors

$$a \stackrel{\text{déf}}{=} \prod_{j=1}^{q_0-2} (q_0^2 - j^2).$$

Il est clair que $(a, q_0) = 1$, d'où, d'après le théorème de Dirichlet, il existe un nombre premier $p_0 > q_0$ tel que $p_0 = am + q_0$ pour un certain $m \in \mathbb{N}$. Mais pour chaque $j = 1, 2, \ldots, k$, on a

$$p_0 \pm j = am + q_0 \pm j,$$

lesquels nombres sont composés.

5.2 Les inégalités de Tchebycheff

Au chapitre 2, on a présenté la fonction $\pi(x)$, qui compte le nombre de nombres premiers $p \leq x$. Euclide a démontré (voir théorème 2.10) que $\lim_{x \to \infty} \pi(x) = +\infty$. On a également démontré au chapitre 2 un résultat un peu plus fort, soit que $\pi(x) \geq \log \log x$ pour $x \geq 2$. En observant les tables de nombres premiers, Legendre avait conjecturé que l'ordre de grandeur de $\pi(x)$ était $x/\log x$. Plus précisément, il croyait qu'il existe une constante $C > 0$ telle que

$$\lim_{x \to \infty} \frac{\pi(x)}{x/(\log x - C)} = 1,$$

(en fait, il avançait la constante $C = 1,08366...$) ce qui voulait dire, entre autres, que[4]

$$\pi(x) \sim \frac{x}{\log x}. \tag{5.2}$$

À l'âge de 15 ans, Gauss conjecturait que

$$\pi(x) \sim \mathrm{Li}(x) \stackrel{\text{déf}}{=} \int_2^x \frac{dt}{\log t}.$$

Puisque

$$\int_2^x \frac{dt}{\log t} = \frac{x}{\log x} - \frac{2}{\log 2} + \int_2^x \frac{dt}{\log^2 t}$$

et que

$$0 < \int_2^x \frac{dt}{\log^2 t} = \int_2^{\sqrt{x}} \frac{dt}{\log^2 t} + \int_{\sqrt{x}}^x \frac{dt}{\log^2 t}$$
$$< \frac{\sqrt{x}-2}{\log^2 2} + \frac{x - \sqrt{x}}{\frac{1}{4}\log^2 x} < \frac{\sqrt{x}}{\log^2 2} + \frac{4x}{\log^2 x},$$

on a

$$0 < \frac{\int_2^x \frac{dt}{\log^2 t}}{\frac{x}{\log x}} < \frac{\log x}{\sqrt{x} \cdot \log^2 2} + \frac{4}{\log x}.$$

De cela on déduit facilement que $\mathrm{Li}(x) \sim x/\log x$. On trouvera à l'annexe B un tableau comparatif des valeurs de $\pi(x)$, de $x/\log x$ et de $\mathrm{Li}(x)$. L'estimation (5.2) est précisément ce que l'on appelle aujourd'hui le *théorème des nombres premiers*, résultat déjà établi empiriquement par Legendre et Gauss au XVIIIe siècle. Ce n'est toutefois qu'en 1896 qu'il fut démontré pour la première fois, soit indépendamment par J. Hadamard[5] et C.J. de La Vallée-Poussin. Leurs démonstrations utilisaient des méthodes d'analyse complexe. En 1948, P. Erdös[6] et A. Selberg[7] obtinrent des démonstrations

---

4. Par $f(x) \sim g(x)$, on entend $\lim\limits_{x \to \infty} \frac{f(x)}{g(x)} = 1$.
5. Jacques Hadamard (1865–1963), mathématicien français, était professeur à l'École polytechnique et au Collège de France. Ses travaux ont porté surtout sur l'analyse : singularités de fonctions, calcul fonctionnel, applications de l'analyse en théorie des nombres, etc.
6. ERDÖS, P. «On a New Method in Elementary Number Theory which leads to an Elementary Proof of the Prime Number Theorem», *Proc. Nat. Acad. Sci.*, Washington, vol. 35, 1949, p. 374–383.
7. SELBERG, A. «An Elementary Proof of the Prime Number Theorem», *Ann. Math.*, vol. 50, 1949, p. 303–313.

élémentaires (c'est-à-dire des démonstrations qui ne font appel qu'à l'analyse réelle) du théorème des nombres premiers. Toutes ces démonstrations ne sont pas vraiment du niveau de notre présentation. Aussi, nous allons plutôt établir un résultat un peu plus faible mais certes d'un intérêt marqué; il s'agit des *inégalités de Tchebycheff*, déjà mentionnées au chapitre 2.

Avant de démontrer ces inégalités, on établit un lemme ayant trait à l'ordre de grandeur de $\binom{2n}{n}$.

Lemme 5.1 *Pour chaque entier $n \geq 1$, on a*

$$2^n \leq \binom{2n}{n} \leq 2^{2n}.$$

DÉMONSTRATION   En utilisant le théorème du binôme, on obtient

$$\binom{2n}{n} \leq (1+1)^{2n} = 2^{2n}.$$

Par ailleurs,

$$\binom{2n}{n} = \frac{(2n)!}{n!\, n!} = \prod_{j=1}^{n} \frac{n+j}{j} \geq \prod_{j=1}^{n} 2 = 2^n,$$

ce qui démontre le lemme. ∎

Nous sommes maintenant prêts à démontrer les inégalités de Tchebycheff[8].

Théorème 5.2 (Inégalités de Tchebycheff)   *Pour chaque $x \geq 2$, on a*

$$\frac{\log 2}{4} \frac{x}{\log x} < \pi(x) < 9 \log 2 \frac{x}{\log x}. \tag{5.3}$$

DÉMONSTRATION

PARTIE I. On démontre d'abord l'inégalité de gauche de (5.3). Soit n un entier positif et soit p^{α_p} la plus grande puissance de p qui divise $\binom{2n}{n}$. D'après le théorème 4.2, on a

$$\alpha_p = \sum_{i=1}^{\infty} \left(\left[\frac{2n}{p^i} \right] - 2 \left[\frac{n}{p^i} \right] \right).$$

---

8. La démonstration donnée ici est celle présentée dans le livre de Niven et Zuckerman : *An Introduction to the Theory of Numbers*, New York, John Wiley & Sons, 1979.

Soit maintenant β_p le plus grand entier β tel que $p^\beta \leq 2n$. Il est clair que $\left[\frac{2n}{p^i}\right] - 2\left[\frac{n}{p^i}\right] = 0$ si $i > \beta_p$. De plus, puisque, pour tout $y \in \mathbb{R}$, on a $[2y] - 2[y] \leq 1$, on a $\left[\frac{2n}{p^i}\right] - 2\left[\frac{n}{p^i}\right] \leq 1$ pour chaque $i \in \mathbb{N}$. On peut donc en conclure que

$$\alpha_p \leq \sum_{i=1}^{\beta_p} 1 = \beta_p.$$

Il en résulte que

$$\binom{2n}{n} \leq \prod_{p \leq 2n} p^{\beta_p}. \tag{5.4}$$

Par ailleurs, si $n < p \leq 2n$, alors $p|(2n)!$ et $p \nmid n!$, de sorte que l'on a

$$\prod_{n < p \leq 2n} p \ \bigg| \ \binom{2n}{n},$$

et donc, en combinant ce qui précède avec (5.4), on obtient

$$\prod_{n < p \leq 2n} p \leq \binom{2n}{n} \leq \prod_{p \leq 2n} p^{\beta_p} \leq \prod_{p \leq 2n} 2n,$$

ce qui entraîne que

$$n^{\pi(2n)-\pi(n)} \leq \binom{2n}{n} \leq (2n)^{\pi(2n)}.$$

Ces inégalités combinées avec celles du lemme 5.1 donnent

$$n^{\pi(2n)-\pi(n)} \leq 2^{2n}$$

et

$$(2n)^{\pi(2n)} \geq 2^n.$$

D'où, en prenant les logarithmes de chaque côté de ces inégalités, on obtient

$$\pi(2n) - \pi(n) \leq \frac{2n \log 2}{\log n} \quad \text{si } n \geq 2 \tag{5.5}$$

et

$$\pi(2n) \geq \frac{n \log 2}{\log(2n)}. \tag{5.6}$$

Étant donné $x \geq 2$, on choisit $n \in \mathbb{N}$ de telle sorte que

$$n \leq \frac{x}{2} < n+1.$$

Il s'ensuit que, en mettant à contribution (5.6),

$$\pi(x) \geq \pi(2n) \geq \frac{n \log 2}{\log(2n)} \geq \frac{n \log 2}{\log x} \geq \frac{(2n+2) \log 2}{4 \log x} > \frac{\log 2}{4} \frac{x}{\log x},$$

d'où l'inégalité de gauche de (5.3).

PARTIE II. Pour démontrer l'inégalité de droite de (5.3), on se donne un nombre réel $y \geq 4$ arbitraire et on choisit $n \in \mathbb{N}$ de telle sorte que $n-1 < (y/2) \leq n$. Avec un tel choix de n et en utilisant l'inégalité (5.5), on obtient

$$\pi(y) - \pi(y/2) \leq \pi(2n) - \pi(n) + 1 \leq \frac{2n \log 2}{\log n} + 1$$
$$\leq \frac{(y+2) \log 2}{\log(y/2)} + 1 \leq \frac{2(y+2) \log 2}{\log y} + 1$$
$$\leq \frac{3y \log 2}{\log y} + 1 < \frac{4y \log 2}{\log y}.$$

On a ainsi démontré que, pour $y \geq 4$,

$$\pi(y) - \pi(y/2) < (4 \log 2) \frac{y}{\log y}. \tag{5.7}$$

Par ailleurs, il est évident que $\pi(y) - \pi(y/2) \leq 2$ pour $2 \leq y < 4$; de plus, la fonction $y/\log y$ atteint sa valeur minimale en $y = e$; c'est pourquoi on a

$$\pi(y) - \pi(y/2) \leq \frac{(2/e)y}{\log y}$$

lorsque $2 \leq y < 4$. Or, comme $2/e < 4 \log 2$, on peut conclure que (5.7) est valable pour tout $y \geq 2$. Ainsi, pour chaque $y \geq 2$, on a

$$\pi(y) \log y - \pi(y/2) \log(y/2) = (\pi(y) - \pi(y/2)) \log y + \pi(y/2) \log 2$$
$$< 4y \log 2 + \frac{y}{2} \log 2 = \frac{9}{2} y \log 2. \tag{5.8}$$

Soit maintenant un nombre réel $x \geq 2$ arbitraire. On choisit $r \in \mathbb{N}$ de telle sorte que $2^{r+1} \leq x < 2^{r+2}$. En remplaçant dans (5.8) y par x, ensuite par $x/2, x/2^2, \ldots, x/2^r$, on obtient $(r+1)$ inégalités. En additionnant toutes ces inégalités et en tenant compte du fait que $\pi(x/2^{r+1}) = 0$, on obtient, après avoir fait toutes les simplifications qui s'imposent,

$$\pi(x)\log x < \frac{9}{2}\left(x + \frac{x}{2} + \cdots + \frac{x}{2^r}\right)\log 2 < (9\log 2)x,$$

ce qui démontre l'inégalité de droite de (5.3). ∎

Remarque Il est possible de démontrer[9] que, pour $x \geq 52$, on a

$$\frac{x}{\log x}\left(1 + \frac{1}{2\log x}\right) < \pi(x) < \frac{x}{\log x}\left(1 + \frac{3}{2\log x}\right).$$

Les inégalités de Tchebycheff nous permettent de donner l'ordre de grandeur du n-ième nombre premier, comme on peut le voir dans le résultat suivant.

Théorème 5.3 *Pour $n \geq 2$,*

$$\frac{n\log n}{9\log 2} < p_n < \frac{8n\log n}{\log 2}. \tag{5.9}$$

DÉMONSTRATION D'après le théorème 5.2, on a, pour chaque $n \geq 1$,

$$n = \pi(p_n) < (9\log 2)\frac{p_n}{\log p_n},$$

d'où la première inégalité de (5.9). Par ailleurs, on peut vérifier que la fonction $f(x) = (\log x)/\sqrt{x}$ est décroissante pour $x > e^2$ et que $f(e^9) < (\log 2)/4$. Donc, si $x \geq e^9$, on a $(\log x)/\sqrt{x} < (\log 2)/4$. Il s'ensuit que, si $p_n \geq e^9$, on a

$$\frac{\log p_n}{\sqrt{p_n}} < \frac{\log 2}{4}.$$

D'autre part, d'après le théorème 5.2, on a, pour chaque $n \geq 1$,

$$n = \pi(p_n) > \frac{\log 2}{4}\frac{p_n}{\log p_n}.$$

En combinant ces deux dernières inégalités, on obtient que, si $p_n \geq e^9$, alors

$$\frac{\log p_n}{\sqrt{p_n}} < \frac{\log 2}{4} < \frac{n\log p_n}{p_n}, \tag{5.10}$$

---

9. Voir TENENBAUM, G. *Introduction à la théorie analytique des nombres*, Université de Nancy I, 1991, p. 22.

ce qui implique, entre autres, que $\sqrt{p_n} < n$ et ainsi que

$$\log p_n < 2 \log n. \tag{5.11}$$

De (5.10) et (5.11) on déduit que, si $p_n \geq e^9$, alors

$$\frac{\log 2}{4} p_n < n \log p_n < 2n \log n,$$

et ainsi l'inégalité de droite de (5.9) est vérifiée pour $p_n \geq e^9$. Avec un peu de patience, on peut vérifier que cette inégalité est aussi vraie pour $2 \leq p_n < e^9$. Voilà qui termine la preuve du théorème 5.3. ∎

Remarque En utilisant des estimations non triviales sur la fonction zêta de Riemann, on peut démontrer[10] que si $n > 3$, alors

$$n \log n + n \log \log n - 10n < p_n < n \log n + n \log \log n + 8n.$$

Remarque J. Bertrand énonça en 1845 que pour tout nombre naturel $n > 3$, il existe un nombre premier p satisfaisant $n < p < 2n - 2$. Il vérifia cet énoncé pour $n < 3\,000\,000$. C'est Tchebycheff qui fut le premier, en 1850, à fournir une preuve rigoureuse de ce résultat[11].

Terminons cette section par le postulat de Bertrand. La plupart des traités de théorie des nombres en citent pour preuve celle due à Erdös[12]. C'est cette preuve que nous avons choisi de présenter ici; elle repose sur le lemme suivant.

Lemme 5.4 *Si* $n \geq 1$, *alors* $\displaystyle\prod_{p \leq n} p < 4^n$.

DÉMONSTRATION On procède par induction. Le résultat est immédiat pour $n = 1, 2$. On suppose qu'il est vrai pour $1, 2, \ldots, n-1$ avec $n \geq 3$. Il va de soi que l'on

---

10. Voir ROSSER, B. «The n-th Prime is Greater than $n \log n$», *Proc. London Math. Soc.*, vol. 49, 1939, p. 21–44.
11. Concernant ce résultat, voir BERTRAND, J. «Mémoire sur le nombre de valeurs que peut prendre une fonction quand on y permute les lettres qu'elle renferme», *Journal de l'École polytechnique*, vol. 30, 1845, p. 123–140. Également TCHEBYCHEFF, P.L. «Mémoire sur les nombres premiers», *St. Pet. Ac. Mm.*, vol. 7, 1854, p. 17–33.
12. ERDÖS, P. «Beweis eines Satzes von Tschebycheff», *Acta Litt. Sci. Reg. Univ. Hunga. Fr. Jos. Sci. Math.*, vol. 5, 1932, p. 194–198.

peut supposer que n est impair. Soit $n = 2m + 1$. Alors, pour tout nombre premier p satisfaisant $m + 2 \leq p \leq 2m + 1$, on a que p divise $\binom{2m+1}{m}$. C'est pourquoi

$$\prod_{p \leq 2m+1} p \leq \binom{2m+1}{m} \prod_{p \leq m+1} p < \binom{2m+1}{m} 4^{m+1},$$

par l'hypothèse d'induction. Or,

$$\binom{2m+1}{m} + \binom{2m+1}{m+1} = 2\binom{2m+1}{m} \leq (1+1)^{2m+1},$$

ce qui signifie que

$$\binom{2m+1}{m} \leq \frac{1}{2} 2^{2m+1} = 4^m.$$

On en conclut que

$$\prod_{p \leq 2m+1} p < 4^m \cdot 4^{m+1} = 4^{2m+1},$$

ce qui donne le résultat. ∎

Théorème 5.5 (Postulat de Bertrand) *Pour tout entier positif n, il existe un nombre premier p satisfaisant $n < p \leq 2n$.*

DÉMONSTRATION   Le résultat est évidemment vrai pour $n \leq 7$. Supposons que le résultat est faux pour un certain $n \geq 8$. D'après les définitions de α_p et de β_p données dans la démonstration du théorème 5.2, on a, d'après l'hypothèse,

$$\binom{2n}{n} = \prod_{p \leq 2n} p^{\alpha_p} = \prod_{p \leq n} p^{\alpha_p}, \quad \text{avec} \quad \alpha_p \leq \beta_p. \tag{5.12}$$

Or, pour tout nombre premier p vérifiant $2n/3 < p \leq n$, on a, pour $p \geq 3$,

$$p^2 = p \cdot p > \frac{2}{3} np \geq 2n,$$

et ainsi $1 \leq n/p < 3/2$ et $2 \leq 2n/p < 3$. Dans ce cas, on en déduit que

$$\alpha_p = \left[\frac{2n}{p}\right] - 2\left[\frac{n}{p}\right] = 2 - 2 = 0$$

et ainsi tout nombre premier p satisfaisant $2n/3 < p \leq n$ est tel que $p \nmid \binom{2n}{n}$.

De plus, pour tout nombre premier p satisfaisant $\sqrt{2n} < p \leq 2n/3$, on a $p^2 > 2n$ et ainsi $\beta_p = 1$ et $\alpha_p \leq 1$. Finalement, pour tout nombre premier p satisfaisant $p \leq \sqrt{2n}$, on a $p^{\alpha_p} \leq 2n$. En utilisant (5.12), on obtient alors

$$\binom{2n}{n} = \prod_{p \leq \sqrt{2n}} p^{\alpha_p} \prod_{\sqrt{2n} < p \leq \frac{2n}{3}} p^{\alpha_p} \prod_{\frac{2n}{3} < p \leq n} p^{\alpha_p}$$

$$\leq \prod_{p \leq \sqrt{2n}} 2n \prod_{p \leq \frac{2n}{3}} p.$$

Puisque $\sqrt{2n} \geq 4$ et comme 1 et 4 ne sont pas des nombres premiers, alors le produit des nombres premiers p tels que $p \leq \sqrt{2n}$ a au plus $\sqrt{2n} - 2$ facteurs. C'est pourquoi on a, en faisant appel au lemme 5.4,

$$\binom{2n}{n} \leq (2n)^{\sqrt{2n}-2} \cdot 4^{2n/3}. \tag{5.13}$$

Puisque $\binom{2n}{n}$ est le plus grand des $2n+1$ termes de $(1+1)^{2n}$, on obtient $(2n+1)\binom{2n}{n} > 2^{2n}$, et puisque $4n^2 > 2n+1$, on a

$$4n^2 \binom{2n}{n} > 2^{2n}, \text{ ce qui implique que } \binom{2n}{n} > 2^{2n}(2n)^{-2}.$$

En utilisant cette dernière inégalité et l'équation (5.13), on déduit que

$$2^{2n}(2n)^{-2} < (2n)^{\sqrt{2n}-2} \cdot 4^{2n/3},$$

ce qui est équivalent à

$$2^{2n/3} < (2n)^{\sqrt{2n}}.$$

En prenant le logarithme de cette dernière inégalité et en divisant par $\sqrt{2n}$, on obtient

$$\frac{1}{3}\sqrt{2n}\log 2 < \log 2n. \tag{5.14}$$

Or, $\frac{1}{3}\sqrt{2n}\log 2 - \log 2n$ est positif si $n = 450$. En considérant cette dernière expression comme une fonction dérivable en x, on observe que

$$\frac{d}{dx}\left(\frac{1}{3}\sqrt{2x}\log 2 - \log 2x\right) = \frac{\log 2}{3\sqrt{2x}} - \frac{1}{x} > 0,$$

pour $x \geq 38$; il s'ensuit que l'inégalité (5.14) est fausse pour $n \geq 450$ et ainsi que le théorème est vrai pour $n \geq 450$. Pour compléter la preuve, il suffit de trouver un nombre premier p tel que $n < p \leq 2n$ pour chaque entier $n \in [8, 449]$, ce qui se vérifie assez facilement. ∎

5.3 Des sommes restreintes à la suite des nombres premiers

Lemme 5.6 *Pour chaque entier $k \geq 1$, on a*

$$\log k < \sum_{n=1}^{k} \frac{1}{n} \leq \log k + 1. \tag{5.15}$$

DÉMONSTRATION   Pour $k = 1$, le résultat est immédiat. Pour $k \geq 2$, on compare la surface sous la courbe $f(x) = 1/x$ avec celle sous la courbe $f(x) = 1/[x]$, et on obtient

$$\sum_{n=2}^{k} \frac{1}{n} \leq \int_{1}^{k} \frac{dt}{t} \leq \sum_{n=1}^{k-1} \frac{1}{n},$$

d'où

$$\sum_{n=1}^{k} \frac{1}{n} - 1 \leq \log k \leq \sum_{n=1}^{k} \frac{1}{n} - \frac{1}{k},$$

ce qui entraîne que

$$\log k < \log k + \frac{1}{k} \leq \sum_{n=1}^{k} \frac{1}{n} \leq \log k + 1;$$

d'où le résultat. ∎

Remarque   On peut démontrer que si $x \in \mathbb{R}$, $x \geq 1$, on a

$$\left| \sum_{n \leq x} \frac{1}{n} - \log x \right| \leq 1. \tag{5.16}$$

Par ailleurs, en raffinant la démonstration mentionnée ci-dessus, on arrive à prouver qu'il existe un nombre réel γ (appelé *constante d'Euler-Mascheroni*) tel que

$$\gamma = \lim_{N \to \infty} \left(\sum_{n=1}^{N} \frac{1}{n} - \log N \right) = 0{,}577\,215\,664\,901\,532\,860\ldots.$$

104 La distribution des nombres premiers

Il découle facilement de (5.16) que

$$\sum_{n \leq x} \frac{1}{n} \sim \log x. \tag{5.17}$$

On peut se demander s'il existe une relation analogue pour $\sum_{p \leq x} 1/p$. Il en existe effectivement une et nous allons montrer qu'il découle des inégalités de Tchebycheff que l'ordre de grandeur de $\sum_{p \leq x} 1/p$ est $\log \log x$.

Théorème 5.7 *Pour $x \geq 3$, il existe deux constantes positives c_1 et c_2 telles que*

$$c_1 \log \log x < \sum_{p \leq x} \frac{1}{p} < c_2 \log \log x. \tag{5.18}$$

DÉMONSTRATION   Soit $x \geq 3$. Comme

$$\pi(n) - \pi(n-1) = \begin{cases} 1 & \text{si } n \text{ est premier,} \\ 0 & \text{autrement,} \end{cases}$$

on a

$$\sum_{p \leq x} \frac{1}{p} = \sum_{2 \leq n \leq x} \frac{\pi(n) - \pi(n-1)}{n} = \sum_{2 \leq n \leq x} \pi(n) \left(\frac{1}{n} - \frac{1}{n+1} \right) + \frac{\pi(x)}{[x]+1}$$

$$= \sum_{2 \leq n \leq x} \frac{\pi(n)}{n(n+1)} + \frac{\pi(x)}{[x]+1}. \tag{5.19}$$

Il découle du théorème 5.2 que, pour chaque $x \geq 2$, on a

$$\frac{\log 2}{4(\log n)} < \frac{\pi(n)}{n} < \frac{9 \log 2}{\log n}. \tag{5.20}$$

Il s'ensuit que

$$\frac{\log 2}{4} \sum_{2 \leq n \leq x} \frac{1}{(n+1) \log n} < \sum_{2 \leq n \leq x} \frac{\pi(n)}{n(n+1)}$$

$$< 9 \log 2 \sum_{2 \leq n \leq x} \frac{1}{(n+1) \log n}. \tag{5.21}$$

Par ailleurs, en procédant comme dans la démonstration du lemme 5.6, on arrive à prouver une relation analogue à (5.16), soit que

$$\left| \sum_{2 \leq n \leq x} \frac{1}{(n+1) \log n} - \log \log x \right| < c, \tag{5.22}$$

Riemann fut professeur à Göttingen et succéda à Dirichlet sur la chaire de Gauss en 1859. Il fut l'élève de Jacobi, de Dirichlet et de Gauss. Sa santé fragile eut raison de lui. À 39 ans, il fut emporté par la tuberculose. Il s'est intéressé aux séries de Fourier, aux équations aux dérivées partielles, à la physique mathématique et aussi à la géométrie. Il a écrit seulement un article en théorie des nombres qui, même s'il ne fait que huit pages, est une des plus importantes publications du XIXe siècle.

Georg Friedrich Bernhard Riemann
(1826–1866)

pour une certaine constante $c > 0$. Ainsi, en combinant (5.19), (5.20), (5.22) et (5.23) et en utilisant à nouveau le théorème 5.2 pour évaluer $\pi(x)/([x]+1)$, on obtient les inégalités (5.18). ∎

Remarque Si on tient pour acquis le théorème des nombres premiers sous la forme $\pi(x) \sim x/\log x$, alors, on peut assez facilement, en utilisant (5.19), obtenir un résultat beaucoup plus puissant, soit que

$$\sum_{p \leq x} \frac{1}{p} \sim \log \log x.$$

5.4 La fonction zêta de Riemann

Terminons ce chapitre en mentionnant quelques propriétés de la fonction zêta de Riemann, fonction qui, depuis le milieu du XIXe siècle, est devenue indissociable du problème de la distribution des nombres premiers. On la note par $\zeta(s)$ et on la définit pour $s > 1$ par

$$\zeta(s) = \sum_{n=1}^{\infty} \frac{1}{n^s}.$$

Elle fut d'abord introduite par Euler au XVIIIe siècle. Ce dernier avait observé que pour $s > 1$ réel

$$\zeta(s) = \sum_{n=1}^{\infty} \frac{1}{n^s} = \prod_p \left(1 + \frac{1}{p^s} + \frac{1}{p^{2s}} + \frac{1}{p^{3s}} + \cdots \right), \qquad (5.23)$$

où le produit est infini et parcourt tous les nombres premiers p. Cette relation se démontre de la façon suivante. Soit $P(x) = \prod_{p \leq x}(1 - p^{-s})^{-1}$. Alors,

$$P(x) = \prod_{p \leq x} \sum_{k=0}^{\infty} \frac{1}{p^{ks}}.$$

Puisque cette série converge absolument, on peut reformuler l'expression de droite comme une somme de termes de la forme $(q_1^{a_1} \ldots q_r^{a_r})^s = m^s$. Par le théorème fondamental de l'arithmétique, tout entier est déterminé de façon unique par sa représentation comme produit de nombres premiers; il s'ensuit alors que

$$P(x) = {\sum}' \frac{1}{m^s},$$

où l'apostrophe indique que la somme se fait sur les entiers m n'ayant aucun facteur premier $> x$. On en déduit que

$$\zeta(s) - P(x) = {\sum}^* \frac{1}{m^s},$$

où l'astérisque indique que la somme de droite se fait sur tous les entiers m ayant au moins un facteur premier $> x$. En conséquence,

$$\zeta(s) - P(x) \leq \sum_{m \geq x} \frac{1}{m^s}$$

et, puisque $\zeta(s)$ converge pour $s > 1$ et que $\sum_{m \geq x}(1/m^s) \to 0$ lorsque $x \to \infty$, la conclusion suit.

Déjà, la relation (5.23) nous indique qu'il existe une relation entre la fonction zêta et les nombres premiers. En fait, il existe un rapport encore plus tangible entre la fonction $\zeta(s)$ et la fonction $\pi(x)$, ainsi qu'en témoigne le résultat suivant.

Théorème 5.8 *Pour tout nombre réel $s > 1$,*

$$\log \zeta(s) = s \int_2^{\infty} \frac{\pi(x)}{x(x^s - 1)} \, dx. \tag{5.24}$$

DÉMONSTRATION   Tout d'abord, on remarque que l'identité d'Euler (5.23) peut aussi s'écrire sous la forme

$$\zeta(s) = \prod_p \left(1 - \frac{1}{p^s}\right)^{-1}.$$

C'est pourquoi, si $s > 1$,

$$\log \zeta(s) = -\sum_p \log\left(1 - \frac{1}{p^s}\right) = -\sum_{n=2}^{\infty} (\pi(n) - \pi(n-1)) \log\left(1 - \frac{1}{n^s}\right)$$

$$= -\lim_{k \to \infty} \sum_{n=2}^{k} \pi(n) \left(\log\left(1 - \frac{1}{n^s}\right) - \log\left(1 - \frac{1}{(n+1)^s}\right)\right)$$

$$- \lim_{k \to \infty} \pi(k) \log\left(1 - \frac{1}{(k+1)^s}\right)$$

$$= \lim_{k \to \infty} \sum_{n=2}^{k} \pi(n) \int_n^{n+1} \frac{d}{dx} \log(1 - x^{-s})\, dx,$$

car, pour $k \geq 2$, on a $\log(1 - (k+1)^{-s}) < 2(k+1)^{-s}$ si $s > 1$, ainsi que $\pi(k) < k$. On obtient donc que

$$\log \zeta(s) = s \sum_{n=2}^{\infty} \pi(n) \int_n^{n+1} \frac{dx}{x(x^s - 1)}$$

$$= s \sum_{n=2}^{\infty} \int_n^{n+1} \frac{\pi(x)}{x(x^s - 1)}\, dx = s \int_2^{\infty} \frac{\pi(x)}{x(x^s - 1)}\, dx,$$

ce qui prouve (5.24). ∎

Remarque En soi, la relation (5.24) est de peu d'utilité, car elle ne permet pas d'établir une estimation relativement précise de $\pi(x)$. Il faut pour cela suivre une autre méthode. C'est ce que fit Bernhard Riemann au milieu du XIXe siècle en étudiant la fonction $\zeta(s)$ lorsque l'argument s est une variable complexe. La fonction zêta devient alors beaucoup plus importante et c'est pour cela que l'histoire a jugé bon de lui juxtaposer le nom de Riemann. Dans un article très célèbre rédigé en 1859[13], Riemann prétend fournir une preuve du théorème des nombres premiers sous la forme

$$\pi(x) \sim \text{Li}(x) = \int_2^x \frac{dt}{\log t}.$$

Malheureusement, sa preuve est inexacte. Toutefois, les méthodes qu'il utilise, en particulier la théorie des fonctions d'une variable complexe et les techniques d'inversion de Fourier, s'avèrent tout à fait innovatrices pour l'époque. D'autre part, l'élément

---

13. RIEMANN, B. «Ueber die Anzhal Primzahlen unter eine gegebenen Grösse», *Monat. Preuss. Akad. Wiss.*, Berlin, 1859, p. 671-680.

le plus sensationnel de son document est certes sa fameuse conjecture sur les zéros de la fonction zêta. Voici en quoi elle consiste. On peut démontrer que la fonction zêta, définie originellement par $\zeta(s) = \sum_{n=1}^{\infty}(1/n^s)$ pour des valeurs de $s \in \mathbb{C}$ telles que $\Re(s) > 1$, peut être «prolongée analytiquement» à tout le plan complexe (sauf à $s = 1$). Or, il arrive que la distribution des zéros de $\zeta(s)$ (c'est-à-dire les points s pour lesquels $\zeta(s) = 0$) joue un rôle fondamental en théorie analytique des nombres. Riemann a émis l'hypothèse que, outre les points $s = -2n$, avec $n \in \mathbb{N}$, où on sait que $\zeta(s)$ s'annule, les seuls autres zéros de la fonction zêta sont situés sur la droite $\Re(s) = \frac{1}{2}$. Cette conjecture est connue aujourd'hui sous le nom d'*hypothèse de Riemann*. Plus de 140 ans après avoir été émise, elle n'a pas encore été démontrée. Si elle se révélait vraie, cela fournirait, entre autres, une estimation convenable pour la différence $\pi(x) - \text{Li}(x)$, outre qu'elle réglerait le sort de plusieurs autres conjectures de la théorie des nombres [14].

Exercices sur le chapitre 5

1. Montrer qu'il existe des constantes positives c_1 et c_2 telles que, si $k > 1$,

$$c_1 k^2 \log k < \sum_{i=1}^{k} p_i < c_2 k^2 \log k.$$

2. Démontrer la formule suivante (due à Legendre, 1752–1833) :

$$\pi(x) = \pi(\sqrt{x}) + \sum_{n | p_1 \ldots p_r} \mu(n) \left[\frac{x}{n}\right] - 1,$$

où $r = \pi(\sqrt{x})$.

3. Montrer l'équivalence du théorème des nombres premiers avec chacune des affirmations suivantes :
   a) $\theta(x) = \sum_{p \leq x} \log p \sim x$.
   b) $p_n \sim n \log n$.

---

[14]. Il existe essentiellement quatre livres d'importance qui traitent entièrement de la fonction zêta. Ce sont, dans l'ordre chronologique, ceux écrits par E.C. Titchmarsh (*The Theory of the Riemann Zeta Function*, Oxford, 1951), H.M. Edwards (*Riemann Zeta Function*, New York, Academic Press, 1974), A. Ivic (*The Riemann Zeta Function*, New York, John Wiley & Sons, 1985) et S.J. Patterson (*An Introduction to the Theory of the Riemann Zeta Function*, Cambridge, Cambridge University Press, 1988). Le plus complet est certes celui de A. Ivic. Par ailleurs, un court exposé sur les progrès récents dans l'étude de la fonction zêta a été publié par J.M. de Koninck («Développements récents dans l'étude de la fonction zêta de Riemann», *Gazette Sci. Math. Québec*, vol. 13, 1989, p. 2–19).

4. Démontrer qu'il existe un intervalle de la forme $[n^2, (n+1)^2]$ qui contient au moins 1000 nombres premiers.

5. Utiliser le théorème des nombres premiers pour démontrer que l'ensemble des nombres de la forme p/q (où p et q sont premiers) est dense dans l'ensemble des nombres réels positifs.

6. Montrer que la somme des inverses de nombres premiers distincts ne peut donner un entier.

Problèmes à résoudre à l'ordinateur

7. Écrire un programme pour établir la liste et le nombre de nombres premiers situés entre deux entiers donnés. Par exemple, on constate qu'il y a 127 premiers entre 2000 et 3000, 491 premiers entre 23 000 et 28 000 et 187 premiers entre 48 000 et 50 000.

8. Écrire un programme pour déterminer le premier nombre premier plus grand que $10^{100} + 1$.

9. Écrire un programme qui détermine approximativement la valeur de $\sum(1/p)$, où la sommation est sur tous les nombres premiers p tels que p et $p+2$ sont premiers.

10. Écrire un programme pour comparer les valeurs de $\pi(x)$ et de $x/\log x$.

Chapitre 6
Les équations diophantiennes

6.1 Introduction

Une *équation diophantienne* est une équation algébrique comportant une ou plusieurs inconnues et pour laquelle on cherche à connaître, s'il y en a, des solutions entières. Il s'agit là d'un sujet qui fut d'abord étudié par Diophante[1]. Ainsi, étudier l'équation diophantienne $x^2 + y^2 = z^2$ revient à chercher tous les triangles rectangles dont les longueurs des côtés sont à valeurs entières. Les triangles rectangles occupent une place importante dans *Arithmétiques*, l'œuvre principale de Diophante. Redécouvert au XVe siècle, ce livre joue un rôle de premier plan dans l'histoire de la théorie des nombres. D'abord rédigé, bien sûr, en grec, il fut ensuite traduit en latin par Xylander.

En 1621, Bachet de Meziriac publiait le texte grec de Diophante et une nouvelle traduction latine qui reproduisait celle de Xylander. Dans ce nouveau texte latin, certaines erreurs furent corrigées et quelques généralisations, ajoutées. On sait d'autre part que Fermat avait mis la main sur un exemplaire de la traduction latine. C'est d'ailleurs dans ce manuscrit que Fermat griffonna dans la marge des remarques désormais célèbres ; c'est tout probablement à la lecture de l'ouvrage de Bachet qu'il fut pris d'enthousiasme pour l'analyse diophantienne.

6.2 L'équation $ax + by = c$

Avant d'aborder l'équation $ax + by = c$ en tant que telle, voici un résultat préliminaire, qui est en quelque sorte un raffinement du théorème 3.17.

---

1. Diophante vécut probablement aux alentours du IIIe siècle après J.-C.

Théorème 6.1 *La congruence* $ax \equiv b \pmod{m}$ *possède exactement une solution si* $(a,m) = 1$. *Plus généralement, si* $d = (a,m)$, *alors*

$$ax \equiv b \pmod{m}$$

possède au moins une solution si et seulement si $d|b$, *auquel cas elle possède exactement d solutions, lesquelles sont données par*

$$x \equiv x_0 + \frac{km}{d} \pmod{m}, \qquad k = 0, 1, 2, \ldots, d-1,$$

où x_0 est une solution particulière de la congruence $\frac{a}{d} x \equiv \frac{b}{d} \pmod{\frac{m}{d}}$.

DÉMONSTRATION
Cas 1. Si $(a,m) = 1$, il suffit de prendre

$$x_0 = a^{\phi(m)-1} b.$$

Il est clair que $x = x_0$ est une solution de $ax \equiv b \pmod{m}$. Si $x = x^*$ est une autre solution de $ax \equiv b \pmod{m}$, alors on a

$$ax^* - ax_0 \equiv b - b \equiv 0 \pmod{m},$$

et donc $a(x^* - x_0) \equiv 0 \pmod{m}$, ce qui veut dire que $x^* \equiv x_0 \pmod{m}$. C'est pourquoi la solution $x = x_0$ est la solution unique modulo m de $ax \equiv b \pmod{m}$. Ainsi, toutes les solutions sont données par $x = x_0 + jm$, où $j = 0, \pm 1, \pm 2, \ldots$.
Cas 2. Si $(a,m) = d > 1$, on procède comme suit. Supposons d'abord que $d \nmid b$. Alors, comme $d|a$, on a que $d \nmid (ax - b)$, pour tout entier x. Cela entraîne que $m \nmid (ax - b)$, c'est-à-dire que $ax \not\equiv b \pmod{m}$. Supposons maintenant que $d|b$, alors $ax \equiv b \pmod{m}$ est résoluble si et seulement si on peut trouver un entier x tel que $m|(ax - b)$. Or, $d|m, d|a, d|b$ veut dire que

$$ax \equiv b \pmod{m} \iff (*) \quad \frac{a}{d} x \equiv \frac{b}{d} \pmod{\frac{m}{d}}.$$

Comme $(a/d, m/d) = 1$, on est ramené au cas 1 et on peut conclure qu'il existe une solution unique x_0 modulo m/d. Cela signifie que toutes les solutions de $(*)$ et donc celles de $ax \equiv b \pmod{m}$ sont données par

$$x = x_0 + j\frac{m}{d}, \qquad j = 0, \pm 1, \pm 2, \ldots, .$$

C'est ainsi que l'on constate aisément qu'il y a d solutions distinctes modulo m de $ax \equiv b \pmod{m}$. ∎

Exemple 6.2 La congruence $34x \equiv 60 \pmod{98}$ possède deux solutions, tandis que la congruence $12x \equiv 9 \pmod 6$ n'a pas de solution.

SOLUTION Puisque $(34, 98) = 2$ et $2|60$, la congruence a deux solutions. Par ailleurs, la solution de
$$17x \equiv 30 \pmod{49}$$
étant donnée par
$$x \equiv 30 \cdot 17^{\phi(49)-1} \equiv 30 \cdot 26 \equiv 45 \pmod{49},$$
on en conclut que les deux solutions sont $x \equiv 45,\ 94 \pmod{98}$.

Puisque $(12, 6) \nmid 9$, la seconde congruence ne possède pas de solution.

Théorème 6.3 *Soit a, b et c trois entiers donnés et soit $d = (a, b)$. Alors, l'équation diophantienne*
$$ax + by = c \tag{6.1}$$
possède des solutions entières si et seulement si $d|c$, auquel cas les solutions sont données par
$$x = x_0 + \frac{bt}{d}, \qquad y = y_0 - \frac{at}{d},$$
où t est un entier arbitraire et $x = x_0$, $y = y_0$ est une solution particulière de (6.1).

DÉMONSTRATION De toute évidence, on peut supposer que $ab \neq 0$. Soit $d = (a, b)$. Si $d = 1$, alors, d'après le théorème précédent, la congruence $ax \equiv c \pmod{|b|}$ a exactement une solution $x = x_0$ modulo $|b|$ et, de plus, toutes les solutions de cette dernière congruence sont données par $x = x_0 + bt$, où $t \in \mathbb{Z}$. Donc, en posant $x = x_0 + bt$ dans $ax + by = c$, on obtient
$$y = \frac{c - ax_0}{b} - at.$$
En posant $y_0 = (c - ax_0)/b$, on peut conclure que toutes les solutions de $ax + by = c$ sont données par
$$x = x_0 + bt, \qquad y = y_0 - at,$$
où $t \in \mathbb{Z}$ et x_0, y_0 sont des solutions particulières de $ax + by = c$.

Dans le cas où $d > 1$, il est clair que l'on doit avoir $d|c$, car autrement $ax + by = c$ ne possède pas de solution. Cette dernière équation peut alors s'écrire sous la forme
$$\left(\frac{a}{d}\right)x + \left(\frac{b}{d}\right)y = \frac{c}{d}.$$
Puisque $(a/d, b/d) = 1$, on est ramené au premier cas, ce qui achève la démonstration. ∎

Remarque Puisque l'ensemble solution de $ax+by=c$, avec $(a,b)=d$, est identique à l'ensemble solution de $(a/d)x+(b/d)y=(c/d)$, avec $((a/d),(b/d))=1$, il suffit de chercher les solutions de $ax+by=c$ lorsque $(a,b)=1$. Une solution particulière x_0, y_0 de $ax+by=c$ peut s'obtenir par les congruences ou le théorème 1.12. Dans ce dernier cas, on sait qu'il existe des entiers x^* et y^* tels que $ax^*+by^*=1$ ou tels que

$$a(cx^*)+b(cy^*)=c,$$

et la solution cherchée est donnée par

$$x=cx^*+bk, \quad y=cy^*-ak, \quad \text{avec} \quad k \in \mathbb{Z},$$

où $ax^*+by^*=1$.

Exemple 6.4 Trouver les solutions entières de $9x+15y=33$.

SOLUTION Puisque $(9,15)=3$ et $3|33$, des solutions entières de l'équation diophantienne existent. L'ensemble solution de cette équation est identique à l'ensemble solution de $3x+5y=11$. Or,

$$3x \equiv 11 \pmod{5} \iff x \equiv 2 \pmod{5},$$

c'est-à-dire $x=2+5k$, avec $k \in \mathbb{Z}$. On obtient ainsi $y=1-3k$.

Remarque Dans certains problèmes concernant les équations diophantiennes, la nature du problème suggéré fait que l'on n'a pas nécessairement avantage à chercher toutes les solutions entières mais seulement celles qui sont non négatives. Par exemple, les solutions entières positives de $9x+15y=33$ sont obtenues lorsque $-2/5 \leq k \leq 1/3$, c'est-à-dire lorsque $k=0$; la seule solution positive de l'équation est donc $x=2$, $y=1$.

6.3 L'équation $x^2+y^2=z^2$

Un des plus vieux de tous les problèmes diophantiens est la détermination de tous les triangles rectangles dont les côtés sont des entiers. Si x, y, z sont les longueurs des trois côtés avec z la longueur de l'hypoténuse, alors le théorème de Pythagore énonce que

$$x^2+y^2=z^2.$$

6.3 L'équation $x^2 + y^2 = z^2$

Remarque Bien que cette équation soit habituellement associée à l'école de Pythagore (vers 570 avant notre ère), il semble que les Babyloniens connaissaient la solution au moins 1000 ans avant celle de Pythagore.

L'équation
$$x^2 + y^2 = z^2$$
est appelée *équation pythagoricienne* et on recherche toutes les solutions entières de cette équation.

Définition 6.5 Une **solution primitive** x_1, y_1, z_1 de l'équation $x^2 + y^2 = z^2$ est une solution telle que $(x_1, y_1, z_1) = 1$.

Lemme 6.6 *Si x, y et z est une solution primitive de l'équation pythagoricienne, alors :*

a) $(x, y) = (z, x) = (z, y) = 1$;

b) *z est impair et x et y sont de parité opposée;*

c) *si x représente l'élément impair, alors $(z - x, z + x) = 2$.*

DÉMONSTRATION
a) Supposons que $(x, y) = d$. Alors, $d^2 | z^2$, ce qui implique que $d | z$ et ainsi $d | (x, y, z)$; donc, $d = 1$. De même, on obtient $(z, x) = 1$ et $(y, z) = 1$.

b) D'après a), seulement un des termes x, y et z peut être pair. Si z est pair, alors $z^2 \equiv 0 \pmod{4}$. Mais le fait que z est pair implique que x et y sont tous deux impairs et $x^2 + y^2 \equiv 2 \pmod{4}$. Il s'ensuit que z doit être impair et que x ou y est pair. Par convention, on suppose que y est l'élément pair.

c) Soit $d = (z - x, z + x)$, alors $d | 2x$ et $d | 2z$ et ainsi on obtient que $d | 2$ puisque $(x, z) = 1$. Comme x et z sont impairs, alors $z + x$ et $z - x$ sont tous deux pairs, et ainsi $d = 2$. ∎

Lemme 6.7 *Soit a et b des entiers positifs tels que $(a, b) = 1$. Si $ab = c^n$, il existe des entiers positifs r et s tels que $a = r^n$ et $b = s^n$.*

DÉMONSTRATION Si $a = 1$ ou $b = 1$, le résultat est immédiat. On peut donc se limiter au cas $a > 1$, $b > 1$. Puisque $(a, b) = 1$, les facteurs premiers de a et b sont distincts et on peut ainsi poser

$$a = q_1^{a_1} q_2^{a_2} \ldots q_r^{a_r}, \qquad b = q_{r+1}^{a_{r+1}} q_{r+2}^{a_{r+2}} \ldots q_{r+s}^{a_{r+s}},$$

où les nombres premiers $q_1, q_2, \ldots, q_{r+s}$ sont distincts et $r \geq 1$, $s \geq 1$. Supposons que la représentation canonique de c est donnée par

$$c = u_1^{c_1} u_2^{c_2} \ldots u_k^{c_k}.$$

Alors, la condition $ab = c^n$ devient

$$q_1^{a_1} q_2^{a_2} \ldots q_{r+s}^{a_{r+s}} = u_1^{nc_1} u_2^{nc_2} \ldots u_k^{nc_k}.$$

Par le théorème fondamental de l'arithmétique, on obtient que $k = r + s$, que les nombres premiers u_i sont les mêmes que les nombres premiers q_i (sauf pour l'ordre) et que les exposants correspondants sont les mêmes. On a alors $u_j = q_j$ et $a_j = nc_j$ pour $1 \leq j \leq r + s$. Il s'ensuit que

$$a = (q_1^{c_1} q_2^{c_2} \ldots q_r^{c_r})^n, \qquad b = (q_{r+1}^{b_{r+1}} q_{r+2}^{b_{r+2}} \ldots q_{r+s}^{b_{r+s}})^n.$$

∎

Théorème 6.8 *Les solutions primitives de $x^2 + y^2 = z^2$, avec y pair, sont*

$$\begin{cases} x = r^2 - s^2, \\ y = 2rs, \\ z = r^2 + s^2, \end{cases}$$

où r et s sont des entiers arbitraires de parité opposée et satisfaisant $r > s > 0$ et $(r, s) = 1$.

DÉMONSTRATION   Puisque $(z - x, z + x) = 2$, alors on peut écrire $z + x = 2u$ et $z - x = 2v$, où $(u, v) = 1$. Mais $y^2 = (z - x)(z + x)$, c'est-à-dire $(y/2)^2 = uv$. Cette dernière équation implique qu'il existe des entiers positifs r et s tels que $u = r^2$ et $v = s^2$, c'est-à-dire que

$$\frac{z + x}{2} = r^2 \quad \text{et} \quad \frac{z - x}{2} = s^2.$$

On constate facilement qu'on doit avoir

$$(r, s) = 1, \quad r > s, \quad x = r^2 - s^2, \quad y = 2rs, \quad z = r^2 + s^2.$$

Comme z est impair, il s'ensuit que r et s doivent être de parité opposée.

Réciproquement, si r et s sont deux entiers positifs tels que $(r,s) = 1$, avec $r > s > 0$, et de parité opposée et si on pose

$$x = r^2 - s^2, \quad y = 2rs, \quad z = r^2 + s^2,$$

alors on montre facilement que l'on doit avoir $x^2 + y^2 = z^2$ et $(x,y) = 1$ et y pair. C'est pourquoi il en découle que x, y, z est une solution primitive de $x^2 + y^2 = z^2$, d'où le théorème. ∎

Remarque Dans la démonstration, il a été prouvé que pour chaque solution primitive de $x^2 + y^2 = z^2$, au moins un des nombres x, y est pair et divisible par 4.

Exemple 6.9 Montrer qu'au moins un des nombres x, y est divisible par 3.

SOLUTION Si $3 \nmid xy$, alors $x = 3k \pm 1$ et $y = 3\ell \pm 1$, où k et ℓ sont des entiers. C'est pourquoi

$$x^2 + y^2 = 3(3k^2 + 3\ell^2 \pm 2k \pm 2l) + 2.$$

Cette dernière expression ne peut être le carré d'un nombre naturel, puisque si z est un entier non divisible par 3, on a toujours $z^2 \equiv 1 \pmod{3}$.

6.4 L'équation $x^4 + y^4 = z^2$

On a montré dans la section précédente que l'équation diophantienne $x^2 + y^2 = z^2$ possède une infinité de solutions. Ce résultat mène naturellement à l'étude de l'équation $x^n + y^n = z^n$ pour $n \geq 3$. Avant d'aborder cette question, traitons d'une équation diophantienne dont l'étude se prête bien à l'introduction de la fameuse méthode appelée *descente infinie de Fermat*.

Théorème 6.10 *L'équation diophantienne*

$$x^4 + y^4 = z^2 \tag{6.2}$$

n'a aucune solution en entiers x, y, z à moins que $x = 0$ ou $y = 0$.

DÉMONSTRATION (MÉTHODE DE DESCENTE INFINIE DE FERMAT)
On procède par contradiction. Pour ce faire, on suppose qu'il existe une solution x, y, z en entiers positifs telle qu'aucune autre solution n'a une valeur plus petite pour

z. On verra qu'en faisant un tel choix, on pourra construire une autre solution x_1, y_1, z_1 de (6.2) avec $z_1 < z$, ce qui contredira le choix minimal de z.

D'abord, on observe que si x, y, z est une solution de (6.2), alors nécessairement $(x, y, z) = 1$. En effet, dans le cas contraire, il existe un nombre premier p tel que p divise x, y et z, auquel cas on aura $(x/p)^4 + (y/p)^4 = (z/p^2)^2$, ce qui contredit le choix minimal de z. Il s'ensuit que x^2, y^2 et z n'ont aucun facteur en commun et ainsi forment une solution primitive de $X^2 + Y^2 = Z^2$. C'est pourquoi, d'après le théorème 6.8, il existe des entiers $a, b, 0 < b < a$, avec $(a, b) = 1$ et a ou b pair, tels que

$$x^2 = 2ab, \quad y^2 = a^2 - b^2, \quad z = a^2 + b^2.$$

De plus, a est impair, car si a est pair, b est impair et, dans ce cas,

$$y^2 \equiv -b^2 \equiv -1 \pmod{4},$$

ce qui est impossible. Donc, b est pair et

$$b^2 + y^2 = a^2,$$

où $(a, b, y) = 1$ (puisque $(a, b) = 1$), et ainsi ces trois entiers b, y et a forment une autre solution primitive de $X^2 + Y^2 = Z^2$. Conformément au théorème 6.8, il existe des entiers r, s tels que $(r, s) = 1$ et

$$b = 2rs, \quad y = s^2 - r^2, \quad a = r^2 + s^2.$$

Or,

$$x^2 = 2ab = 4rs(s^2 + r^2)$$

et, puisque $(r, s) = 1$, alors $(r, s^2 + r^2) = (s, s^2 + r^2) = 1$, et ainsi r, s et $s^2 + r^2$ doivent tous être des carrés parfaits, c'est-à-dire

$$r = u^2, \quad s = v^2, \quad s^2 + r^2 = t^2$$

ce qui implique

$$u^4 + v^4 = t^2.$$

On a ainsi obtenu une autre solution de (6.2). On montrera que $0 < t < z$ avec u et v non nuls, ce qui fournira la contradiction annoncée au début de la preuve. Comme $u = 0$ est impossible (car cela impliquerait que $x = 0$) et comme $v = 0$ est également impossible, alors $b \neq 0$ et

$$t^2 = s^2 + r^2 = a < a^2 + b^2 = z,$$

et ainsi $t < z$, ce qui achève la preuve du théorème. ∎

6.5 Le dernier théorème de Fermat

Dans une note énigmatique écrite dans la marge d'un manuscrit, Fermat prétendait avoir obtenu une solution simple du fait que, si $n > 2$, l'équation $x^n + y^n = z^n$ n'a pas de solution entière non triviale. Puisque tout $n > 2$ est divisible, soit par 4, soit par un nombre premier impair p, l'équation $x^n + y^n = z^n$ peut toujours s'écrire sous la forme $(x^r)^4 + (y^r)^4 = (z^r)^4$ ou sous la forme $(x^r)^p + (y^r)^p = (z^r)^p$, où p est un nombre premier impair. Ainsi, pour démontrer le dernier théorème de Fermat, il suffit de montrer que $x^4 + y^4 = z^4$ n'a pas de solution entière non triviale et qu'il en est de même pour l'équation $x^p + y^p = z^p$ pour tout nombre premier impair p. Fermat lui-même, dans une des rares démonstrations qu'il a effectivement écrites, a traité le cas $n = 4$, tandis qu'Euler a donné une démonstration pour le cas $n = 3$. Par des méthodes classiques, dont la méthode de *descente infinie*, on a pu démontrer le cas $n = 5$ (résolu en 1825 par Legendre et Dirichlet) ainsi que le cas $n = 7$ (résolu en 1840 par Gabriel Lamé, 1795–1870, et Victor Lebesgue, 1791–1875). Ces méthodes se sont toutefois révélées de plus en plus pénibles d'emploi et inefficaces. De façon générale, on constate que le problème se ramène à prouver que l'équation $x^p + y^p = z^p$ n'a pas de solution entière non triviale si p est un nombre premier impair. Or, cette dernière équation n'est pas facile à élucider. En effet, pour démontrer sans trop de difficulté que la seule équation $x^3 + y^3 = z^3$ n'a pas de solution entière non triviale, il faut utiliser des notions de théorie algébrique des nombres.

On formule donc ainsi le fameux *théorème de Fermat* (appelé aussi *dernier théorème de Fermat* ou *grand théorème de Fermat*) :

Théorème 6.11 (Théorème de Fermat) *Si n est un entier > 2, alors l'équation*

$$x^n + y^n = z^n \qquad (6.3)$$

ne possède aucune solution entière x, y, z telle que $xyz \neq 0$.

Il découle du théorème 6.10 que le théorème de Fermat est vrai dans le cas particulier où $n = 4$. En effet, puisque $x^4 + y^4 = z^2$ n'a pas de solution entière, alors $x^4 + y^4 = (z_1^2)^2 = z_1^4$ n'a pas non plus de solution entière.

Théorème 6.12 *Si x, y, z sont des entiers positifs tels que $z \geq \min\{x^2, y^2\}$, alors, pour tout nombre premier $p \geq 3$, $x^p + y^p = z^p$ ne possède pas de solution entière non triviale.*

DÉMONSTRATION   Supposons que $x^p + y^p = z^p$ possède une solution non triviale. Alors,
$$x^p = z^p - y^p = (z-y)\sum_{k=1}^{p} z^{p-k}y^{k-1}. \tag{6.4}$$
En utilisant le résultat bien connu selon lequel la moyenne arithmétique de n termes positifs est supérieure ou égale à sa moyenne géométrique, on obtient
$$\sum_{k=1}^{p} z^{p-k}y^{k-1} \geq p\left(z^{p-1}y^0 \cdot z^{p-2}y \cdots z^0 y^{p-1}\right)^{1/p} = p(zy)^{(p-1)/2} > (zy)^{(p-1)/2}.$$
Or, $z - y \geq 1$, d'où, en vertu de l'équation (6.4), on a $x^p > (zy)^{(p-1)/2}$, c'est-à-dire $x > (zy)^{\frac{1}{2}-\frac{1}{2p}}$, et puisque $p \geq 3$, on conclut que
$$x > (zy)^{\frac{1}{3}}. \tag{6.5}$$
De même, on montre que
$$y > (zx)^{\frac{1}{3}}. \tag{6.6}$$
Avec les équations (6.5) et (6.6), on obtient $x^9 > z^4 x$, $y^9 > z^4 y$, c'est-à-dire $z < x^2$ et $z < y^2$. Par conséquent, $z < \min\{x^2, y^2\}$, ce qui contredit l'hypothèse. ∎

En 1978, S.S. Wagstaff démontrait que l'équation (6.3) n'avait pas de solution entière non triviale si $p \leq 125\,000$.

La plus grande innovation de l'histoire, en ce qui concerne le dernier théorème de Fermat[2], est sans contredit le résultat obtenu par G. Faltings en 1983 :

> *Pour chaque exposant $n \geq 3$, l'équation $x^n + y^n = z^n$ possède au plus un nombre fini de solutions primitives.*

Nous n'irons pas plus loin ici dans cette présentation. Toutefois, le lecteur intéressé est invité à consulter l'excellent ouvrage du professeur Paulo Ribenboim[3].

6.6   Le problème de Waring

Nous avons vu comment trouver les solutions de $x^2 + y^2 = z^2$. Une question naturelle est la suivante : «*Quels sont les entiers positifs n qui peuvent s'exprimer comme sommes de deux carrés ?*» Il est clair que l'on ne peut exprimer tous les entiers

---
2. Si l'on ne tient pas compte de la mention faite à la section 3 du chapitre 3.
3. RIBENBOIM, P. *13 Lectures on Fermat's Last Theorem*, New York, Springer-Verlag, 1979.

comme sommes de deux carrés. Si $x^2+y^2=n$, alors $n \equiv 0, 1$ ou $2 \pmod 4$. Est-ce que l'implication inverse de ce résultat est encore vraie? Étant donné $n \equiv 0, 1$ ou $2 \pmod 4$, peut-on exprimer n comme somme de deux carrés? Notons que $21 \equiv 1 \pmod 4$, et pourtant $x^2+y^2=21$ ne possède pas de solution entière. Cependant, il est possible de représenter 21 comme somme de trois carrés. En effet, $21 = 1^2+2^2+4^2$.

La question de savoir si un entier n est ou n'est pas représentable comme somme de deux carrés et plus généralement combien de carrés sont requis pour fournir une telle représentation est un cas particulier d'un problème beaucoup plus général appelé *problème de Waring*. Avant d'énoncer comme tel le problème de Waring, démontrons d'abord un résultat important.

Théorème 6.13 *Tout nombre naturel n peut s'écrire comme la somme de quatre carrés.*

Remarques

i) Bien sûr, l'énoncé du théorème 6.13 veut dire que chaque entier positif n peut s'écrire sous la forme
$$n = x_1^2 + x_2^2 + x_3^2 + x_4^2,$$
où les x_i sont des nombres entiers (qui peuvent être nuls; c'est le cas, par exemple, lorsque $n=1$).

ii) Il est établi implicitement dans l'énoncé que moins de 4 carrés ne suffit pas!

iii) Bien que nous ne nous pencherons pas sur cette question, on peut démontrer que, pour certains entiers positifs n, deux carrés suffisent. En effet, il est vrai que :

« *Un nombre entier positif n peut s'écrire comme la somme de deux carrés si et seulement si chaque facteur premier p de n qui est de la forme $p = 4k+3$ possède un exposant pair dans la décomposition canonique de n en produits de facteurs premiers.* »

Avant de démontrer le théorème 6.13, on observe que la relation suivante est toujours vraie, quelles que soient les valeurs de x_i, y_i ($i = 1, 2, 3, 4$) :

$$(x_1^2 + x_2^2 + x_3^2 + x_4^2)(y_1^2 + y_2^2 + y_3^2 + y_4^2)$$
$$= (x_1y_1 + x_2y_2 + x_3y_3 + x_4y_4)^2 + (x_1y_2 - x_2y_1 + x_3y_4 - x_4y_3)^2$$
$$+ (x_1y_3 - x_3y_1 + x_4y_2 - x_2y_4)^2 + (x_1y_4 - x_4y_1 + x_2y_3 - x_3y_2)^2.$$

Cette dernière identité est due à Lagrange et on la démontre facilement en développant les deux membres et en comparant les termes d'un côté et de l'autre. Il découle

Lagrange est considéré, avec Euler, comme le plus grand mathématicien du XVIIIe siècle. Dans sa jeunesse, il prit connaissance des travaux de Newton, Leibniz, Euler et Bernoulli, et, à dix-huit ans, il était prêt à voler de ses propres ailes. Entre 1764 et 1788, Lagrange remporta plusieurs fois le prix du concours biennal de l'Académie des sciences de Paris. En 1766, il accepta d'occuper le poste laissé vacant par Euler à l'Académie de Berlin.

Joseph-Louis Lagrange (1736–1813)

Durant son séjour à Berlin, de 1766 à 1787, Lagrange rédigea près de cent cinquante mémoires consacrés aux mathématiques et à la mécanique. Lagrange était d'abord un analyste et il ne travailla en théorie des nombres que durant les cinq premières années de son séjour berlinois. La grande œuvre de Lagrange est certes sa *Mécanique analytique*, composée à Berlin et publiée à Paris en 1788. Après la publication de cet ouvrage, Lagrange semble avoir perdu le goût des mathématiques. Ses cours à l'École normale de l'an III et à l'École polytechnique ont donné naissance à plusieurs grands traités didactiques et ont eu une influence considérable sur l'enseignement des mathématiques dans le monde entier.

de cette identité de Lagrange que le produit de deux nombres représentables par une somme de 4 carrés (respectivement 2 carrés) est lui-même une somme de 4 carrés (respectivement 2 carrés). Il suffit donc de démontrer le théorème 6.13 dans le cas où $n = p$, p étant un nombre premier, le cas $n = 1$ étant trivial. On énoncera donc ce résultat séparément ainsi :

Théorème 6.14 *Tout nombre premier p peut s'écrire comme une somme de 4 carrés.*

DÉMONSTRATION Tout d'abord, comme $2 = 1^2 + 1^2 + 0^2 + 0^2$, on peut supposer que $p > 2$. Dans un premier temps, démontrons qu'il existe des entiers x et y tels que

$$1 + x^2 + y^2 = mp, \qquad (6.7)$$

où m est entier et $0 < m < p$. En effet, il est clair que les $\frac{1}{2}(p+1)$ nombres

$$x^2, \text{ où } 0 \leq x \leq \tfrac{1}{2}(p-1), \qquad (6.8)$$

sont incongrus modulo p; il en est de même pour les $\frac{1}{2}(p+1)$ nombres

$$-1 - y^2, \text{ où } 0 \leq y \leq \tfrac{1}{2}(p-1); \qquad (6.9)$$

or, il est facile de voir que l'ensemble qui réunit tous ces nombres comprend $p+1$ éléments et pourtant compte seulement p résidus modulo p. Il doit donc exister un nombre parmi ceux de (6.8) qui est congru à un nombre parmi ceux de (6.9) et, par conséquent, il existe un x et un y chacun plus petit que $\frac{1}{2}p$ tels que

$$x^2 \equiv -1 - y^2 \pmod{p},$$

c'est-à-dire tels que

$$1 + x^2 + y^2 = mp,$$

avec $0 < 1 + x^2 + y^2 < 1 + 2\left(\frac{1}{2}p\right)^2 < p^2$, de sorte que $0 < m < p$, comme il fallait le démontrer.

La relation (6.7) permet donc d'affirmer qu'il existe un multiple de p, disons mp, tel que

$$mp = x_1^2 + x_2^2 + x_3^2 + x_4^2, \tag{6.10}$$

avec des entiers x_i qui ne sont pas tous divisibles par p. Soit m_0 le plus petit m qui satisfait à une équation du type (6.10) pour un p donné. Si on réussit à démontrer que $m_0 = 1$, la preuve sera terminée.

Supposons donc que $m_0 > 1$. (Notons que l'on sait que $m_0 < p$.) Si m_0 est pair, alors $\sum_{i=1}^{4} x_i$ est pair, auquel cas il y a seulement trois possibilités :

A) TOUS LES x_i SONT PAIRS.

B) TOUS LES x_i SONT IMPAIRS.

C) DEUX SONT PAIRS, DEUX SONT IMPAIRS (dans ce cas, supposons que x_1, x_2 sont pairs et que x_3, x_4 sont impairs).

Dans les trois cas, on a que

$$x_1 + x_2, \quad x_1 - x_2, \quad x_3 + x_4, \quad x_3 - x_4$$

sont tous pairs; c'est pourquoi on a

$$\frac{1}{2}m_0 p = \left(\frac{x_1 + x_2}{2}\right)^2 + \left(\frac{x_1 - x_2}{2}\right)^2 + \left(\frac{x_3 + x_4}{2}\right)^2 + \left(\frac{x_3 - x_4}{2}\right)^2. \tag{6.11}$$

Or, ce résultat contredit le choix minimal de m_0, car les carrés dans (6.11) ne sont pas tous divisibles par p. Il s'ensuit que m_0 doit être impair et, en particulier, que $3 \leq m_0 < p$. Pour chaque $i = 1, 2, 3, 4$, on définit les nombres y_i par

$$y_i \equiv x_i \pmod{m_0}, \quad -\tfrac{1}{2}(m_0 - 1) \leq y_i \leq \tfrac{1}{2}(m_0 - 1). \tag{6.12}$$

Ainsi,

$$\sum_{i=1}^{4} y_i^2 \equiv \sum_{i=1}^{4} x_i^2 \equiv 0 \pmod{m_0},$$

puisque $\sum_{i=1}^{4} x_i^2 = m_0 p$. On peut donc écrire

$$\sum_{i=1}^{4} y_i^2 = m_0 n, \quad 0 \leq n < m_0. \tag{6.13}$$

Si n était nul, alors tous les y_i seraient nuls, auquel cas tous les x_i seraient congrus à 0 modulo m_0, en raison de (6.12). Mais alors, on aurait

$$m_0 p = \sum_{i=1}^{4} x_i^2 \equiv 0 \pmod{m_0^2}$$

et ainsi $p \equiv 0 \pmod{m_0}$, ce qui est impossible étant donné que $3 \leq m_0 < p$. On doit donc avoir $n > 0$. En appliquant l'identité de Lagrange citée ci-dessus, on peut écrire

$$m_0^2 np = \left(\sum_{i=1}^{4} x_i^2\right)\left(\sum_{i=1}^{4} y_i^2\right) = A_1^2 + A_2^2 + A_3^2 + A_4^2,$$

pour certains entiers A_i. En utilisant (6.12), on vérifie aisément que $A_i \equiv 0 \pmod{m_0}$ pour $i = 1, 2, 3, 4$. Or, en divisant la dernière équation ci-dessus par m_0^2, on obtient que

$$np = \left(\frac{A_1}{m_0}\right)^2 + \left(\frac{A_2}{m_0}\right)^2 + \left(\frac{A_3}{m_0}\right)^2 + \left(\frac{A_4}{m_0}\right)^2,$$

avec $0 < n < m_0$, ce qui contredit le choix minimal de m_0. C'est pourquoi $m_0 = 1$ et le théorème 6.14 est démontré (ainsi que, par le fait même, le théorème 6.13). ∎

On vient de démontrer que chaque nombre naturel peut s'écrire comme la somme de 4 carrés. Qu'en serait-il si on considérait des cubes au lieu de carrés ?

Le mathématicien anglais Edward Waring (1734–1798), dans son livre *Meditationes Algebraicae*, énonce le résultat suivant : « *Tout entier est un carré, ou la somme de 2, 3 ou 4 carrés. Tout entier est soit un cube, soit la somme d'au plus 9 cubes ; tout entier est soit une puissance quatrième, soit la somme d'au plus 19 puissances quatrièmes.* » En d'autres mots, Waring laissait entendre que, pour chaque entier $k \geq 2$, il existe un nombre entier n_k tel que chaque nombre naturel m est la somme d'au plus n_k k–ième puissances.

Le *problème de Waring* (puisqu'il est ainsi appelé) se divise en deux parties. D'abord, il s'agit de prouver que, pour chaque entier $k \geq 2$, le nombre n_k en question existe. La seconde partie consiste à déterminer la plus petite valeur possible de n_k, que l'on note $g(k)$. Remarquons que si la réponse à la première question se révélait négative, on aurait $g(k) = +\infty$.

Hilbert fut un étudiant de Lindemann et eut pour camarade Herman Minkowski (1864–1909), avec qui il resta lié par une profonde amitié. Bien que les intérêts mathématiques de Hilbert furent vastes, il préféra travailler à un sujet à la fois. Ses principaux domaines d'intérêt furent : jusqu'en 1892, la théorie algébrique des invariants; de 1892 à 1899, la théorie algébrique des nombres; de 1899 à 1905, le calcul des variations; de 1901 à 1912, les équations intégrales; de 1912 à 1917, les fondements mathématiques de la physique. De 1917 jusqu'à la fin de sa vie,

David Hilbert (1862–1943)

il s'occupa de logique mathématique. Il donna une impulsion décisive à l'essor des recherches sur les fondements des mathématiques. Au Congrès internationnal des mathématiciens de 1900, Hilbert présenta une liste de 23 problèmes dont plusieurs ne sont pas encore résolus aujourd'hui. Il est considéré par plusieurs comme le plus grand mathématicien du XXe siècle.

C'est environ un siècle plus tard (en 1909) que Hilbert démontra que la réponse à la première affirmation était «oui». Nous ne verrons pas cette preuve ici, puisqu'elle dépasse largement le niveau du présent ouvrage.

On a déjà démontré que $g(2) = 4$ (c'était le théorème 6.10 dû à Lagrange). Il est connu que $g(3) = 9$, comme l'avait annoncé Waring. On connaît aussi la valeur de $g(k)$ pour certaines valeurs de $k \geq 6$. Tout récemment (en 1986), R. Balasubramanian, J.M. Deshouillers et F. Dress démontraient que $g(4) = 19$, comme l'avait prétendu Waring. Le cas $k = 5$ a été élucidé en 1964 par J.R. Chen, qui démontra que $g(5) = 37$.

Ainsi se termine notre courte présentation du problème de Waring[4].

Exercices sur le chapitre 6

1. Trouver toutes les solutions entières de $3x - 4y = 11$.

2. Démontrer que $ax + by = b + c$ est résoluble si et seulement si $ax + by = c$ est résoluble.

3. Démontrer que $ax + by = c$ est résoluble si et seulement si $(a, b) = (a, b, c)$.

4. Soit a et b des entiers positifs tels que $(a, b) = 1$. Montrer que $ax + by = n$ possède des solutions entières positives si $n > ab$ et aucune solution si $n = ab$.

---

4. On pourra toutefois trouver un bel exposé de ce problème dans le livre de Hardy et Wright, *op. cit.*

5. Toute solution de $x^2+y^2=z^2$ en entiers positifs est appelée un triplet pythagoricien, parce qu'il existe alors un triangle rectangle dont les côtés ont comme longueurs respectives les trois nombres en question. Trouver tous les triplets pythagoriciens dont les termes forment une progression arithmétique.

6. Trouver un triangle pythagoricien qui a pour hypoténuse 281.

7. Démontrer que 60 divise le produit des longueurs des côtés d'un triangle pythagoricien.

8. Trouver tous les triangles pythagoriciens dont la surface est égale à trois fois le périmètre.

9. Démontrer que 3, 4, 5 est la seule solution de $x^2+y^2=z^2$ avec entiers consécutifs x, y, z.

10. Démontrer que $n^2 + (n+1)^2 = 2m^2$ est impossible si $n, m \in \mathbb{N}$.

11. Montrer que l'équation $x^2 + y^2 = 4z + 7$ n'a pas de solution entière.

12. Trouver toutes les solutions entières de $x^2 + y^2 = z^4$ sachant que $(x, y, z) = 1$.

13. Trouver toutes les solutions réelles du sytème d'équations suivant :
$$2x(1 + y + y^2) = 3(1 + y^4)$$
$$2y(1 + z + z^2) = 3(1 + z^4)$$
$$2z(1 + x + x^2) = 3(1 + x^4)$$

14. L'équation $x^4 + x^2 = y^4 + 5$ possède-t-elle des solutions entières en x et y ?

15. Soit $0 < x < y < z$ des entiers tels que $x^2 + y^2 = z^2$. Montrer que pour $n > 2$, $x^n + y^n = z^n$ est impossible.

16. À l'aide de la méthode de descente infinie de Fermat, démontrer que l'équation
$$x^3 + 3y^3 = 9z^3$$
n'a pas de solution entière non triviale.

17. Soit p un nombre premier. Est-ce que
$$x^4 + py^4 + p^2 z^4 = p^3 w^4$$
possède des solutions entières non triviales ?

18. Montrer que
$$x^2 + y^2 + z^2 = 2xyz$$
n'a pas de solution entière non triviale.

19. Exprimer 23 et 29 comme somme de 4 carrés.

20. Si t est pair et si x, y et z n'ont pas de facteur en commun, montrer que
$$t^2 = x^2 + y^2 + z^2$$
n'a pas de solution entière non triviale.

21. Trouver toutes les solutions, pour x, y entiers et n entier positif, de l'équation diophantienne $x^n + y^n = xy$.

22. Montrer que l'équation $n^x + n^y = n^z$ possède des solutions entières positives seulement si $n = 2$.

Problèmes à résoudre à l'ordinateur

23. Produire une table des 100 plus petites solutions primitives de l'équation pythagoricienne par ordre croissant selon l'hypoténuse.

24. Produire une table des entiers plus petits que 1500 qui peuvent s'exprimer : comme somme de deux carrés ; comme somme de trois carrés ; comme somme de quatre carrés.

Chapitre 7
La réciprocité quadratique

7.1 Introduction

Ce chapitre a pour objet d'exposer une méthode pour résoudre les congruences quadratiques de la forme
$$ax^2 + bx + c \equiv 0 \pmod{p},$$
où p est premier et a, b, c sont des entiers. Lorsque p est petit, on peut procéder par tâtonnements avec des petits entiers x. Toutefois, lorsque p est grand, on doit recourir à une démarche plus complexe.

Supposons que p est un nombre premier impair et soit $(a, p) = 1$. Alors, $(4a, p) = 1$ et
$$ax^2 + bx + c \equiv 0 \pmod{p} \iff 4a^2x^2 + 4abx + 4ac \equiv 0 \pmod{p},$$
c'est-à-dire
$$(2ax + b)^2 \equiv b^2 - 4ac \pmod{p}.$$

Cette dernière congruence peut être résolue si on peut trouver un entier $x = x_0$ qui est solution de $2ax + b \equiv y_0 \pmod{p}$ et un entier $y = y_0$ qui est solution de $y^2 \equiv b^2 - 4ac \pmod{p}$. Or, $(2a, p) = 1$. C'est pourquoi, en raison du théorème 3.17, la première congruence peut toujours être résolue. La solution dépend donc uniquement de la congruence $y^2 \equiv n \pmod{p}$.

Voilà pourquoi, dans ce chapitre, nous traiterons essentiellement des solutions de la congruence
$$x^2 \equiv a \pmod{p}. \tag{7.1}$$

Nous verrons que *la loi de réciprocité de Gauss* est centrale dans la recherche des solutions de (7.1). Il faudra donc se demander si (7.1) possède ou non des solutions. Nous verrons à la section 7.3 qu'une congruence du type (7.1) peut se ramener à l'étude d'une congruence de la forme

$$x^2 \equiv q \pmod{p}, \tag{7.2}$$

où q est premier. Nous verrons que la loi de la réciprocité de Gauss (théorème 7.15) affirme que si p et q sont des nombres premiers impairs distincts, alors les deux congruences $x^2 \equiv p \pmod{q}$ et $x^2 \equiv q \pmod{p}$ sont ou bien toutes deux résolubles ou alors toutes deux non résolubles, à moins que p et q soient tous deux de la forme $4k+3$, auquel cas une des congruences a des solutions et l'autre n'en a pas. On verra que ce résultat permet de résoudre à peu près n'importe quelle congruence de la forme (7.1).

7.2 Les résidus quadratiques

Commençons notre analyse par un cas particulier de la congruence $x^2 \equiv a \pmod{p}$.

Théorème 7.1 *Soit p un nombre premier. Alors $x^2 \equiv -1 \pmod{p}$ possède des solutions si et seulement si $p = 2$ ou $p \equiv 1 \pmod{4}$.*

DÉMONSTRATION D'abord, si $p = 2$, on constate facilement que $x = 1$ est une solution de la congruence. On peut donc supposer que p est un nombre premier impair. D'après le théorème de Wilson, on a

$$\left(1 \cdot 2 \cdots j \cdots \frac{p-1}{2}\right)\left(\frac{p+1}{2}\cdots(p-j)\cdots(p-2)(p-1)\right) \equiv -1 \pmod{p},$$

laquelle congruence peut s'écrire sous la forme

$$\prod_{j=1}^{(p-1)/2} j(p-j) \equiv -1 \pmod{p}.$$

Comme $j(p-j) \equiv -j^2 \pmod{p}$, alors, si $p \equiv 1 \pmod{4}$, on pourra écrire successivement

$$\prod_{j=1}^{(p-1)/2} j(p-j) \equiv \prod_{j=1}^{(p-1)/2} (-j^2) = (-1)^{(p-1)/2} \left(\prod_{j=1}^{(p-1)/2} j\right)^2$$

$$\equiv \left(\prod_{j=1}^{(p-1)/2} j\right)^2 \pmod{p},$$

ce qui veut dire que l'on a trouvé une solution (c'est-à-dire la solution $x = \prod_{j=1}^{(p-1)/2} j$) pour la congruence $x^2 \equiv -1 \pmod{p}$.

Il reste donc à considérer le cas où $p \neq 2$ et $p \not\equiv 1 \pmod 4$. Dans ce cas, on a $p \equiv 3 \pmod 4$. S'il existe une solution entière x de la congruence $x^2 \equiv -1 \pmod{p}$, alors on a

$$x^{p-1} = (x^2)^{(p-1)/2} \equiv (-1)^{(p-1)/2} \equiv -1 \pmod{p}.$$

Or, comme de toute évidence $(p, x) = 1$, on doit avoir, d'après le théorème de Fermat, $x^{p-1} \equiv 1 \pmod{p}$, ce qui contredit ce que nous venons d'établir ci-dessus. ∎

Exemple 7.2 Trouver une solution, si elle existe, de

$$x^2 \equiv -1 \pmod{37}.$$

SOLUTION Puisque 37 est un nombre premier satisfaisant $37 \equiv 1 \pmod 4$, la congruence $x^2 \equiv -1 \pmod{37}$ possède une solution donnée par $18! \equiv 31 \pmod{37}$. En fait, les deux solutions sont 6 et 31 modulo 37.

Définition 7.3 Soit a un entier et p un nombre premier impair tels que $(a, p) = 1$. Si la congruence

$$x^2 \equiv a \pmod{p} \tag{7.3}$$

possède une solution, on dit que a est un **résidu quadratique** modulo p. Si la congruence (7.3) n'a pas de solution, alors a est appelé un **non-résidu quadratique** modulo p.

Deux problèmes se présentent :

- Étant donné un nombre premier p, déterminer les entiers a qui sont des résidus quadratiques modulo p et ceux qui sont des non-résidus quadratiques modulo p.

- Étant donné un entier a, déterminer chaque nombre premier p pour lequel a est un résidu quadratique modulo p ainsi que chaque nombre premier p pour lequel a est un non-résidu quadratique modulo p.

Exemple 7.4 Trouver les résidus quadratiques modulo 11.

SOLUTION a est un résidu quadratique modulo 11 $\iff$ a est congru à un des nombres $1^2, 2^2, \ldots, 10^2$ modulo 11, c'est-à-dire que a est un résidu quadratique modulo 11 $\iff$ $a \equiv 1, 4, 9, 5, 3, 3, 5, 9, 4, 1 \pmod{11}$. Il s'ensuit que les résidus quadratiques modulo 11 sont 1, 3, 4, 5 et 9 ; en conséquence, les non-résidus quadratiques modulo 11 sont $2, 6, 7, 8, 10$.

Dans l'exemple précédent, la liste initiale des résidus quadratiques contient deux fois les mêmes éléments et ce avec une certaine symétrie. Ce phénomène est en fait général. En effet, puisque $p - x \equiv -x \pmod{p}$, alors $(p-x)^2 \equiv (-x)^2 \pmod{p}$. Les nombres $1^2, 2^2, \ldots, \left((p-1)/2\right)^2$ sont tous distincts modulo p. En effet, soit i et j des entiers tels que $1 \leq i, j \leq (p-1)/2$. Alors, $i^2 \equiv j^2 \pmod{p}$ implique $i \equiv j \pmod{p}$ étant donné que $2 \leq i + j \leq p - 1$. On peut donc énoncer le résultat suivant :

Théorème 7.5 *Soit p un nombre premier impair. Tout système réduit de résidus modulo p possède exactement $(p-1)/2$ résidus quadratiques et exactement $(p-1)/2$ non-résidus quadratiques modulo p. Les résidus quadratiques sont chacun congrus modulo p à l'un ou l'autre des éléments de l'ensemble*

$$\left\{ 1^2, 2^2, \ldots, \left(\frac{p-1}{2}\right)^2 \right\}.$$

Définition 7.6 Soit a un entier et p un nombre premier impair tels que $(a, p) = 1$. On définit le **symbole de Legendre** $\left(\dfrac{a}{p}\right)$ par

$$\left(\frac{a}{p}\right) = \begin{cases} 1 & \text{si } a \text{ est un résidu quadratique modulo } p, \\ -1 & \text{si } a \text{ est un non-résidu quadratique modulo } p. \end{cases}$$

Exemple 7.7 $\left(\dfrac{1}{p}\right) = 1$, $\left(\dfrac{a^2}{p}\right) = 1$, $\left(\dfrac{7}{11}\right) = -1$, $\left(\dfrac{3}{11}\right) = 1$.

Remarques

1. Si $a \equiv b \pmod{p}$, alors $x^2 \equiv a \pmod{p} \iff x^2 \equiv b \pmod{p}$ et alors $\left(\dfrac{a}{p}\right) = \left(\dfrac{b}{p}\right)$.

Les centres d'intérêt de Legendre étaient variés : analyse, théorie des nombres, géométrie et mécanique. Environ un siècle avant qu'on en obtienne les preuves, il conjectura le théorème des nombres premiers ainsi que la loi de réciprocité quadratique. Toute sa vie, il s'intéressa aux intégrales elliptiques, dont les travaux allaient finalement donner naissance aux courbes elliptiques, sujet très étudié par les mathématiciens d'aujourd'hui. Il laisse en héritage à la communauté mathématique du XIXe siècle un traité de géométrie élémentaire, qui s'avère très précieux dans le monde de l'enseignement.

Adrien Marie Legendre (1752–1833)

2. Le petit théorème de Fermat affirme que si $p \nmid a$ alors $a^{p-1} \equiv 1 \pmod{p}$. C'est pourquoi
$$(a^{(p-1)/2} - 1)(a^{(p-1)/2} + 1) \equiv 0 \pmod{p},$$
d'où $a^{(p-1)/2} \equiv \pm 1 \pmod{p}$.

Théorème 7.8 (Critère d'Euler) *Soit p un nombre premier impair. Alors, pour tout entier a tel que $(a, p) = 1$, on a*
$$\left(\frac{a}{p}\right) \equiv a^{(p-1)/2} \pmod{p}.$$

DÉMONSTRATION   Si a est un résidu quadratique modulo p, il existe $x_0 \in \mathbb{Z}$ tel que $x_0^2 \equiv a \pmod{p}$. En élevant les deux côtés de cette congruence à la puissance $(p-1)/2$, on obtient, en utilisant le petit théorème de Fermat,
$$a^{(p-1)/2} \equiv (x_0^2)^{(p-1)/2} = x_0^{p-1} \equiv 1 = \left(\frac{a}{p}\right) \pmod{p}.$$

Si a est un non-résidu quadratique modulo p, alors $x^2 \equiv a \pmod{p}$ n'a pas de solution. Mais, pour chaque r satisfaisant $1 \leq r < p$, il existe un et un seul entier s, avec $1 \leq s < p$, tel que $rs \equiv a \pmod{p}$ avec $r \neq s$. Donc, on peut grouper r et

s en $(p-1)/2$ paires. En raison du théorème de Wilson, le produit de ces $(p-1)/2$ nombres est égal à
$$-1 \equiv (p-1)! \equiv a^{(p-1)/2} \pmod{p}.$$
Puisque $\left(\dfrac{a}{p}\right) = -1$, on obtient le résultat. ∎

Corollaire 7.9 *Soit p un nombre premier impair. Alors,*
$$\left(\frac{-1}{p}\right) = \begin{cases} 1 & \text{si } p \equiv 1 \pmod 4, \\ -1 & \text{si } p \equiv 3 \pmod 4. \end{cases}$$

DÉMONSTRATION D'après le critère d'Euler,
$$\left(\frac{-1}{p}\right) \equiv (-1)^{(p-1)/2} \pmod{p}.$$
Puisque $\left(\dfrac{-1}{p}\right) = \pm 1$ pour $p > 2$, on obtient le résultat. ∎

Théorème 7.10 *Soit p un nombre premier impair et soit a et b des entiers relativement premiers avec p. Alors :*

a) $\left(\dfrac{a}{p}\right)\left(\dfrac{b}{p}\right) = \left(\dfrac{ab}{p}\right)$;

b) $\left(\dfrac{a^2}{p}\right) = 1$, $\quad \left(\dfrac{a^2 b}{p}\right) = \left(\dfrac{b}{p}\right)$, $\quad \left(\dfrac{1}{p}\right) = 1$, $\quad \left(\dfrac{-1}{p}\right) = (-1)^{(p-1)/2}$.

DÉMONSTRATION Établissons seulement la partie a), la partie b) étant laissée comme exercice. D'abord,
$$\left(\frac{a}{p}\right)\left(\frac{b}{p}\right) \equiv a^{(p-1)/2} b^{(p-1)/2} = (ab)^{(p-1)/2} \equiv \left(\frac{ab}{p}\right) \pmod{p}.$$
Il s'ensuit que les trois seules valeurs possibles de $\left(\dfrac{ab}{p}\right) - \left(\dfrac{a}{p}\right)\left(\dfrac{b}{p}\right)$ sont 0, 2 et -2. Or, comme p est un nombre premier impair, le résultat suit immédiatement. ∎

Le prochain résultat peut sembler peu pratique pour le calcul de $\left(\dfrac{a}{p}\right)$. Toutefois, comme on le verra, il s'avère crucial dans la démonstration du théorème 7.13, lequel est une étape importante pour l'obtention de la loi de réciprocité quadratique.

Théorème 7.11 (Lemme de Gauss) *Soit p un nombre premier impair et soit $(a,p)=1$. Considérons les entiers $a, 2a, 3a, \ldots, \frac{p-1}{2}a$ et leurs plus petits résidus positifs modulo p. Soit n le nombre de ces résidus qui excèdent $p/2$. Alors,*

$$\left(\dfrac{a}{p}\right) = (-1)^n.$$

DÉMONSTRATION   Les nombres $a, 2a, \ldots, (p-1)a/2$ sont non congrus modulo p. On considère leurs plus petits résidus positifs et on les groupe en deux ensembles disjoints R et S selon que les résidus sont inférieurs à $p/2$ ou supérieurs à $p/2$. Soit $R = \{r_1, r_2, \ldots, r_k\}$, où $r_i \equiv \xi a \pmod{p}$ pour un certain entier ξ tel que $1 \leq \xi \leq (p-1)/2$ et tel que $0 < r_i < p/2$. Soit $S = \{s_1, s_2, \ldots, s_n\}$ tel que $s_i \equiv \eta a \pmod{p}$ pour un certain entier η tel que $1 \leq \eta \leq (p-1)/2$ et tel que $p/2 < s_i < p$. Puisque R et S sont disjoints, $n + k = (p-1)/2$. Soit T un nouvel ensemble défini par

$$T = \{p - s_1, p - s_2, \ldots, p - s_n\},$$

de sorte que $0 < p - s_i < p/2$, pour $1 \leq i \leq n$. L'ensemble $R \cup T$ est donc composé des nombres $p - s_1, p - s_2, \ldots, p - s_n, r_1, r_2, \ldots, r_k$, lesquels nombres sont tous situés dans l'intervalle $(0, p/2)$. Montrons maintenant que R et T sont disjoints. Si $p - s_i = r_j$, alors $r_i + s_j \equiv 0 \pmod{p}$. Cet énoncé signifie qu'il existe des entiers u et v dans $(1, p/2)$ tels que $r_i + s_j \equiv ua + va = (u+v)a \equiv 0 \pmod{p}$, ce qui est impossible. C'est pourquoi $R \cup T$ contient $(p-1)/2$ entiers distincts dans $[1, (p-1)/2]$, soit tout simplement les nombres $1, 2, \ldots, (p-1)/2$ dans un certain ordre. En multipliant ensemble ces $(p-1)/2$ nombres, on a

$$(p - s_1)(p - s_2) \cdots (p - s_n) r_1 r_2 \ldots r_k = 1 \cdot 2 \cdots \dfrac{p-1}{2}$$

et on obtient alors successivement

$$(-s_1)(-s_2) \cdots (-s_n) r_1 r_2 \cdots r_k \equiv 1 \cdot 2 \cdots \dfrac{p-1}{2} \pmod{p},$$

$$(-1)^n r_1 r_2 \cdots r_k s_1 s_2 \cdots s_n \equiv 1 \cdot 2 \cdots \dfrac{p-1}{2} \pmod{p},$$

$$(-1)^n a \cdot 2a \cdots \dfrac{p-1}{2} a \equiv 1 \cdot 2 \cdots \dfrac{p-1}{2} \pmod{p}.$$

En divisant chacun des côtés de cette dernière congruence par $\left(\frac{p-1}{2}\right)!$, on obtient $(-1)^n a^{(p-1)/2} \equiv 1 \pmod{p}$, ce qui donne

$$(-1)^n \equiv a^{(p-1)/2} \equiv \left(\frac{a}{p}\right) \pmod{p},$$

où on a utilisé le théorème 7.8. ∎

Exemple 7.12 Vérifier le lemme de Gauss avec $p = 17$ et $a = 5$.

SOLUTION Puisque $(p-1)/2 = 8$, alors

$$\left\{a, 2a, \ldots, \frac{p-1}{2}a\right\} = \{5, 10, 15, 20, 25, 30, 35, 40\}.$$

Les plus petits résidus positifs modulo 17 de cet ensemble sont : 1, 3, 5, 6, 8, 10, 13, 15. Trois de ces nombres sont plus grands que 17/2, d'où

$$\left(\frac{5}{17}\right) = (-1)^3 = -1.$$

Théorème 7.13 *Soit p un nombre premier impair et soit $(a, p) = 1$. Alors,*

$$\left(\frac{a}{p}\right) = (-1)^n, \text{ où } n \equiv \sum_{j=1}^{(p-1)/2} \left[\frac{ja}{p}\right] + \frac{1}{8}(a-1)(p^2-1) \pmod{2},$$

et, de plus,

$$\left(\frac{2}{p}\right) = (-1)^{(p^2-1)/8} = \begin{cases} 1 & \text{si } p \equiv \pm 1 \pmod{8}, \\ -1 & \text{si } p \equiv \pm 3 \pmod{8}. \end{cases}$$

DÉMONSTRATION On sait que n désigne le nombre des plus petits résidus positifs modulo p de $\{a, 2a, \ldots, (p-1)a/2\}$ qui excèdent $p/2$. Soit m un entier dans l'intervalle $[1, (p-1)/2]$. Alors,

$$\frac{ma}{p} = \left[\frac{ma}{p}\right] + \left\{\frac{ma}{p}\right\}, \qquad \text{où } 0 < \left\{\frac{ma}{p}\right\} < 1,$$

et ainsi, pour $m = 1, 2, \ldots, (p-1)/2$,

$$ma = p\left[\frac{ma}{p}\right] + p\left\{\frac{ma}{p}\right\} = p\left[\frac{ma}{p}\right] + a_m, \qquad \text{où } 0 < a_m < p. \tag{7.4}$$

Il en résulte que a_m est le plus petit résidu modulo p de ma. Si le reste $a_m < p/2$, alors il est l'un des entiers $r_1, r_2, \ldots, r_k$ mentionnés dans la démonstration du lemme de Gauss. Si $a_m > p/2$, alors il est l'un des entiers $s_1, s_2, \ldots, s_n$. En se référant aux ensembles R, S et T, on a que

$$\{a_1, a_2, \ldots, a_{(p-1)/2}\} = \{r_1, r_2, \ldots, r_k, s_1, s_2, \ldots, s_n\}$$

de même que

$$\{1, 2, \ldots, (p-1)/2\} = \{r_1, r_2, \ldots, r_k, p - s_1, p - s_2, \ldots, p - s_n\}.$$

Ces deux dernières égalités permettent d'obtenir, d'une part,

$$\sum_{i=1}^{(p-1)/2} a_i = \sum_{i=1}^{k} r_i + \sum_{i=1}^{n} s_i \tag{7.5}$$

et, d'autre part,

$$\sum_{i=1}^{(p-1)/2} i = \sum_{i=1}^{k} r_i + \sum_{i=1}^{n} (p - s_i) = \sum_{i=1}^{k} r_i + np - \sum_{i=1}^{n} s_i. \tag{7.6}$$

Par l'équation (7.4), l'équation (7.5) devient

$$\sum_{i=1}^{k} r_i + \sum_{i=1}^{n} s_i = a \sum_{m=1}^{(p-1)/2} m - p \sum_{m=1}^{(p-1)/2} \left[\frac{ma}{p}\right].$$

Par ailleurs, l'équation (7.6) peut s'écrire sous la forme

$$np + \sum_{i=1}^{k} r_i - \sum_{i=1}^{n} s_i = \sum_{i=1}^{(p-1)/2} i = \frac{p^2 - 1}{8}.$$

En additionnant cette dernière équation à la précédente, on obtient

$$np + 2\sum_{i=1}^{n} r_i = (a+1)\frac{p^2 - 1}{8} - p \sum_{m=1}^{(p-1)/2} \left[\frac{ma}{p}\right].$$

Puisque $a+1 \equiv a-1 \pmod 2$ et comme $p \equiv 1 \pmod 2$, alors

$$n \equiv (a-1)\frac{p^2-1}{8} + \sum_{m=1}^{(p-1)/2} \left[\frac{ma}{p}\right] \pmod 2.$$

Lorsque $a = 2$, on a $0 < ma/p < 1$ et ainsi

$$\left(\frac{2}{p}\right) = (-1)^{(p^2-1)/8}.$$ ∎

Corollaire 7.14 *Si p est un nombre premier impair et si $(a, 2p) = 1$, alors*

$$n \equiv \sum_{j=1}^{(p-1)/2} \left[\frac{ja}{p}\right] \pmod 2.$$

7.3 La loi de réciprocité quadratique

Jusqu'ici, nous nous sommes intéressés à la valeur de $\left(\frac{-1}{p}\right)$ et à celle de $\left(\frac{2}{p}\right)$. La raison en est très simple. Si a est un entier non nul, alors sa factorisation en facteurs premiers est de la forme

$$a = (\pm 1) 2^{r_0} \prod_{i=1}^{m} q_i^{r_i}, \text{ où } r_0 \geq 0, \ q_i \text{ premiers impairs, } r_i > 0, \ i = 1, 2, \ldots, m.$$

On permet $r_0 = 0$ puisqu'on peut avoir $2 \nmid a$. Les exposants r_i sont plus grands que 0 parce qu'on permet seulement les nombres premiers impairs q_i qui divisent a; en particulier, puisque $p \nmid a$, les q_i sont des nombres premiers différents de p. Comme le symbole de Legendre est complètement multiplicatif, on a

$$\left(\frac{a}{p}\right) = \left(\frac{\pm 1}{p}\right) \left(\frac{2}{p}\right)^{r_0} \left(\frac{q_1}{p}\right)^{r_1} \cdots \left(\frac{q_m}{p}\right)^{r_m}.$$

Ainsi, pour connaître la valeur de $\left(\frac{a}{p}\right)$, il suffit de trouver la valeur de $\left(\frac{q_i}{p}\right)$ pour chacun des i, $1 \leq i \leq m$. Tel est l'objet du prochain résultat, d'abord énoncé par Euler et ensuite démontré (de manière incomplète) par Legendre. Gauss prouva ce résultat alors qu'il n'avait que 18 ans et, par la suite, il en donna huit démonstrations différentes.

Théorème 7.15 (Loi de réciprocité quadratique) *Si p et q sont des nombres premiers impairs distincts, alors*

$$\left(\frac{p}{q}\right)\left(\frac{q}{p}\right) = (-1)^{\frac{(p-1)}{2} \cdot \frac{(q-1)}{2}}.$$

DÉMONSTRATION Soit

$$S = \{(x,y) \in \mathbb{N} \times \mathbb{N} \mid 1 \leq x \leq (p-1)/2,\ 1 \leq y \leq (q-1)/2\}.$$

Il est clair que

$$\#S = \frac{(p-1)(q-1)}{4}.$$

Soit maintenant

$$S_1 = \{(x,y) \in S \mid qx > py\}$$

et

$$S_2 = \{(x,y) \in S \mid qx < py\}.$$

Puisqu'il n'y a pas de point à coordonnées entières sur la droite $y = \frac{q}{p}x$, on a

$$S_1 \cup S_2 = S \text{ et } S_1 \cap S_2 = \emptyset.$$

Pour un entier x fixe choisi arbitrairement dans l'intervalle $[1,(p-1)/2]$, il y a exactement $\left[\frac{qx}{p}\right]$ points à coordonnées entières d'abscisse x et situés sous la droite $qx = py$. C'est pourquoi

$$\#S_1 = \sum_{x=1}^{(p-1)/2} \sum_{1 \leq y < qx/p} 1 = \sum_{x=1}^{(p-1)/2} \left[\frac{qx}{p}\right]$$

et, de même,

$$\#S_2 = \sum_{y=1}^{(q-1)/2} \sum_{1 \leq x < py/q} 1 = \sum_{y=1}^{(q-1)/2} \left[\frac{py}{q}\right].$$

On a donc démontré que

$$\sum_{x=1}^{(p-1)/2} \left[\frac{qx}{p}\right] + \sum_{y=1}^{(q-1)/2} \left[\frac{py}{q}\right] = \frac{(p-1)(q-1)}{4}.$$

Ainsi, en appliquant le théorème 7.13, la preuve est terminée. ∎

Exemple 7.16 La congruence quadratique $x^2 \equiv -40 \pmod{61}$ possède-t-elle des solutions?

SOLUTION En appliquant les propriétés du symbole de Legendre, on a
$$\left(\frac{-40}{61}\right) = \left(\frac{21}{61}\right) = \left(\frac{3}{61}\right)\left(\frac{7}{61}\right).$$

Le théorème de réciprocité quadratique permet d'obtenir
$$\left(\frac{3}{61}\right) = \left(\frac{61}{3}\right) = \left(\frac{1}{3}\right) = +1$$

et
$$\left(\frac{7}{61}\right) = \left(\frac{61}{7}\right) = \left(\frac{5}{7}\right) = \left(\frac{7}{5}\right) = \left(\frac{2}{5}\right) = -1.$$

Il s'ensuit que $x^2 \equiv -40 \pmod{61}$ ne possède pas de solution.

Exemple 7.17 Trouver tous les nombres premiers p pour lesquels la congruence quadratique $x^2 \equiv 3 \pmod{p}$ possède une solution.

SOLUTION Il faut trouver les nombres premiers p pour lesquels on a
$$\left(\frac{3}{p}\right) = +1.$$

Or,
$$\left(\frac{3}{p}\right) = \left(\frac{p}{3}\right)(-1)^{(p-1)/2}$$

et puisque
$$\left(\frac{p}{3}\right) = \begin{cases} 1 & \text{si } p \equiv 1 \pmod 3 \\ -1 & \text{si } p \equiv 2 \pmod 3, \end{cases}$$

$$(-1)^{(p-1)/2} = \begin{cases} 1 & \text{si } p \equiv 1 \pmod 4 \\ -1 & \text{si } p \equiv 3 \pmod 4, \end{cases}$$

on obtient
$$\left(\frac{3}{p}\right) = +1 \iff p \equiv 1 \pmod 3 \text{ et } p \equiv 1 \pmod 4$$
$$\iff p \equiv 2 \pmod 3 \text{ et } p \equiv 3 \pmod 4.$$

La résolution de ces deux systèmes de congruences donne $p \equiv \pm 1 \pmod{12}$.

Exemple 7.18 Il existe une infinité de nombres premiers de la forme $4n+1$.

SOLUTION Supposons qu'il existe seulement un nombre fini de tels nombres premiers; notons-les $q_1 < q_2 < \ldots < q_m$ et considérons l'entier
$$N = (2q_1 q_2 \ldots q_m)^2 + 1.$$
Cet entier est de la forme $4n+1$ et alors il existe sûrement un nombre premier impair p qui divise N, c'est-à-dire
$$(2q_1 q_2 \ldots q_m)^2 \equiv -1 \pmod{p}.$$
En d'autres mots, la congruence $x^2 \equiv -1 \pmod{p}$ a une solution, et alors $\left(\frac{-1}{p}\right) = 1$. Mais $\left(\frac{-1}{p}\right) = 1 \implies p \equiv 1 \pmod{4} \implies p$ est de la forme $4n+1 \implies p$ est un des q_i. Ce raisonnement aboutit à une contradiction, puisque aucun nombre q_i ne peut diviser N.

Remarque Le symbole de Legendre $\left(\frac{a}{p}\right)$ a été défini seulement lorsque p est un nombre premier tel que $p \nmid a$. Voilà pourquoi Carl Gustav Jacobi (1804–1851) a établi la généralisation suivante :

Soit $a, b \in \mathbb{Z}$, avec b impair et positif et $(a, b) = 1$. Alors, on peut toujours écrire b sous la forme
$$b = q_1 q_2 \ldots q_m,$$
où les q_i sont des nombres premiers impairs pas nécessairement distincts. Le *symbole de Jacobi* $\left(\frac{a}{b}\right)$ est défini par
$$\left(\frac{a}{b}\right) = \prod_{i=1}^{m} \left(\frac{a}{q_i}\right),$$
où $\left(\frac{a}{q_i}\right)$ est le symbole de Legendre.

Exercices sur le chapitre 7

1. Démontrer que 3 est un résidu quadratique modulo 13, mais un non-résidu quadratique modulo 7.

2. Trouver les valeurs de $\left(\dfrac{a}{p}\right)$ dans les quatre cas que voici : $a = -1$, $a = 2$, $p = 11$, $p = 13$.

3. Trouver la valeur de $\left(\dfrac{a}{p}\right)$ si :

   a) $a = -2$ et $p = 11$;   b) $a = -2$ et $p = 13$;   c) $a = -2$ et $p = 17$;
   d) $a = 3$ et $p = 11$;   e) $a = 3$ et $p = 13$;   f) $a = 3$ et $p = 17$.

4. Trouver les résidus quadratiques modulo les nombres premiers 7 et 13.

5. Trouver la valeur du symbole de Legendre dans chacun des cas suivants :

   a) $\left(\dfrac{-23}{83}\right)$ b) $\left(\dfrac{51}{71}\right)$ c) $\left(\dfrac{71}{73}\right)$ d) $\left(\dfrac{-35}{97}\right)$
   e) $\left(\dfrac{2 \cdot 3 \cdot 5}{503}\right)$ f) $\left(\dfrac{-333}{73}\right)$ g) $\left(\dfrac{3201}{8191}\right)$ h) $\left(\dfrac{-3201}{8191}\right)$

6. Quelles congruences parmi les suivantes possèdent des solutions ?

   a) $x^2 \equiv 73 \pmod{173}$ b) $x^2 \equiv 42 \pmod{107}$

7. Trouver tous les nombres premiers p pour lesquels $\left(\dfrac{5}{p}\right) = -1$.

8. Trouver tous les nombres premiers p pour lesquels $\left(\dfrac{10}{p}\right) = 1$.

9. Trouver tous les nombres premiers $p > 11$ pour lesquels
$$x^2 \equiv 11 \pmod{p}$$
possède une solution.

10. Donner toutes les solutions des cinq congruences $x^2 \equiv a \pmod{11}$, où a prend successivement les valeurs 1, 3, 4, 5 et 9.

11. Lesquelles, parmi les congruences suivantes, ont des solutions ? Combien ?

    a) $x^2 \equiv 2 \pmod{71}$ b) $x^2 \equiv -2 \pmod{71}$
    c) $x^2 \equiv 2 \pmod{142}$ d) $x^2 \equiv -2 \pmod{142}$

12. Les congruences suivantes ont-elles des solutions? Combien?

    a) $x^2 \equiv 2 \pmod{47}$ b) $x^2 \equiv -2 \pmod{47}$
    c) $x^2 \equiv 2 \pmod{94}$ d) $x^2 \equiv -2 \pmod{94}$

13. Combien de solutions les congruences suivantes possèdent-elles?

    a) $x^2 \equiv -1 \pmod{67}$ b) $x^2 \equiv -1 \pmod{335}$
    c) $x^2 \equiv -1 \pmod{53}$ d) $x^2 \equiv -1 \pmod{3127}$
    e) $x^2 \equiv -1 \pmod{134}$ f) $x^2 \equiv -1 \pmod{244}$

14. Parmi les congruences suivantes, lesquelles possèdent des solutions?

    a) $x^2 \equiv 10 \pmod{83}$ b) $x^2 \equiv 5 \pmod{223}$
    c) $x^2 \equiv 5 \pmod{211}$ d) $x^2 \equiv -5 \pmod{223}$
    e) $x^2 \equiv -5 \pmod{211}$ f) $x^2 \equiv 7 \pmod{1223}$
    g) $x^2 \equiv -7 \pmod{1223}$ h) $x^2 \equiv 85 \pmod{211}$

15. Les congruences suivantes possèdent-elles des solutions?

    a) $x^2 \equiv 10 \pmod{127}$ b) $x^2 \equiv 137 \pmod{401}$
    c) $x^2 \equiv -43 \pmod{79}$ d) $x^2 - 31 \equiv 0 \pmod{103}$

16. De quels nombres premiers -2 est-il un résidu quadratique?

17. Soit p un nombre premier impair. Montrer que $x^2 \equiv 2 \pmod{p}$ a des solutions si et seulement si $p \equiv 1$ ou $7 \pmod{8}$. À l'aide de ce résultat, montrer que $2^{4n+3} \equiv 1 \pmod{8n+7}$. En particulier, trouver un diviseur propre du nombre de Mersenne : $2^{131} - 1$.

18. Soit p un nombre premier et soit $(a,p) = (b,p) = 1$. Démontrer que si $x^2 \equiv a \pmod{p}$ et $x^2 \equiv b \pmod{p}$ n'ont pas de solutions, alors $x^2 \equiv ab \pmod{p}$ possède des solutions.

19. En remarquant que $2717 = 11 \cdot 13 \cdot 19$, déterminer si la congruence quadratique $x^2 \equiv 1237 \pmod{2717}$ possède des solutions.

20. Soit a un entier tel que $(a,p) = 1$. Déterminer tous les nombres premiers p tels que $\left(\dfrac{a}{p}\right) = \left(\dfrac{p-a}{p}\right).$

21. La congruence $x^2 \equiv 131\,313 \pmod{1987}$ possède-t-elle des solutions ? (Noter que le nombre 1987 est premier.)

22. Démontrer que si r est un résidu quadratique modulo $m > 2$, alors

$$r^{\phi(m)/2} \equiv 1 \pmod{m}.$$

Suggestion : Utiliser le fait qu'il existe un entier a tel que $r \equiv a^2 \pmod{m}$.

23. Soit a un entier plus grand que 1 et soit n un entier positif. Montrer que $n | \phi(a^n - 1)$.

24. Démontrer que si p est un nombre premier impair, alors
$$\sum_{j=1}^{p-1} \left(\frac{j}{p}\right) = 0.$$

Problèmes à résoudre à l'ordinateur

25. Écrire un programme qui détermine un ensemble de résidus quadratiques modulo p, où p est un nombre premier, pour un ensemble donné de nombres entiers.

26. On sait que -1 est un résidu quadratique pour les nombres premiers de la forme $p = 4n+1$. Obtenir de façon expérimentale les nombres premiers pour lesquels -2 est un résidu quadratique. Répéter ce plan expérimental pour $-3, 5$.

27. Écrire un programme pour évaluer le symbole de Legendre en utilisant le lemme de Gauss.

28. Écrire un programme pour déterminer la somme des résidus quadratiques et la somme des non-résidus quadratiques modulo n. Peut-on dégager un résultat général?

Chapitre 8
Les fractions continues

8.1 Introduction

La notion de fraction continue remonte à l'époque de Fermat et atteint son apogée avec les travaux de Lagrange et Legendre vers la fin du XVIIIe siècle. Les fractions continues sont utilisées, entre autres, pour l'approximation des nombres irrationnels par des nombres rationnels ainsi que pour l'approximation des fonctions par des fractions rationnelles. C'est ainsi que l'on peut employer des résultats sur les fractions continues pour déterminer lequel, parmi tous les nombres rationnels a/b avec $1 \leq b \leq 113$, donne la meilleure approximation de π (voir l'exemple 8.26).

8.2 Les fractions continues finies

Considérons le nombre rationnel a/b, avec $(a,b) = 1$ et $b > 0$. L'algorithme d'Euclide permet d'écrire

$$\begin{aligned} a &= a_1 b + b_1, & 0 < b_1 < b \\ b &= a_2 b_1 + b_2, & 0 < b_2 < b_1 \\ b_1 &= a_3 b_2 + b_3, & 0 < b_3 < b_2 \\ &\vdots & \vdots \\ b_{n-3} &= a_{n-1} b_{n-2} + b_{n-1}, & 0 < b_{n-1} < b_{n-2} \\ b_{n-2} &= a_n b_{n-1}. & \end{aligned} \qquad (8.1)$$

Puisque tous les nombres b_i ci-dessus sont des entiers positifs, il s'ensuit que les termes $a_2, a_3, \ldots, a_n$ sont aussi des entiers positifs. En réécrivant ces expressions, on a

$$\frac{a}{b} = a_1 + \frac{b_1}{b}$$
$$\frac{b}{b_1} = a_2 + \frac{b_2}{b_1}$$
$$\frac{b_1}{b_2} = a_3 + \frac{b_3}{b_2}$$
$$\vdots \qquad \vdots$$
$$\frac{b_{n-2}}{b_{n-1}} = a_n.$$

Par des substitutions successives, on obtient

$$\frac{a}{b} = a_1 + \frac{1}{(b/b_1)} = a_1 + \cfrac{1}{a_2 + \cfrac{1}{(b_1/b_2)}}$$
$$\vdots \qquad \vdots$$
$$= a_1 + \cfrac{1}{a_2 + \cfrac{1}{a_3 + \cfrac{1}{\ddots \cfrac{}{a_{n-1} + \cfrac{1}{a_n}}}}} \stackrel{\text{déf}}{=} [a_1, a_2, \ldots, a_n].$$

L'expression à plusieurs étages s'appelle le *développement du nombre a/b en fraction continue finie* (elle est dite *simple* si tous les a_i sont des entiers, $1 \le i \le n$). On vient de voir son lien étroit avec l'algorithme d'Euclide.

Remarque Il découle de la définition ci-dessus que

$$[a_1, a_2, \ldots, a_n] = a_1 + \frac{1}{[a_2, a_3, \ldots, a_n]} = \left[a_1, a_2, \ldots, a_{n-2}, a_{n-1} + \frac{1}{a_n}\right].$$

Exemple 8.1 En procédant comme ci-dessus, on obtient

$$\frac{17}{49} = 0 + \frac{1}{49/17} = 0 + \cfrac{1}{2 + \cfrac{15}{17}} = 0 + \cfrac{1}{2 + \cfrac{1}{1 + \cfrac{2}{15}}}$$

$$= 0 + \cfrac{1}{2 + \cfrac{1}{1 + \cfrac{1}{7 + \cfrac{1}{2}}}} = [0, 2, 1, 7, 2].$$

Ces derniers faits permettent d'énoncer le résultat suivant.

Théorème 8.2 *Tout nombre rationnel peut s'exprimer comme une fraction continue simple finie.*

Remarque La représentation d'un nombre rationnel comme fraction continue simple finie n'est pas unique. Dans l'équation (8.1), chaque a_i est unique; cependant, si $a_n > 1$, on a

$$a_n = a_n - 1 + 1 = a_n - 1 + \frac{1}{1}$$

et ainsi

$$\frac{a}{b} = [a_1, a_2, \ldots, a_n] = [a_1, a_2, \ldots, a_n - 1, 1].$$

Théorème 8.3 *Toute fraction continue simple finie représente un nombre rationnel.*

DÉMONSTRATION   La preuve se fait par induction sur le nombre d'éléments dans la fraction continue et par l'utilisation de l'identité

$$[a_1, a_2, \ldots, a_n] = a_1 + \frac{1}{[a_2, a_3, \ldots, a_n]}.$$

■

Définition 8.4 Soit $[a_1, a_2, \ldots, a_n]$ une fraction continue simple finie. La fraction continue $C_k = [a_1, a_2, \ldots, a_k]$, où $k = 1, 2, \ldots, n$, est appelée *k*–**ième réduite de la fraction** $[a_1, a_2, \ldots, a_n]$.

Avec cette notation, on a

$$C_1 = [a_1] = a_1,$$
$$C_2 = [a_1, a_2] = a_1 + \frac{1}{a_2} = \frac{a_1 a_2 + 1}{a_2},$$

148 Les fractions continues

$$C_3 = [a_1, a_2, a_3] = a_1 + \frac{1}{a_2 + (1/a_3)} = \frac{(a_1 a_2 + 1) \cdot a_3 + a_1}{a_2 a_3 + 1}$$

et

$$C_4 = \frac{\{(a_1 a_2 + 1)a_3 + a_1\} \cdot a_4 + (a_1 a_2 + 1)}{(a_2 a_3 + 1) \cdot a_4 + a_2}.$$

Pour simplifier les expressions ci-dessus, on introduit les suites $\{p_n\}$ et $\{q_n\}$ définies par

$$\begin{aligned} p_0 = 1, \ p_1 = a_1, & \quad p_n = a_n p_{n-1} + p_{n-2}, & \text{où } n \geq 2, \\ q_0 = 0, \ q_1 = 1, & \quad q_n = a_n q_{n-1} + q_{n-2}, & \text{où } n \geq 2. \end{aligned} \qquad (8.2)$$

On obtient facilement les inégalités suivantes :

$$0 = q_0 < q_1 \leq q_2 < q_3 < q_4 \ldots$$

Avec la définition ci-dessus, on constate que

$$C_1 = \frac{p_1}{q_1}, \quad C_2 = \frac{p_2}{q_2}, \quad C_3 = \frac{p_3}{q_3},$$

et on a également le résultat suivant.

Théorème 8.5 *Toute réduite C_k de la fraction continue simple finie $[a_1, a_2, \ldots, a_n]$ satisfait*

$$C_k = \frac{p_k}{q_k}, \qquad \text{où } k = 1, 2, \ldots, n.$$

DÉMONSTRATION Il est facile de voir que le résultat est vrai pour $k = 1$ (et aussi pour $k = 2, 3$). Supposons que le résultat est vrai pour un certain $k < n$; nous allons démontrer qu'il est aussi vrai pour $k + 1$. Puisque

$$\begin{aligned} C_{k+1} &= [a_1, a_2, \ldots, a_{k-1}, a_k, a_{k+1}] \\ &= \left[a_1, a_2, \ldots, a_{k-1}, a_k + \frac{1}{a_{k+1}} \right], \end{aligned}$$

alors

$$\begin{aligned} C_{k+1} &= \frac{\left(a_k + \dfrac{1}{a_{k+1}}\right) p_{k-1} + p_{k-2}}{\left(a_k + \dfrac{1}{a_{k+1}}\right) q_{k-1} + q_{k-2}} \\ &= \frac{a_{k+1}(a_k p_{k-1} + p_{k-2}) + p_{k-1}}{a_{k+1}(a_k q_{k-1} + q_{k-2}) + q_{k-1}} \\ &= \frac{a_{k+1} p_k + p_{k-1}}{a_{k+1} q_k + q_{k-1}}, \end{aligned}$$

ce qui prouve le résultat pour $k+1$.

Remarque Les nombres p_n et q_n définis par les formules (8.2) sont respectivement *numérateur* et *dénominateur de la n–ième réduite*, avec $n \geq 1$.

8.3 Les propriétés de p_n et q_n

Théorème 8.6 *Pour $n \geq 1$, on a*
$$p_n q_{n-1} - q_n p_{n-1} = (-1)^n.$$

DÉMONSTRATION Le résultat est immédiat pour $n = 1$. En supposant que le résultat est vrai pour n, montrons qu'il est aussi vrai pour $n+1$. Puisque
$$\begin{aligned}p_{n+1} q_n - q_{n+1} p_n &= (a_{n+1} p_n + p_{n-1}) q_n - (a_{n+1} q_n + q_{n-1}) p_n \\ &= -(p_n q_{n-1} - q_n p_{n-1}) = (-1)^{n+1},\end{aligned}$$
alors, en utilisant l'hypothèse d'induction, on obtient le résultat. ∎

Ce théorème permet d'obtenir les deux corollaires suivants.

Corollaire 8.7 *Si $n \geq 0$, alors*
$$(p_n, p_{n+1}) = (q_{n+1}, q_n) = (p_n, q_n) = 1.$$

DÉMONSTRATION En utilisant le théorème précédent et l'identité
$$p_{n+1}(-1)^{n+1} q_n + p_n (-1)^{n+2} q_{n+1} = 1,$$
on obtient le résultat. ∎

Corollaire 8.8 *Soit a et b des entiers tels que $(a, b) = 1$ et $b > 0$. Si la fraction continue de a/b possède n termes, alors*
$$x = q_{n-1}, \quad y = -p_{n-1}$$
est une solution de l'équation diophantienne
$$ax + by = (-1)^n.$$

Exemple 8.9 Trouver une solution de $53x + 39y = 1$.

SOLUTION D'après l'algorithme d'Euclide, on a

$$53 = 1 \cdot 39 + 14$$
$$39 = 2 \cdot 14 + 11$$
$$14 = 1 \cdot 11 + 3$$
$$11 = 3 \cdot 3 + 2$$
$$3 = 1 \cdot 2 + 1$$
$$2 = 2 \cdot 1,$$

d'où $53/39 = [1, 2, 1, 3, 1, 2]$, et ainsi on a le tableau suivant :

n	0	1	2	3	4	5	6
a_n		1	2	1	3	1	2
p_n	1	1	3	4	15	19	53
q_n	0	1	2	3	11	14	39

On conclut que $x = 14$, $y = -19$ est une solution.

En utilisant le théorème précédent, on peut établir une relation importante sur les réduites.

Théorème 8.10 *Si C_k est la k-ième réduite de la fraction continue simple finie $[a_1, a_2, \ldots, a_n]$, alors*

$$C_1 < C_3 < C_5 < \ldots < C_6 < C_4 < C_2.$$

DÉMONSTRATION À l'aide des théorèmes 8.5 et 8.6, on obtient

$$\begin{aligned}
C_{k+2} - C_k &= (C_{k+2} - C_{k+1}) + (C_{k+1} - C_k) \\
&= \left(\frac{p_{k+2}}{q_{k+2}} - \frac{p_{k+1}}{q_{k+1}}\right) + \left(\frac{p_{k+1}}{q_{k+1}} - \frac{p_k}{q_k}\right) \\
&= \frac{(-1)^{k+2}}{q_{k+2}q_{k+1}} + \frac{(-1)^{k+1}}{q_{k+1}q_k} \\
&= \frac{(-1)^{k+1}(q_{k+2} - q_k)}{q_k q_{k+1} q_{k+2}}.
\end{aligned}$$

Puisque $q_{k+2} - q_k > 0$, le signe de $C_{k+2} - C_k$ est le même que celui de $(-1)^{k+1}$. Il en résulte que $C_{k+2} > C_k$ pour k impair et que $C_{k+2} < C_k$ pour k pair. Il s'ensuit que

$$C_1 < C_3 < C_5 < \ldots \quad \text{et} \quad C_2 > C_4 > C_6 > \ldots .$$

En utilisant le théorème 8.6, on obtient

$$C_k - C_{k-1} = \frac{(-1)^k}{q_k q_{k-1}}$$

et alors, pour k pair, on a $C_k > C_{k-1}$. Ainsi, on déduit que

$$C_{2n} > C_{2n+2j} > C_{2n+2j-1} > C_{2j-1}, \quad \text{pour tout } n \text{ et } j,$$

ce qui prouve le résultat. ∎

8.4 Les fractions continues infinies

À la section 8.2, on a défini une fraction continue simple finie par son développement $[a_1, a_2, \ldots, a_n]$. Il est donc naturel de définir une fraction continue simple infinie $[a_1, a_2, \ldots]$ comme étant la limite de l'expression $[a_1, a_2, \ldots, a_n]$ lorsque $n \to \infty$, si cette dernière limite existe. Montrons que toute fraction continue infinie représente un nombre irrationnel. C'est ainsi que nous établirons que π admet la représentation

$$\pi = [3, 7, 15, 1, 292, 1, \ldots].$$

Théorème 8.11 *Soit* $\{a_n\}$ *une suite d'entiers, tous positifs sauf peut-être* a_1. *Soit* $C_n = [a_1, a_2, \ldots, a_n]$. *Alors,* $\{C_n\}$ *converge vers un nombre réel.*

DÉMONSTRATION On peut considérer les C_n comme étant les réduites d'une fraction continue simple finie. D'après le théorème 8.10, la suite $\{C_{2n}\}$ est décroissante bornée inférieurement par C_1 et elle possède donc une limite α; par ailleurs, la suite $\{C_{2n+1}\}$ est une suite croissante bornée supérieurement par C_2, d'où elle possède une limite β. Puisque

$$C_{2n+1} - C_{2n} = \frac{-1}{q_{2n+1} q_{2n}} \to 0, \quad \text{lorsque } n \to \infty,$$

ces deux limites sont égales et, par conséquent, la suite $\{C_n\}$ converge et possède une seule limite. ∎

Définition 8.12 Soit $a_1, a_2, \ldots$ une suite d'entiers, tous positifs sauf peut-être a_1. L'expression $[a_1, a_2, \ldots]$ est appelée **fraction continue simple infinie** et est définie comme étant le nombre
$$\lim_{n \to \infty} [a_1, a_2, \ldots, a_n].$$

Théorème 8.13 *Toute fraction continue simple infinie représente un nombre irrationnel.*

DÉMONSTRATION Soit $\alpha = [a_1, a_2, \ldots]$. Alors, d'après le théorème 8.10, le nombre α est compris entre C_n et C_{n+1}, d'où
$$0 < |\alpha - C_n| < |C_{n+1} - C_n| = \frac{1}{q_n q_{n+1}}.$$

En multipliant cette dernière équation par q_n, on obtient
$$0 < |q_n \alpha - p_n| < \frac{1}{q_{n+1}}.$$

Si $\alpha = a/b$ est un nombre rationnel, avec $b > 0$, alors l'inégalité ci-dessus devient
$$0 < |q_n a - p_n b| < \frac{b}{q_{n+1}}.$$

Les entiers $\{q_n\}$ formant une suite qui croît indéfiniment, on peut choisir n suffisamment grand pour que $b < q_{n+1}$. De cette possibilité on déduit que l'entier $|q_n a - p_n b|$ est compris entre 0 et 1, ce qui est impossible. ∎

Exemple 8.14 Trouver une approximation de $\alpha = [1, 1, 2, 1, 2, 1, 2, \ldots]$ en évaluant C_6.

SOLUTION On obtient facilement le tableau suivant :

n	0	1	2	3	4	5	6
a_n		1	1	2	1	2	1
p_n	1	1	2	5	7	19	26
q_n	0	1	1	3	4	11	15

Ainsi, $C_6 = 26/15 = 1{,}733\ldots$. À l'aide de procédés que nous exposerons plus loin, il sera possible de montrer que ce nombre α est en fait $\sqrt{3}$.

Remarque Habituellement, pour écrire une fraction continue comme celle de l'exemple précédent, on utilise un trait pour indiquer la répétition d'un bloc. Ainsi,

$$[1,1,2,1,2,\ldots] = [1,\overline{1,2}].$$

Théorème 8.15 *Si* $\alpha = [a_1, a_2, \ldots]$, *alors* $a_1 = [\alpha]$. *De plus, si* $\alpha_1 = [a_2, a_3, \ldots]$, *alors*
$$\alpha = a_1 + \frac{1}{\alpha_1}.$$

DÉMONSTRATION   On sait que $C_1 < \alpha < C_2$. Puisque

$$C_1 = a_1 \text{ et } C_2 = a_1 + \frac{1}{a_2}, \text{ où } a_2 \geq 1,$$

il s'ensuit que
$$a_1 < \alpha < a_1 + 1, \text{ c'est-à-dire que } a_1 = [\alpha].$$

De plus,

$$\alpha = \lim_{n\to\infty} [a_1, a_2, \ldots, a_n] = \lim_{n\to\infty} \left(a_1 + \frac{1}{[a_2, a_3, \ldots, a_n]}\right)$$
$$= a_1 + \frac{1}{\lim_{n\to\infty} [a_2, a_3, \ldots, a_n]} = a_1 + \frac{1}{\alpha_1}. \qquad\blacksquare$$

Théorème 8.16 *Deux fractions continues simples infinies distinctes convergent vers des valeurs différentes.*

DÉMONSTRATION   Supposons le contraire et soit $\alpha = [a_1, a_2, \ldots] = [b_1, b_2, \ldots]$. Alors, le théorème précédent permet de conclure que $[\alpha] = a_1 = b_1$ et

$$\alpha = a_1 + \frac{1}{[a_2, a_3, \ldots]} = b_1 + \frac{1}{[b_2, b_3, \ldots]}.$$

C'est pourquoi
$$[a_2, a_3, \ldots] = [b_2, b_3, \ldots].$$

En répétant l'argument ci-dessus, on obtient que $a_2 = b_2$ et, par induction, on déduit que $a_n = b_n$ pour tout $n \geq 1$. $\qquad\blacksquare$

Exemple 8.17 Trouver la valeur de $[1, 1, \ldots]$.

SOLUTION Soit $\alpha = [1, 1, \ldots]$. D'après le théorème 8.15, on a

$$\alpha = 1 + \frac{1}{\alpha}, \text{ ce qui implique que } \alpha^2 - \alpha - 1 = 0,$$

donnant ainsi la valeur $\alpha = (1 + \sqrt{5})/2$, nombre souvent appelé le «nombre d'or».

Exemple 8.18 Trouver le nombre irrationnel représenté par la fraction continue simple infinie $[2, \overline{1, 8}]$.

SOLUTION Soit $x = [2, \overline{1, 8}]$. Alors,

$$x - 2 = \cfrac{1}{1 + \cfrac{1}{8 + \cfrac{1}{1 + \cfrac{1}{8 + \ddots}}}} = \cfrac{1}{1 + \cfrac{1}{8 + (x-2)}} = \frac{x+6}{x+7},$$

et ainsi $x = 2\sqrt{6} - 2$.

8.5 Les nombres irrationnels

Nous avons vu que toute fraction continue simple infinie représente un nombre irrationnel. Inversement, étant donné un nombre irrationnel α, peut-on montrer que ce nombre s'exprime comme une fraction continue simple infinie? La réponse est oui. Plus précisément, on montrera que tout nombre irrationnel α_1 peut s'exprimer comme une fraction continue simple infinie $[a_1, a_2, a_3, \ldots]$ qui converge vers α_1. On définit la suite d'entiers $a_1, a_2, \ldots$ en posant d'abord

$$\alpha_2 = \frac{1}{\alpha_1 - [\alpha_1]}, \quad \alpha_3 = \frac{1}{\alpha_2 - [\alpha_2]}, \quad \alpha_4 = \frac{1}{\alpha_3 - [\alpha_3]}, \ldots$$

et par suite

$$a_1 = [\alpha_1], \quad a_2 = [\alpha_2], \quad a_3 = [\alpha_3], \ldots.$$

De manière générale, les a_k sont définis par

$$a_k = [\alpha_k], \quad \text{où} \quad \alpha_{k+1} = \frac{1}{\alpha_k - a_k} \quad \text{et} \quad k \geq 1.$$

Or, α_k désigne un nombre irrationnel pour tout $k \geq 1$ et
$$0 < \alpha_k - a_k = \alpha_k - [\alpha_k] < 1.$$
On a donc
$$\alpha_{k+1} = \frac{1}{\alpha_k - a_k} > 1,$$
de sorte que les entiers a_{k+1} sont ≥ 1 pour tout $k \geq 1$. Il découle de cette construction que les entiers $a_2, a_3, a_4, \ldots$ sont tous positifs, sauf peut-être a_1. Ce procédé inductif de la forme
$$\alpha_k = a_k + \frac{1}{\alpha_{k+1}}$$
conduit à
$$\alpha_1 = a_1 + \frac{1}{\alpha_2} = [a_1, \alpha_2] = [a_1, a_2 + \frac{1}{\alpha_3}]$$
$$= [a_1, a_2, \alpha_3] = \ldots = [a_1, a_2, \ldots, a_{m-1}, \alpha_m].$$

Ce résultat suggère que α_1 est une fraction continue simple infinie $[a_1, a_2, \ldots]$. On pose
$$\alpha = [a_1, a_2, \ldots, a_{n-1}, \alpha_n] = \frac{\alpha_n p_{n-1} + p_{n-2}}{\alpha_n q_{n-1} + q_{n-2}}.$$
On a alors, pour $n \geq 2$,
$$\alpha - C_{n-1} = \frac{\alpha_n p_{n-1} + p_{n-2}}{\alpha_n q_{n-1} + q_{n-2}} - \frac{p_{n-1}}{q_{n-1}}$$
$$= -\frac{p_{n-1} q_{n-2} - p_{n-2} q_{n-1}}{q_{n-1}(\alpha_n q_{n-1} + q_{n-2})} = \frac{(-1)^n}{q_{n-1}(\alpha_n q_{n-1} + q_{n-2})}.$$

Puisque $\alpha_n > 0$ pour $n \geq 2$ et comme $\{q_n\}$ est une suite croissante, on a $\alpha - C_{n-1} \to 0$ lorsque $n \to \infty$, c'est-à-dire
$$\alpha = \lim_{n \to \infty} C_n = \lim_{n \to \infty} [a_1, a_2, \ldots, a_n].$$

On peut donc énoncer le résultat suivant.

Théorème 8.19 *Tout nombre irrationnel a une représentation unique comme fraction continue infinie.*

Exemple 8.20 Exprimer $\sqrt{5}$ comme une fraction continue simple infinie.

SOLUTION Puisque $2 < \sqrt{5} < 3$, la suite des nombres irrationnels α_k (de même que la suite d'entiers $a_k = [\alpha_k]$) peut se calculer assez facilement comme suit.

$$\alpha_1 = \sqrt{5} = 2 + (\sqrt{5} - 2), \qquad\qquad\qquad a_1 = 2,$$
$$\alpha_2 = \frac{1}{\alpha_1 - [\alpha_1]} = \frac{1}{\sqrt{5} - 2} = \sqrt{5} + 2 = 4 + (\sqrt{5} - 2), \quad a_2 = 4,$$
$$\alpha_3 = \frac{1}{\alpha_2 - [\alpha_2]} = \frac{1}{\sqrt{5} - 2} = \sqrt{5} + 2, \qquad\qquad a_3 = 4.$$

Puisque $\alpha_4 = \alpha_3 = \alpha_2$, il est facile de voir qu'en continuant le procédé, on obtient

$$\sqrt{5} = [2, \overline{4}].$$

Exemple 8.21 Trouver la valeur de quelques réduites de la fraction continue infinie du nombre $\pi = 3{,}141\,592\,653\,589\,793\,238\,462\,643\,383\,279\ldots$

SOLUTION Des calculs élémentaires permettent d'obtenir

$$\alpha_1 = \pi = 3 + (\pi - 3), \qquad\qquad\qquad a_1 = 3,$$
$$\alpha_2 = \frac{1}{\alpha_1 - [\alpha_1]} = \frac{1}{0{,}141\,592\,653\,5\ldots} = 7{,}062\,513\,30\ldots, \quad a_2 = 7,$$
$$\alpha_3 = \frac{1}{\alpha_2 - [\alpha_2]} = \frac{1}{0{,}062\,513\,30\ldots} = 15{,}996\,594\,40\ldots, \quad a_3 = 15,$$
$$\alpha_4 = \frac{1}{\alpha_3 - [\alpha_3]} = \frac{1}{0{,}996\,594\,40\ldots} = 1{,}003\,417\,23\ldots, \quad a_4 = 1,$$
$$\alpha_5 = \frac{1}{\alpha_4 - [\alpha_4]} = \frac{1}{0{,}003\,417\,23\ldots} = 292{,}637\,24\ldots, \quad a_5 = 292,$$
$$\alpha_6 = \frac{1}{\alpha_5 - [\alpha_5]} = \frac{1}{0{,}637\,24\ldots} = 1{,}569\,2\ldots, \qquad a_6 = 1.$$

La fraction continue infinie de π est donc

$$[3, 7, 15, 1, 292, 1, \ldots].$$

8.6 L'approximation de nombres irrationnels

Soit α un nombre réel et N un entier > 1. Parmi tous les nombres rationnels dont les dénominateurs sont inférieurs ou égaux à N, il y en a un qui est plus près de α : on l'appelle la *meilleure approximation rationnelle de* α. On montrera que les réduites p_n/q_n sont les meilleures approximations rationnelles de α.

Soit $\alpha = [a_1, a_2, \ldots]$. Puisque α est un nombre réel compris entre C_n et C_{n+1}, on obtient le résultat suivant.

Théorème 8.22 *Si C_n est la n–ième réduite du nombre irrationnel α, alors*

$$|\alpha - C_n| < \frac{1}{q_n q_{n+1}} < \frac{1}{q_n^2}.$$

Corollaire 8.23 *Soit α un nombre irrationnel arbitraire. Alors, il existe une infinité de nombres rationnels a/b tels que $|\alpha - a/b| < 1/b^2$.*

DÉMONSTRATION   D'après le théorème précédent, on voit que toutes les réduites de α vérifient la condition du corollaire. ∎

Théorème 8.24 (Lagrange)   *Soit $n \geq 1$ et soit $C_n = p_n/q_n$ la n-ième réduite du nombre irrationnel α. Soit $a, b \in \mathbb{Z}$ tels que $1 \leq b < q_{n+1}$. Alors,*

$$|q_n \alpha - p_n| \leq |b\alpha - a|.$$

DÉMONSTRATION   Considérons le sytème d'équations

$$\begin{cases} p_n x + p_{n+1} y = a \\ q_n x + q_{n+1} y = b. \end{cases}$$

Puisque le déterminant des coefficients $p_n q_{n+1} - q_n p_{n+1} = (-1)^n \neq 0$, le système possède une solution unique en entiers :

$$x = (-1)^n (a q_{n+1} - b p_{n+1}), \quad y = (-1)^n (b p_n - a q_n).$$

Notons que $x \neq 0$, car autrement $q_{n+1} y = b$, auquel cas $q_{n+1} | b$, ce qui est contraire à l'hypothèse. D'un autre côté, $y = 0$ est possible. Cependant, dans ce cas, puisque $a = p_n x$, $b = q_n x$, on aura

$$|q_n \alpha - p_n| \leq |x| \cdot |q_n \alpha - p_n| = |b\alpha - a|,$$

qui est le résultat que l'on doit démontrer.

On peut donc supposer que $x \neq 0$ et $y \neq 0$. Dans ce cas, on a que x et y sont de signes opposés. En effet, pour $y < 0$, l'équation $q_n x = b - q_{n+1} y$ implique que $q_n x > 0$ et ainsi que $x > 0$. Si $y > 0$, l'hypothèse $b < q_{n+1}$ implique que $b < y q_{n+1}$ et ainsi que $x q_n = b - y q_{n+1} < 0$; il s'ensuit que $x < 0$. D'après le théorème 8.11, le nombre réel α est entre deux réduites consécutives, c'est-à-dire entre p_n/q_n et p_{n+1}/q_{n+1}. Dans ce cas, on a que $q_n \alpha - p_n$ et $q_{n+1} \alpha - p_{n+1}$ sont de signes opposés. Ce résultat implique que les nombres $x(q_n \alpha - p_n)$ et $y(q_{n+1} \alpha - p_{n+1})$ sont du même signe et ainsi que la valeur absolue de leur somme est la somme de leurs valeurs absolues. À l'aide de ces considérations, on obtient

$$\begin{aligned} |b\alpha - a| &= |(q_n x + q_{n+1} y)\alpha - (p_n x + p_{n+1} y)| \\ &= |x(q_n \alpha - p_n) + y(q_{n+1} \alpha - p_{n+1})| \\ &= |x(q_n \alpha - p_n)| + |y(q_{n+1} \alpha - p_{n+1}|\\ &= |x||q_n \alpha - p_n| + |y||q_{n+1} \alpha - p_{n+1}| \geq |q_n \alpha - p_n|, \end{aligned}$$

ce qui démontre le résultat. ∎

Théorème 8.25 *Si $1 \leq b \leq q_n$, le nombre rationnel a/b satisfait*

$$\left|\alpha - \frac{p_n}{q_n}\right| \leq \left|\alpha - \frac{a}{b}\right|.$$

DÉMONSTRATION Si

$$\left|\alpha - \frac{p_n}{q_n}\right| > \left|\alpha - \frac{a}{b}\right|,$$

alors

$$|q_n \alpha - p_n| = q_n \left|\alpha - \frac{p_n}{q_n}\right| > b \left|\alpha - \frac{a}{b}\right| = |b\alpha - a|. \qquad \blacksquare$$

Exemple 8.26 La fraction continue infinie $[3, 7, 15, 1, 292, 1, 1, \ldots]$ représente le nombre irrationnel π. De plus, il n'existe pas de nombre rationnel autre que $355/113$ dont le dénominateur est plus petit que 113 et qui soit une meilleure approximation rationnelle de π.

SOLUTION   On a le tableau suivant :

n	0	1	2	3	4	5	6
a_n		3	7	15	1	292	1
p_n	1	3	22	333	355	103\,993	104\,348
q_n	0	1	7	106	113	33\,102	33\,215

et p_4/q_4 est la meilleure approximation rationnelle de π parmi tous les nombres rationnels dont le dénominateur ne dépasse pas 113. Notons cependant que ce résultat ne désigne pas la meilleure approximation rationnelle de π. En effet, il n'y a aucune raison de croire que 355/113 est la meilleure approximation rationnelle.

Exercices sur le chapitre 8

1. Exprimer $-16/7$ et $57/49$ comme une fraction continue simple.

2. Évaluer les fractions continues finies que voici :

   a) $[1,2,3,4]$ b) $[-1,2,3,4]$ c) $[3,3,3,3]$ d) $[1,3,1,3]$

3. Exprimer chaque nombre suivant comme une fraction continue simple infinie.

   a) $\sqrt{2}$ b) $\sqrt{2}/2$ c) $\sqrt{18}$ d) $\sqrt{18}+3$

4. À l'aide des fractions continues, trouver une solution de $12x + 5y = 13$, de même qu'une solution de $13x - 19y = 1$.

5. Trouver le nombre irrationnel représenté par la fraction continue infinie donnée :

   a) $[3,\overline{1,4}]$ b) $[3,\overline{1,4,3}]$ c) $[2,\overline{7,1,8}]$

6. Soit α un nombre irrationnel plus grand que 1 dont la représentation comme fraction continue simple infinie est $[a_1, a_2, \ldots]$. Exprimer $1/\alpha$ comme une fraction continue simple infinie.

7. Trouver un nombre rationnel qui constitue une bonne approximation de $\sqrt{5}$, c'est-à-dire un nombre rationnel a/b tel que

$$|\sqrt{5} - a/b| < 10^{-4}.$$

8. Trouver une approximation du nombre irrationnel $[1, 2, 3, 4, 5, 6, 7, \ldots]$ jusqu'à la 6e décimale.

9. Sachant que
$$e = [2, 1, 2, 1, 1, 4, 1, 1, 6, 1, 1, 8, 1, \ldots],$$
trouver un nombre rationnel qui soit une approximation correcte du nombre e jusqu'à la 4e décimale.

10. Sachant que
$$\pi = [3, 7, 15, 1, 292, 1, 1, 1, 2, 1, 3, 1, 14, 2 \ldots],$$
trouver un nombre rationnel qui soit une approximation correcte du nombre π jusqu'à la 6e décimale.

11. Trouver une approximation correcte jusqu'à 10^{-4} du nombre
$$[4, \overline{2, 1, 3, 1, 2, 8}].$$

Problèmes à résoudre à l'ordinateur

12. Écrire un programme pour résoudre, à l'aide des fractions continues, l'équation diophantienne $ax + by = 1$, où $a, b > 1$.

13. Écrire un programme pour calculer chaque réduite d'un nombre réel jusqu'à la limite de l'ordinateur utilisé. Vérifier le programme lorsque $N = \sqrt{2}, \sqrt{3}, \sqrt{5}, e, \sqrt{7}, \pi, \sqrt{37}, \sqrt{3\,234\,679}$.

14. Une équation de Fermat — ou encore de Pell, comme a écrit Euler par inadvertance — est une équation $x^2 - dy^2 = 1$, où d est nombre naturel fixe qui ne peut s'écrire comme un carré parfait. On peut montrer le résultat suivant :

Soit p_k/q_k la k-ième réduite de la fraction continue $\sqrt{d}$ et soit n la période de cette fraction.

   i) *Si n est pair, alors toutes les solutions positives de l'équation de Fermat-Pell sont données par*
   $$x = p_{kn-1}, \quad y = q_{kn-1} \quad (k = 1, 2, 3 \ldots).$$

   ii) *Si n est impair, alors toutes les solutions positives de l'équation de Fermat-Pell sont données par*
   $$x = p_{2kn-1}, \quad y = q_{2kn-1} \quad (k = 1, 2, 3, \ldots).$$

Écrire un programme qui permet de trouver une solution à l'équation de Fermat-Pell pour chaque entier positif $d \leq 50$, $d \neq m^2$. Obtenir également la plus petite solution positive de l'équation de Fermat-Pell $x^2 - 77y^2 = 1$. (La solution est : $x = 351$, $y = 40$.)

Chapitre 9
La classification des nombres réels

9.1 Les nombres irrationnels

Un nombre réel x est dit *irrationnel* s'il n'est pas rationnel, c'est-à-dire s'il ne peut s'écrire sous la forme $x = a/b$, où $a, b \in \mathbb{Z}$, avec $b \neq 0$. La théorie des nombres est consacrée à l'étude des propriétés des nombres entiers. Aussi, il peut paraître hors sujet de considérer ici les nombres irrationnels, lesquels font plutôt partie du domaine de l'analyse. Toutefois, l'énoncé «$\sqrt{2}$ *est irrationnel*» est équivalent à dire que «*l'équation $a^2 = 2b^2$ n'a pas de solution en entiers a et b*» et relève donc, par le fait même, de la théorie des nombres.

Dans un premier temps, nous chercherons à reconnaître certains nombres irrationnels. Ensuite, nous verrons comment on peut approximer des nombres irrationnels par des nombres rationnels.

Voici donc un premier résultat qui est en quelque sorte une généralisation de l'énoncé «$\sqrt{2}$ *est irrationnel*».

Théorème 9.1 *Le nombre $N^{1/m}$ est irrationnel, à moins que N soit la m-ième puissance d'un entier positif n.*

DÉMONSTRATION Supposons que $N > 1$ et qu'il existe des entiers a et b tels que $(a, b) = 1$ et
$$a^m = Nb^m.$$
Soit p un facteur premier quelconque de N. Alors $p | a^m$ et donc $p | a$. Soit p^s la plus grande puissance de p qui divise a. Alors, on a
$$a = p^s c, \quad \text{avec } (p, c) = 1.$$
Il s'ensuit que
$$p^{sm} c^m = a^m = Nb^m.$$

Or, p ne divise ni b, ni c. Donc, N est divisible par p^{sm}, et non par une plus haute puissance de p. Comme ce fait est vrai pour chaque facteur premier p de N, il en découle que N est une m-ième puissance. ∎

Tous les nombres irrationnels ne sont pas si faciles à déceler. Ainsi, on ne sait pas encore aujourd'hui si les nombres 2e, 2^π, π^e, γ et $\zeta(5)$ sont des nombres irrationnels.

Il existe cependant un résultat relativement facile à démontrer qui fournit un critère pour déterminer si un nombre est irrationnel ou non. Ce résultat s'énonce ainsi.

Théorème 9.2 *Si x_0 est une racine de l'équation*

$$x^m + c_1 x^{m-1} + \cdots + c_{m-1} x + c_m = 0, \qquad (9.1)$$

où les $c_i \in \mathbb{Z}$, alors x_0 est soit entier, soit irrationnel.

Remarque L'équation $x^m - N = 0$ étant un cas particulier de (9.1), le théorème 9.1 est un cas particulier du théorème 9.2.

Démonstration du théorème 9.2. De toute évidence, on peut supposer que $c_m \neq 0$. On procède donc par contradiction en supposant que $x = a/b$, avec $(a,b) = 1$. On a alors

$$a^m + c_1 a^{m-1} b + \cdots + c_m b^m = 0.$$

De ce résultat on déduit que $b | a^m$ et donc que $b = 1$. ∎

Exemple 9.3 Le nombre $x = \sqrt{2} + \sqrt{3}$ est irrationnel parce que ce n'est pas un entier et qu'il satisfait la relation $x^4 - 10x^2 + 1 = 0$.

Démontrons maintenant quelques résultats qui donnent une bonne idée de l'originalité des procédés employés pour traiter ce problème.

Théorème 9.4 *Le nombre e est irrationnel.*

DÉMONSTRATION On procède par contradiction en supposant que e est un nombre rationnel, c'est-à-dire que $e = a/b$, où $a, b \in \mathbb{N}$. Si $k \geq b$, alors $b | k!$ et le nombre

$$c \stackrel{\text{déf}}{=} k! \left(\frac{a}{b} - 1 - \frac{1}{1!} - \frac{1}{2!} - \cdots - \frac{1}{k!} \right)$$

est entier. Mais alors,

$$0 < c = \frac{1}{k+1} + \frac{1}{(k+1)(k+2)} + \cdots < \frac{1}{k+1} + \frac{1}{(k+1)^2} + \cdots = \frac{1}{k} \leq 1.$$

On obtient ainsi que c est un entier positif satisfaisant $0 < c < 1$, donc une contradiction. ∎

Ce procédé qui consiste à construire un entier positif c satisfaisant $0 < c < 1$, menant ainsi à une contradiction, peut être exploité davantage pour démontrer que d'autres nombres sont irrationnels, par exemple que e^y est irrationnel pour tout nombre rationnel $y \neq 0$. Pour ce faire, on introduit d'abord une fonction importante.

Soit n un entier positif quelconque. On pose

$$f(x) \stackrel{\text{déf}}{=} \frac{x^n(1-x)^n}{n!} = \frac{1}{n!} \sum_{m=n}^{2n} c_m x^m,$$

où les c_m sont des entiers. Pour $0 < x < 1$, on a

$$0 < f(x) < \frac{1}{n!}. \tag{9.2}$$

Il est clair que $f(0) = 0$ et que $f^{(m)}(0) = 0$ si $m < n$ ou $m > 2n$. Par ailleurs, si $n \leq m \leq 2n$, on a

$$f^{(m)}(0) = \frac{m!}{n!} c_m,$$

qui est un entier. Il s'ensuit que $f(x)$ et toutes ses dérivées prennent des valeurs entières à $x = 0$. Comme $f(1-x) = f(x)$, la même chose est vraie à $x = 1$.

Théorème 9.5 *Si $y \neq 0$ est rationnel, alors e^y est irrationnel.*

DÉMONSTRATION On procède par contradiction en écrivant $y = h/k$ et en supposant que e^y est rationnel, auquel cas $e^{ky} = e^h$ est aussi un nombre rationnel. Posons donc $e^h = \frac{a}{b}$, où a et b sont des entiers positifs, et considérons la fonction

$$F(x) \stackrel{\text{déf}}{=} h^{2n} f(x) - h^{2n-1} f'(x) + \cdots - h f^{(2n-1)}(x) + f^{(2n)}(x).$$

Étant donné la nature de $f(x)$ mentionnée ci-dessus, on a que $F(0)$ et $F(1)$ sont des entiers. On a aussi que

$$\frac{d}{dx}\{e^{hx} F(x)\} = e^{hx}\{hF(x) + F'(x)\} = h^{2n+1} e^{hx} f(x).$$

C'est pourquoi

$$b \int_0^1 h^{2n+1} e^{hx} f(x)\, dx = b e^{hx} F(x) \Big|_0^1 = aF(1) - bF(0),$$

qui est un entier. À l'aide de (9.2), on obtient que

$$0 < b \int_0^1 h^{2n+1} e^{hx} f(x)\, dx < \frac{b h^{2n} e^h}{n!},$$

laquelle quantité est inférieure à 1 si n est suffisamment grand, d'où la contradiction. ∎

9.2 L'approximation des irrationnels par des rationnels

Étant donné un nombre irrationnel ξ, on recherche des nombres rationnels $r = p/q$ (avec $(p,q) = 1$) tels que la différence $|\xi - r|$ soit petite (*cf.* le chapitre précédent). On peut évidemment supposer que $0 < \xi < 1$.

On sait que l'ensemble des nombres rationnels, bien que dénombrable, est dense dans l'ensemble des nombres réels. Cela veut donc dire qu'il existe des nombres rationnels r aussi près que l'on veut d'un nombre irrationnel ξ donné. En d'autres mots, étant donné un nombre irrationnel ξ et un nombre $\varepsilon > 0$, il existe un nombre rationnel r tel que

$$|\xi - r| = \left|\xi - \frac{p}{q}\right| \leq \varepsilon.$$

On peut donc se demander avec quelle rapidité on peut approcher ξ.

Théorème 9.6 (Théorème de Dirichlet) *Soit ξ un nombre irrationnel. Étant donné un nombre entier positif n, il existe deux entiers $p < q \leq n$ tels que*

$$\left|\xi - \frac{p}{q}\right| < \frac{1}{qn} \leq \frac{1}{q^2}. \tag{9.3}$$

DÉMONSTRATION Notons par $\{x\} = x - [x]$ la partie fractionnaire du nombre réel positif x et par $\overline{x}$ la différence entre x et l'entier le plus proche (si $x = m + \frac{1}{2}$, avec m entier, on écrira $\overline{x} = \frac{1}{2}$).

Considérons les $n+1$ nombres :

$$0, \{\xi\}, \{2\xi\}, \ldots, \{n\xi\}.$$

Ceux-ci représentent $n+1$ nombres compris entre 0 et 1 et donc distribués à l'intérieur des n intervalles
$$\left[\frac{s}{n}, \frac{s+1}{n}\right], \qquad s = 0, 1, 2, \ldots, n-1.$$

Par le *principe des tiroirs*, il doit y avoir un intervalle, parmi ceux-ci, qui contient au moins deux nombres $(n\xi)$. Il existe donc deux nombres q_1 et q_2, inférieurs ou égaux à n, tels que $\{q_1\xi\}$ et $\{q_2\xi\}$ diffèrent par moins de $1/n$. Supposons que $q_2 > q_1$ et posons $q = q_2 - q_1$. Alors, $0 < q \leq n$ et $\overline{q\xi} < 1/n$. Il existe donc un nombre entier p tel que
$$|q\xi - p| < \frac{1}{n}.$$

Voilà qui démontre la relation (9.3) et termine la preuve du théorème. ∎

9.3 Les nombres algébriques et les nombres transcendants

Un *nombre algébrique* est un nombre x qui satisfait une équation algébrique, c'est-à-dire une équation de la forme
$$a_n x^n + a_{n-1} x^{n-1} + \cdots + a_0 = 0,$$
où les a_i sont des entiers non tous nuls.

Un nombre qui n'est pas algébrique est appelé un *nombre transcendant*. On peut se demander s'il existe des nombres transcendants. En fait, comme le révèle le théorème 9.8 énoncé ci-dessous, la plupart des nombres sont transcendants!

Tout nombre rationnel est algébrique (en effet, si $x = a/b$, alors x satisfait $bx - a = 0$). De même, $i = \sqrt{-1}$ est algébrique. Ici, toutefois, on s'intéresse seulement aux nombres algébriques réels.

Si un nombre algébrique satisfait une équation algébrique de degré n (et aucune de degré inférieur), on dit que x est de *degré n*. Ainsi, un nombre rationnel est algébrique de degré 1.

On sait que l'ensemble des nombres rationnels est dénombrable et que tout nombre rationnel est algébrique. Il est naturel de se demander si l'ensemble des nombres algébriques est aussi dénombrable. C'est l'objet du prochain résultat.

Théorème 9.7 *L'ensemble des nombres algébriques est dénombrable.*

DÉMONSTRATION On sait qu'un nombre algébrique ξ est une solution de l'équation
$$a_n x^n + a_{n-1} x^{n-1} + \cdots + a_0 = 0, \qquad (9.4)$$

où les a_i sont des entiers non tous nuls. Soit $N = n + |a_0| + |a_1| + \cdots + |a_n|$. On a nécessairement $N \geq 2$. Pour chaque N fixe, il existe seulement un nombre fini d'équations polynomiales de la forme (9.4); par ailleurs, chacune de ces équations possède seulement un nombre fini de solutions. Le nombre de nombres algébriques correspondant à N est donc fini. Soit E_N cet ensemble de nombres algébriques. Considérons la suite d'ensembles $E_2, E_3, \ldots, E_N, \ldots$. Il est clair que $\cup_{m=2}^{\infty} E_m$ est un ensemble dénombrable. Il va de soi que l'ensemble E des nombres algébriques est un sous-ensemble de l'ensemble $\cup_{m=2}^{\infty} E_m$ et est donc lui-même dénombrable. ∎

Comme l'ensemble des nombres réels est non dénombrable, on peut conclure du théorème 9.7 le résultat suivant.

Théorème 9.8 *L'ensemble des nombres transcendants est non dénombrable.*

Même si les nombres transcendants sont très nombreux, ils ne sont pas facilement décelables. Nous allons tout de même en construire un. Pour cela, démontrons d'abord un résultat dû à Liouville.

Théorème 9.9 *Soit ξ un nombre algébrique de degré n. Alors, il existe une constante $c = c(\xi) > 0$ telle que*

$$\left| \xi - \frac{p}{q} \right| > \frac{c}{q^n} \tag{9.5}$$

pour tous les entiers p et q, avec $q > 0$.

DÉMONSTRATION   Supposons que ξ satisfait l'équation

$$f(\xi) = a_n \xi^n + a_{n-1} \xi^{n-1} + \cdots + a_0 = 0.$$

Puisque f est une fonction continue, il existe une constante positive $M = M(\xi)$ telle que $|f'(y)| < M$ pour tout $y \in (\xi - 1, \xi + 1)$. Supposons que $p/q \neq \xi$ est une approximation de ξ. On peut supposer que l'approximation est assez bonne pour que $p/q \in (\xi - 1, \xi + 1)$ et qu'en plus p/q est plus proche de ξ que toute autre racine de $f(x) = 0$, tout en ayant $f(p/q) \neq 0$. On a alors

$$\left| f\left(\frac{p}{q}\right) \right| = \frac{|a_n p^n + a_{n-1} p^{n-1} q + \cdots + a_0 q^n|}{q^n} \geq \frac{1}{q^n}, \tag{9.6}$$

car le numérateur est un nombre positif. On a également

$$f\left(\frac{p}{q}\right) = f\left(\frac{p}{q}\right) - f(\xi) = \left(\frac{p}{q} - \xi\right) f'(x), \tag{9.7}$$

pour un certain x situé entre p/q et ξ. Il découle donc des relations (9.6) et (9.7) que
$$\left|\xi - \frac{p}{q}\right| = \frac{|f(p/q)|}{|f'(x)|} > \frac{1}{Mq^n}.$$
Il suffit alors de choisir $c = 1/M$ et l'inégalité (9.5) est satisfaite. ∎

Utilisons maintenant ce résultat pour construire un nombre transcendant. C'est l'objet du théorème suivant.

Théorème 9.10 *Le nombre*
$$\xi = \frac{1}{10} + \frac{1}{10^{2!}} + \frac{1}{10^{3!}} + \cdots$$
est un nombre transcendant.

DÉMONSTRATION   On fixe $n \in \mathbb{N}$ et on pose
$$\alpha \stackrel{\text{déf}}{=} \frac{1}{10} + \frac{1}{10^{2!}} + \cdots + \frac{1}{10^{n!}} = \frac{p}{q}, \qquad \text{où } q = 10^{n!}.$$
On a donc
$$0 < \xi - \frac{p}{q} = \frac{1}{10^{(n+1)!}} + \cdots < \frac{2}{10^{(n+1)!}} = \frac{2}{q^{n+1}}.$$
Comme n peut être choisi arbitrairement grand, on peut, en vertu du théorème 9.9, conclure que ξ n'est pas algébrique et qu'il est donc transcendant. ∎

Mentionnons également que l'on peut démontrer – non sans difficulté – que les nombres e et π sont des nombres transcendants. Par ailleurs, il existe plusieurs nombres dont on ne connaît pas encore la nature exacte; c'est le cas par exemple du nombre $e + \pi$.

En terminant, ajoutons une remarque de couleur historique. Elle concerne la relation entre la *quadrature du cercle* et la transcendance de π. On sait que le problème de la quadrature du cercle remonte au temps des Grecs et consiste à construire, à partir d'une règle et d'un compas, un carré ayant même aire que celle d'un cercle donné : en supposant qu'il s'agit d'un cercle de rayon unité, cela revient à construire dans le plan $\mathbb{R}^2$ deux points séparés d'une distance égale à π. Or, comme tous les points que l'on peut construire à l'aide d'une règle et d'un compas sont définis par l'intersection de droites et de cercles, il en découle facilement que leurs coordonnées sont données par des nombres algébriques. C'est pourquoi la transcendance de π implique que la quadrature du cercle est impossible.

Exercices sur le chapitre 9

1. Démontrer que $\sqrt{2}+\sqrt{7}$ est un nombre irrationnel. Est-il un nombre algébrique ?

2. Démontrer que si y est un nombre réel non nul tel que e^y est rationnel, alors y est irrationnel.

3. Démontrer que $\log 2$ (soit le logarithme népérien de 2) est un nombre irrationnel.

4. Démontrer que $\dfrac{1+7^{1/3}}{2}$ est un nombre algébrique de degré 3 en trouvant son polynôme minimal.

5. Démontrer que $1+\sqrt{2}+\sqrt{3}$ est un nombre algébrique de degré 4 en trouvant son polynôme minimal.

6. Si α est un nombre algébrique de degré n, démontrer que $-\alpha$, α^{-1} et $\alpha-1$ sont aussi des nombres algébriques de degré n.

7. Soit θ un nombre irrationnel. Alors, l'ensemble des points $\{\theta\},\{2\theta\},\{3\theta\},\ldots$ est dense dans l'intervalle $(0,1)$.

8. Si α et β sont des nombres algébriques, démontrer que $\alpha+\beta$ et $\alpha\beta$ sont aussi des nombres algébriques.

   Suggestion : Utiliser l'exercice précédent.

9. Démontrer le théorème de Kronecker : «*Soit θ un nombre irrationnel, α un nombre réel quelconque, N un entier positif et $\varepsilon > 0$. Alors, il existe deux entiers n et p tels que*
$$|n\theta - p - \alpha| < \varepsilon.$$»

10. Soit ξ un nombre réel et $\theta_1,\ldots,\theta_n$ des nombres réels non tous nuls tels que
$$\begin{cases} \xi\theta_1 = a_{1,1}\theta_1 + a_{1,2}\theta_2 + \cdots + a_{1,n}\theta_n, \\ \xi\theta_2 = a_{2,1}\theta_1 + a_{2,2}\theta_2 + \cdots + a_{2,n}\theta_n, \\ \vdots \qquad \vdots \\ \xi\theta_n = a_{n,1}\theta_1 + a_{n,2}\theta_2 + \cdots + a_{n,n}\theta_n, \end{cases}$$
où les coefficients $a_{i,j}$ sont des nombres rationnels. Montrer que ξ est un nombre algébrique.

11. Démontrer que π est un nombre irrationnel.

    Suggestion : Supposer le contraire, c'est-à-dire que $\pi = a/b$, où a et b sont des entiers positifs. Considérer ensuite les fonctions
$$f(x) = \frac{x^n(a-bx)^n}{n!}$$

et
$$F(x) = f(x) - f^{(2)}(x) + f^{(4)}(x) - \cdots + (-1)^n f^{(2n)}(x).$$

Démontrer que $f(x)$ et ses dérivées prennent des valeurs entières à $x = 0$ et $x = \pi$, de même que $F(0)$ et $F(\pi)$. Calculer la dérivée de $F'(x) \sin x - F(x) \cos x$ pour en déduire que
$$\int_0^\pi f(x) \sin x \, dx = F(\pi) - F(0),$$

laquelle quantité représente un entier. En déduire que, pour $0 < x < \pi$ et pour n suffisamment grand, on a
$$0 < \int_0^\pi f(x) \sin x \, dx < 1,$$

ce qui contredit le fait que $F(\pi) - F(0)$ est un entier.

12. Construire une suite non dénombrable de nombres transcendants.

    Suggestion : Montrer que si $\{a_n\}$ est une suite croissante de nombres naturels, alors
    $$\frac{1}{10^{a_1}} + \frac{1}{10^{a_2 \cdot 2!}} + \frac{1}{10^{a_3 \cdot 3!}} + \cdots$$
    est un nombre transcendant.

Problèmes à résoudre à l'ordinateur

13. Écrire un programme pour calculer le nombre π avec une précision de 2000 décimales.

14. Écrire un programme pour calculer le nombre e avec une précision de 2000 décimales.

Chapitre 10
Quelques notions de la théorie des partitions

10.1 Introduction

Jusqu'ici, nous nous sommes intéressés aux propriétés multiplicatives des nombres. C'est ainsi que l'étude des fonctions arithmétiques introduites au chapitre 4 a permis d'obtenir de l'information sur la structure multiplicative des nombres : *le nombre de diviseurs, le nombre des facteurs premiers distincts, etc.*

Il existe toutefois d'importants problèmes – ce sont d'ailleurs les plus difficiles – dits à caractère additif. Ils font partie de ce que l'on appelle *la théorie additive des nombres*. De façon générale, on peut présenter le sujet ainsi. Soit $A = \{a_1, a_2, a_3, \ldots\}$ un ensemble de nombres entiers (par exemple, l'ensemble des nombres entiers positifs ou l'ensemble des nombres positifs pairs, ou encore l'ensemble des carrés parfaits); on recherche toutes les représentations d'un entier positif n sous la forme

$$n = a_{i_1} + a_{i_2} + \cdots + a_{i_s}, \tag{10.1}$$

où s peut être fixe ou indéterminé, selon le contexte particulier. Les a_{i_j} ne sont pas nécessairement distincts. On cherche alors à calculer le nombre de représentations de l'entier positif n sous la forme (10.1).

Le cas le plus classique est celui où $A = \mathbb{N}$, s est indéterminé, les répétitions étant permises et l'ordre sans importance. Il s'agit donc de compter le nombre de partitions[1] d'un entier positif n, c'est-à-dire le nombre de façons d'écrire n comme une somme d'entiers positifs. La fonction *nombre de partitions* est notée $p(n)$ et appelée la *fonction*

---

[1] Il est important de signaler que le terme *partition* revêt une signification particulière dans la théorie des ensembles. On peut éviter cette confusion en employant plutôt le terme *partage d'entiers*, appellation consacrée en combinatoire. Toutefois, le terme *partition* a quand même été adopté pour le présent ouvrage, puisque la littérature anglophone l'utilise abondamment.

partition. Par exemple, pour calculer $p(5)$, on observe que

$$5 = 4+1 = 3+2 = 3+1+1 = 2+2+1$$
$$= 2+1+1+1 = 1+1+1+1+1.$$

Une somme de la forme $2+2+1$ est considérée comme identique à $2+1+2$ puisque l'ordre est sans importance. On a donc $p(5) = 7$. De même, on calcule $p(6) = 11$. La fonction $p(n)$ croît très rapidement avec n, comme en font foi les valeurs suivantes : $p(20) = 627$, $p(50) = 204\,226$, $p(100) = 190\,569\,292$, $p(200) = 3\,972\,999\,029\,388$. Euler a été le premier mathématicien à obtenir des propriétés importantes de $p(n)$; en 1748, il exposait ses résultats dans son ouvrage *Introductio in Analysin Infinitorum*.

En 1918, G.H. Hardy et S. Ramanujan[2] ont démontré, par des méthodes d'analyse complexe, que pour n suffisamment grand

$$p(n) \sim \frac{1}{4n\sqrt{3}} e^{\pi\sqrt{2n/3}}.$$

Ce n'est qu'en 1951 que D.J. Newman[3] a réussi à obtenir ce même résultat en n'appliquant que des méthodes d'analyse réelle.

Fait important à noter : l'étude de $p(n)$ peut exiger des propriétés très profondes. Par exemple, pour étudier la congruence de Ramanujan

$$p(5n+4) \equiv 0 \pmod{5},$$

il faut utiliser les propriétés des fonctions elliptiques modulaires.

La fonction $p(n)$ est un cas particulier de la fonction $p_A(n)$, qui désigne le nombre de représentations de n comme une somme d'éléments de A; ainsi, $p(n) = p_\mathbb{N}(n)$. On notera également par $p_m(n)$ le nombre de partitions de n en au plus m parties. Par exemple, on a $p_3(5) = 5$ et puisque

$$9 = 8+1 = 7+2 = 7+1+1 = 6+3 = 6+2+1 = 5+4$$
$$= 5+3+1 = 5+2+2 = 4+4+1 = 4+3+2 = 3+3+3,$$

il s'ensuit que $p_3(9) = 12$. Enfin, on notera par $p^*(n)$ le nombre de partitions de n en parties distinctes. Dans ce chapitre, nous nous pencherons sur l'étude de ces fonctions et de quelques autres fonctions connexes.

---

2. HARDY, G.H., et S. RAMANUJAN. «Asymptotic Formulæ in Combinatory Analysis», *Proc. London Math. Soc.*, vol. 17, 1918, p. 75-115.

3. NEWMAN, D.J. «The Evaluation of the Constant in the Formula for the Number of Partitions of n», *Amer. J. Math.*, vol. 73, 1951, p. 599-601.

10.2 La représentation graphique

En représentation graphique, une partition est représentée par une rangée horizontale de points. Par exemple, $7+4+3+3+1$ est une des partitions de 18 dont la représentation graphique est

Si, au lieu de «lire la représentation graphique» ci-dessus selon les rangées, on la lisait selon les colonnes, on obtiendrait la partition $5+4+4+2+1+1+1$ de 18. On dira que ces deux partitions sont *conjuguées*.

Cet exemple nous indique déjà que différents résultats sur les partitions pourront être démontrés à partir de représentations graphiques. Par exemple, si un graphe avec m rangées lu horizontalement représente une partition de n en m parties, alors lu verticalement, le même graphe représente une partition de n en parties dont la plus grande est m. On a donc démontré le résultat suivant.

Théorème 10.1 *Le nombre de partitions de n en m parties est égal au nombre de partitions de n en parties dont la plus grande est m.*

10.3 Les fonctions génératrices

On présente dans cette section les fonctions génératrices de $p_m(n)$ et de $p(n)$.

Théorème 10.2 *Pour $|x| < 1$,*

$$\sum_{n=0}^{\infty} p_m(n) x^n = \prod_{k=1}^{m} \frac{1}{1-x^k}.$$

DÉMONSTRATION Puisque, pour $|x| < 1$, on a

$$\frac{1}{1-x} = 1 + x + x^2 + x^3 + \cdots,$$

alors

$$\prod_{k=1}^{m}\frac{1}{1-x^k} = \frac{1}{1-x}\frac{1}{1-x^2}\frac{1}{1-x^3}\cdots\frac{1}{1-x^m}$$
$$= (1 + x^1 + x^{2\cdot 1} + x^{3\cdot 1} + x^{4\cdot 1} + \cdots + x^{r_1\cdot 1} + \cdots)$$
$$\times (1 + x^2 + x^{2\cdot 2} + x^{3\cdot 2} + x^{4\cdot 2} + \cdots + x^{r_2\cdot 2} + \cdots)$$
$$\times (1 + x^3 + x^{2\cdot 3} + x^{3\cdot 3} + x^{4\cdot 3} + \cdots + x^{r_3\cdot 3} + \cdots)$$
$$\times \cdots$$
$$\times (1 + x^m + x^{2\cdot m} + x^{3\cdot m} + x^{4\cdot m} + \cdots + x^{r_m\cdot m} + \cdots).$$

Puisque le nombre de ces séries est fini et qu'elles convergent absolument pour $|x| < 1$, on peut les multiplier et réarranger les termes pour obtenir

$$\prod_{k=1}^{m}\frac{1}{1-x^k} = 1 + x^1 + (x^{2\cdot 1} + x^2)$$
$$+ (x^{3\cdot 1} + x^{2+1} + x^3) + (x^{4\cdot 1} + x^{2+2\cdot 1} + x^{2\cdot 2} + x^{3+1} + x^4) + \cdots$$

Il apparaît alors clairement que le coefficient de x^n est le nombre de solutions en nombres entiers non négatifs de

$$r_1 + 2r_2 + 3r_3 + \cdots + mr_m = n$$

qui est $p_m(n)$. ∎

D'une façon semblable, on montre le théorème suivant.

Théorème 10.3 *Pour $|x| < 1$,*

$$\sum_{n=0}^{\infty} p(n)x^n = \prod_{k=1}^{\infty}\frac{1}{1-x^k}.$$

10.4 Le comportement asymptotique de $p(n)$

Il est naturel de se demander s'il existe une formule qui permet d'exprimer simplement $p(n)$ en fonction de n. On n'en a jamais trouvé. En second lieu, on peut se demander s'il existe une formule asymptotique pour $p(n)$. Comme on le mentionnait ci-dessus, en 1918, Hardy et Ramanujan démontraient, au moyen des méthodes de l'analyse complexe, que

$$p(n) = (1 + o(1)) \frac{1}{4n\sqrt{3}} e^{\pi \sqrt{2n/3}}. \qquad (10.2)$$

Les meilleures estimations concernant la « grandeur » de la fonction $p(n)$ pour n grand sont obtenues par l'utilisation de la *méthode du cercle*, due à Hardy, Ramanujan et Littlewood (plusieurs autres mathématiciens, dont Davenport, Mordell, Rademacher et Vinogradov, ayant aussi contribué à l'élaboration de cette méthode). Cette méthode est trop complexe pour être exposée ici ; nous en donnerons tout de même l'idée générale.

Tout d'abord, notons que, tout comme les séries de Dirichlet constituent un outil naturel pour l'étude des fonctions multiplicatives, pour la plupart des problèmes de la théorie additive des nombres, les séries entières constituent la manière de procéder idéale pour analyser les propriétés et le comportement asymptotique des fonctions correspondantes $f(n)$.

Donc, pour étudier le comportement asymptotique de $p(n)$, on considère

$$F(x) \stackrel{\text{déf}}{=} \sum_{n=0}^{\infty} p(n) x^n = \prod_{k=1}^{\infty} \frac{1}{1-x^k}.$$

On applique alors le théorème de Cauchy pour obtenir que

$$p(n) = \frac{1}{2\pi i} \int_C \frac{F(x)}{x^{n+1}} \, dx,$$

où C est un contour simple fermé autour de l'origine situé à l'intérieur du cercle unité. L'ingéniosité de la méthode du cercle réside dans le remplacement du contour d'intégration selon $|x| = 1$ par un parcours constitué d'arcs de cercle mis bout à bout à l'intérieur du cercle unité, mais choisis suffisamment près pour permettre une bonne approximation de $F(x)$ par des fonctions simples définies sur le nouveau domaine d'intégration.

Une preuve détaillée de (10.2) est certes trop avancée pour le niveau de cette présentation. Nous nous attacherons plutôt à démontrer un résultat plus simple sur le comportement asymptotique de $p(n)$.

Montrons que $\lim_{n \to \infty} p(n)^{1/n} = 1$ en utilisant une preuve due à Andrews[4]. Elle repose essentiellement sur deux lemmes.

---

4. ANDREWS, G.E., *Number Theory*, W.B. Saunders Co., 1971.

Lemme 10.4 *Pour tout entier $m > 0$, on a*

$$p_m(n) \leq (n+1)^m. \tag{10.3}$$

DÉMONSTRATION Considérons toutes les valeurs possibles de $a_1 + a_2 + \cdots + a_m$, où les a_i parcourent les valeurs entières $0, 1, 2, \ldots, n$. On trouve ainsi au moins toutes les partitions de n ayant au plus m parties. Comme le processus donne au plus $(n+1)^m$ partitions, le lemme est démontré. ∎

Lemme 10.5 *Pour tout entier $m > 0$, on a*

$$p(n) \leq p(n-1) + p_m(n) + p(n-m). \tag{10.4}$$

DÉMONSTRATION On sépare les partitions de n en trois classes :

- les partitions qui contiennent au moins un « 1 » comme partie;
- les partitions qui ne contiennent aucun « 1 » et ont au plus m parties;
- les partitions qui ne contiennent aucun « 1 » et ont plus de m parties.

En enlevant 1 de chacune des partitions de la première classe, on compte $p(n-1)$ partitions. La deuxième classe contient tout au plus $p_m(n)$ éléments. Dans la troisième classe, enlevons 1 des m plus petites parties de chaque partition, ce qui établit une correspondance biunivoque entre les éléments de la troisième classe et un sous-ensemble des partitions de $n - m$. La troisième classe contient donc au plus $p(n-m)$ éléments. De tout ce qui précède on déduit aisément la relation (10.4). ∎

Théorème 10.6 *La fonction $p(n)$ satisfait la relation*

$$\lim_{n \to \infty} p(n)^{1/n} = 1. \tag{10.5}$$

DÉMONSTRATION Il est suffisant de démontrer que, pour chaque $\varepsilon > 0$,

$$p(n) < K(1+\varepsilon)^n \tag{10.6}$$

si n est suffisamment grand, puisqu'on aura alors

$$1 \leq p(n)^{1/n} < K^{1/n}(1+\varepsilon) \to 1 + \varepsilon \qquad \text{lorsque } n \to \infty.$$

Procédons par induction. Soit $n \in \mathbb{N}$ fixe. On choisit m assez grand pour que $(1+\varepsilon)^{m-1} > 2/\varepsilon$. Ensuite, en utilisant le lemme 10.4 et le fait que $\lim_{n \to \infty} (n+1)^m/(1+\varepsilon)^{n-1} = 0$, on choisit n_0 suffisamment grand pour que

$$p_m(n) < \frac{\varepsilon}{2}(1+\varepsilon)^{n-1}, \quad \forall n > n_0.$$

Posons
$$K = \left(\max_{0 \leq n \leq n_0} \frac{p(n)}{(1+\varepsilon)^n}\right) + 1,$$

de sorte que $p(n) < K(1+\varepsilon)^n$ pour tout $n \leq n_0$. Soit $N > n_0$ et supposons que $p(n) < K(1+\varepsilon)^n$ pour tout $n < N$. D'après le lemme 10.5, on a

$$p(N) \leq p(N-1) + p_m(N) + p(N-m).$$

En invoquant l'argument d'induction, on a que

$$\begin{aligned}
p(N) &< K(1+\varepsilon)^{N-1} + \frac{\varepsilon}{2}(1+\varepsilon)^{N-1} + K(1+\varepsilon)^{N-m} \\
&< K(1+\varepsilon)^{N-1}\left(1 + \frac{\varepsilon}{2K} + \frac{1}{(1+\varepsilon)^{m-1}}\right) \\
&< K(1+\varepsilon)^{N-1}\left(1 + \frac{\varepsilon}{2} + \frac{\varepsilon}{2}\right) = K(1+\varepsilon)^N.
\end{aligned}$$

Ainsi, par induction, on peut conclure que la relation (10.6) est vraie pour tout $n \in \mathbb{N}$, ce qui conclut la preuve du théorème. ■

10.5 La théorie des partitions et les fonctions génératrices

Nous avons vu dans les sections précédentes que les séries entières s'avèrent un outil idéal pour l'étude des partitions. En fait, l'usage des séries entières comme fonctions génératrices de diverses fonctions de partition permettent tantôt d'obtenir des identités combinatoires formelles et tantôt de déduire des résultats à caractère analytique sur le comportement asymptotique de la fonction $p(n)$ et de ses fonctions connexes. C'est ainsi qu'on a pu obtenir que le nombre de partitions de n en parties impaires, noté $p_I(n)$, est égal au nombre de partitions de n en parties distinctes, noté $p_D(n)$: en effet, on établit aisément que

$$\sum_{n=0}^{\infty} p_I(n)\, x^n = \frac{1}{1-x} \cdot \frac{1}{1-x^3} \cdot \frac{1}{1-x^5} \cdot \frac{1}{1-x^7} \cdots \qquad (|x|<1) \qquad (10.7)$$

et que

$$\sum_{n=0}^{\infty} p_D(n)\, x^n = (1+x)(1+x^2)(1+x^3)(1+x^4)\ldots \qquad (|x|<1). \qquad (10.8)$$

Or,

$$\prod_{k=1}^{\infty}(1+x^k) = \prod_{k=1}^{\infty} \frac{(1-x^{2k})}{(1-x^k)} = \prod_{k=1}^{\infty}(1-x^{2k}) \prod_{k=1}^{\infty} \frac{1}{(1-x^k)}$$
$$= \prod_{k=1}^{\infty}(1-x^{2k}) \prod_{k=1}^{\infty} \frac{1}{(1-x^{2k})(1-x^{2k-1})} = \prod_{k=1}^{\infty} \frac{1}{1-x^{2k-1}},$$

d'où on déduit, en tenant compte de l'unicité de la représentation des séries entières, que $p_I(n) = p_D(n)$.

Exercices sur le chapitre 10

1. Démontrer que $p(n) - p(n-1)$ est le nombre de partitions de n en parties plus grandes que 1.

2. Trouver toutes les partitions des nombres de 1 jusqu'à 12 en parties impaires distinctes.

3. Montrer que le nombre de partitions de n dans lesquelles aucune partie n'est prise exactement une fois est égal au nombre de partitions de n dans lesquelles aucune partie n'est congruente à 1 ou 5 (mod 6).

4. Exhiber les partitions des nombres de 1 jusqu'à 6 dont les parties sont composées des nombres 1 et 2. Combien de partitions du nombre $2n$ peut-on exhiber si les parties sont composées seulement des nombres 1 et 2 ? Combien de partitions du nombre $2n+1$ peut-on exhiber si les parties sont composées seulement des nombres 1 et 2 ?

5. Soit $d \geq 2$. Montrer que le nombre de partitions de n dont aucune partie n'est divisible par d est égal au nombre de partitions de n dont aucune partie n'apparaît d fois ou plus.

6. Soit $p_m^*(n)$ le nombre de partitions de n en parties distinctes n'excédant pas m. Démontrer que

$$\sum_{n=0}^{\infty} p_m^*(n) x^n = \prod_{j=1}^{m}(1+x^j).$$

7. Montrer que $\displaystyle\prod_{i \geq 0}(1+tq^i) = \sum_{m \geq 0} \frac{q^{\binom{m}{2}} t^m}{(1-q)\ldots(1-q^n)}.$

8. Montrer que le rayon de convergence de la série $\sum_{n=0}^{\infty} p(n)x^n$ est égal à 1.

9. Donner la série génératrice des partitions de n où, pour tout $k \geq 1$, la partie k est prise au plus k fois.

10. Montrer que le nombre de partitions de n en m parties est égal au nombre de partitions de $n - m$ en parties n'excédant pas m.

11. Montrer que la série génératrice des partitions en trois parties (la partie 0 est permise), dans lesquelles aucune partie n'est plus grande que la somme des deux autres, est

$$\frac{1}{(1 - x^2)(1 - x^3)(1 - x^4)}.$$

12. Montrer que le nombre de partitions de n en m parties dont la plus grande est r est égal au nombre de partitions de n en r parties dont la plus grande est m.

Chapitre 11
Les séries de Dirichlet

11.1 Les séries de Dirichlet

La nature additive de la fonction $p(n)$ appelle naturellement l'utilisation des séries entières. Comme nous le verrons maintenant, l'étude des fonctions arithmétiques, et surtout de celles dites multiplicatives, est grandement facilitée par l'analyse des séries de Dirichlet qui leur sont associées. Ainsi, étant donné une fonction arithmétique f, on lui associe la série

$$\sum_{n=1}^{\infty} \frac{f(n)}{n^s}, \qquad (11.1)$$

où s est une variable complexe, laquelle série est alors appelée la série de Dirichlet avec coefficients $f(n)$ ou encore la *fonction génératrice* de $f(n)$.

Pour être fidèle au niveau élémentaire du présent ouvrage, nous limiterons la présentation des séries de Dirichlet au cas où s est une variable réelle (comme l'avait d'ailleurs fait Dirichlet lui-même!).

Il est clair que selon la nature de la fonction arithmétique $f(n)$ considérée et selon l'intervalle où se trouve la variable s, la série correspondante (11.1) peut converger ou diverger. Ainsi, la série de Dirichlet $\sum_{n=1}^{\infty} n^n/n^s$ diverge quel que soit $s \in \mathbb{R}$, alors que $\sum_{n=1}^{\infty} n^{-n}/n^s$ converge pour toute valeur de s. Toutefois, on peut démontrer que, pour une fonction $f(n)$ donnée, s'il existe deux nombres $s_1 < s_2$ tels que $\sum_{n=1}^{\infty} f(n)/n^{s_1}$ diverge et $\sum_{n=1}^{\infty} f(n)/n^{s_2}$ converge, alors il existe un nombre réel α_c tel que $\sum_{n=1}^{\infty} f(n)/n^s$ converge pour $s > \alpha_c$ et diverge pour $s < \alpha_c$; on en donne une preuve au théorème 11.13. Ce nombre $\alpha_c = \alpha_c(f)$ est appelé l'abscisse de convergence (simple) de la série $\sum_{n=1}^{\infty} f(n)/n^s$. Le plus facile à étudier est l'abscisse de convergence absolue : c'est l'unique nombre réel α_a tel que $\sum_{n=1}^{\infty} |f(n)|/n^s$ converge si $s > \alpha_a$ et diverge si $s < \alpha_a$, lequel nombre α_a existe si on peut trouver deux nombres réels $s_1 < s_2$ pour lesquels $\sum_{n=1}^{\infty} |f(n)|/n^{s_1}$ diverge et $\sum_{n=1}^{\infty} |f(n)|/n^{s_2}$ converge; nous établirons ce fait au théorème 11.1. Signalons tout de suite qu'on a

Dirichlet fut avant tout un théoricien des nombres. En 1822, Paris était le véritable centre mathématique. De grands mathématiciens comme Laplace, Legendre, Fourier et Cauchy s'y trouvaient et cela incita Dirichlet à s'y rendre. C'est alors qu'il obtint un résultat important sur la représentation des fonctions par des séries de Fourier. Déjà, à l'âge de 20 ans, il maîtrisait le texte du *Disquisitiones* de Gauss, dont il gardait un exemplaire sous son oreiller! Ainsi, en 1825, il publia son premier article sur l'impossibilité de résoudre les équations de la forme $x^5 + y^5 = Az^5$.

Peter Gustav Lejeune Dirichlet (1805–1859)

En 1828, Dirichlet s'installa à Berlin pour enseigner les mathématiques à l'Académie militaire et, par la suite, il succéda à Gauss à l'Université de Göttingen. Il mourut 4 ans plus tard. Son nom est associé surtout à la théorie des fonctions d'une variable complexe et à la théorie des séries de Fourier.

pas nécessairement $\alpha_a = \alpha_c$; il suffit pour cela de considérer la série $\sum_{n=1}^{\infty} (-1)^n / n^s$ pour laquelle $\alpha_c = 0$ et $\alpha_a = 1$, ainsi qu'on l'explique à l'exemple 11.12.

Les séries de la forme $\sum_{n=1}^{\infty} f(n)/n^s$ sont appelées *séries de Dirichlet*, parce que c'est Dirichlet qui, le premier, soit au XIXe siècle, en a non seulement trouvé les principales propriétés, mais les a aussi utilisées pour établir de nouveaux résultats en théorie des nombres. Ainsi, il établit, en 1837, que dans toute progression arithmétique il existe une infinité de nombres premiers ou, en d'autres termes, étant donné deux entiers positifs a et b tels que $(a, b) = 1$, il existe une infinité de nombres naturels de la forme $an + b$ qui sont premiers. Sa démonstration reposait sur l'étude des séries

$$L(s, \chi) \stackrel{\text{déf}}{=} \sum_{n=1}^{\infty} \frac{\chi(n)}{n^s},$$

communément appelées *séries L*, où $\chi(n)$ est une fonction arithmétique appelée *caractère* et satisfaisant les propriétés $\chi(1) = 1$, $\chi(mn) = \chi(m)\chi(n)$ si $(m, n) = 1$, $|\chi(n)| = 1$ pour chaque $n \geq 1$. La démonstration de ce théorème de Dirichlet est donnée dans le livre de De Koninck et Mercier[1]. La série de Dirichlet la plus connue

---

1. DE KONINCK, J.M. et A. MERCIER. *Approche élémentaire de l'étude des fonctions arithmétiques*, Québec, Les Presses de l'Université Laval, 1982.

et probablement la plus naturelle est certes la série

$$\sum_{n=1}^{\infty} \frac{1}{n^s}$$

qui représente une fonction analytique dans le demi-plan Re(s)> 1 et qu'il est coutume de noter $\zeta(s)$ et d'appeler *fonction zêta de Riemann*. Cette fonction, qui a d'ailleurs été abordée au chapitre 5, a donné naissance à une foule d'énigmes dans plusieurs domaines des mathématiques : mentionnons seulement la fameuse hypothèse de Riemann qui remonte à 1859 et qui n'a pas encore été élucidée aujourd'hui et dont on a brièvement discuté au chapitre 5.

Étant donné une fonction arithmétique $f(n)$, on notera par $I_a = I_a(f)$ l'ensemble des $s \in \mathbb{R}$ pour lesquels $\sum_{n=1}^{\infty} |f(n)|/n^s$ converge et par $J_a = J_a(f)$ l'ensemble des $s \in \mathbb{R}$ pour lesquels $\sum_{n=1}^{\infty} |f(n)|/n^s$ diverge, de sorte que $I_a \cup J_a = \mathbb{R}$.

Théorème 11.1 *Soit $f(n)$ une fonction arithmétique. Supposons que $I_a(f) \neq \emptyset$ et que $J_a(f) \neq \emptyset$. Alors, la série de Dirichlet $\sum_{n=1}^{\infty} f(n)/n^s$ possède une abscisse de convergence absolue finie α_a.*

DÉMONSTRATION Puisque J_a est un ensemble non vide et majoré (il est d'ailleurs majoré par chacun des éléments de I_a), il possède une plus petite borne supérieure $b = \sup J_a$. Si $s < b$, alors $s \in J_a$, et si $s > b$, alors $s \in I_a$. Il en découle que α_a existe et que $\alpha_a = b$. ∎

Par convention, si pour une série $\sum f(n)/n^s$ on a $I_a(f) = \mathbb{R}$, on écrit $\alpha_a = -\infty$, alors que dans le cas où $J_a(f) = \mathbb{R}$, on écrit $\alpha_a = +\infty$.

Exemple 11.2 Soit $\zeta(s) = \sum_{n=1}^{\infty} \frac{1}{n^s}$. Alors $\alpha_a = 1$.

Exemple 11.3 Soit $F(s) = \sum_{n=1}^{\infty} \frac{\log n}{n^s}$. Alors $\alpha_a = 1$.

Exemple 11.4 Soit $F(s) = \sum_{n=1}^{\infty} \frac{\phi(n)}{n^s}$. Puisque $\phi(n) \leq n$, on a $\alpha_a \leq 2$. Comme $\phi(p) = p - 1$, on a $\alpha_a \geq 2$. Il s'ensuit que $\alpha_a = 2$.

11.2 L'unicité de représentation des séries de Dirichlet

Soit $\sum_{n=1}^{\infty} f(n)/n^s$ une série de Dirichlet avec abscisse de convergence absolue finie α_a. Il est facile de démontrer que pour chaque nombre fixe $s_0 > \alpha_a$, la série $\sum_{n=1}^{\infty} f(n)/n^s$ converge uniformément dans l'intervalle $[s_0, +\infty[$. La série

$$F(s) = \sum_{n=1}^{\infty} \frac{f(n)}{n^s} \qquad (11.2)$$

étant la limite uniforme d'une suite de fonctions continues, elle représente elle-même une fonction continue. Le résultat qui suit est certes un des plus importants concernant les séries de Dirichlet : c'est celui qui garantit que la fonction $F(s)$ possède une représentation unique sous la forme (11.2).

Théorème 11.5 *Soit*

$$F(s) = \sum_{n=1}^{\infty} \frac{f(n)}{n^s} \quad et \quad G(s) = \sum_{n=1}^{\infty} \frac{g(n)}{n^s}$$

deux séries de Dirichlet ayant la même abscisse de convergence absolue α_a. Supposons qu'il existe une suite divergente $s_1 < s_2 < \ldots < s_k < \ldots$ telle que $F(s_k) = G(s_k)$ pour chaque $k \in \mathbb{N}$. Alors, $f(n) = g(n)$ pour chaque entier positif n.

DÉMONSTRATION   Posons $h(n) = f(n) - g(n)$ et $H(s) = F(s) - G(s)$. Montrons que $h \equiv 0$. Pour ce faire, on procède par contradiction en supposant qu'il existe $n \in \mathbb{N}$ tel que $h(n) \neq 0$. Soit alors N le plus petit entier positif tel que $h(N) \neq 0$. On aura alors, pour $s > \alpha_a$,

$$H(s) = \sum_{n=1}^{\infty} \frac{h(n)}{n^s} = \sum_{n=N}^{\infty} \frac{h(n)}{n^s} = \frac{h(N)}{N^s} + \sum_{n=N+1}^{\infty} \frac{h(n)}{n^s}.$$

De cette relation on déduit que

$$h(N) = N^s H(s) - N^s \sum_{n=N+1}^{\infty} \frac{h(n)}{n^s}.$$

Puisque $H(s_k) = 0$, il en résulte que

$$h(N) = -N^{s_k} \sum_{n=N+1}^{\infty} \frac{h(n)}{n^{s_k}}.$$

Soit $c > \alpha_a$. Choisissons k suffisamment grand pour que $s_k > c$. Alors,

$$|h(N)| \leq N^{s_k} \sum_{n=N+1}^{\infty} \frac{|h(n)|}{n^{s_k}} = N^{s_k} \sum_{n=N+1}^{\infty} \frac{|h(n)|}{n^{c+(s_k-c)}}$$

$$\leq \frac{N^{s_k}}{(N+1)^{s_k-c}} \sum_{n=N+1}^{\infty} \frac{|h(n)|}{n^c}$$

$$= \left(\frac{N}{N+1}\right)^{s_k} (N+1)^c \sum_{n=N+1}^{\infty} \frac{|h(n)|}{n^c}.$$

Or, pour N fixe, $\left(\frac{N}{N+1}\right)^{s_k} \to 0$ lorsque $k \to \infty$, alors que les expressions $(N+1)^c$ et $\sum_{n=N+1}^{\infty} \frac{|h(n)|}{n^c}$ demeurent bornées. Cela veut dire que $h(N) = 0$, ce qui contredit le choix minimal de N. ∎

11.3 Les fonctions génératrices et le produit de Dirichlet

Étant donné deux fonctions arithmétiques f et g, on définit le produit de Dirichlet de f et g, que l'on écrit $f * g$, comme étant la fonction arithmétique h définie par

$$h(n) = \sum_{ab=n} f(a)\, g(b). \tag{11.3}$$

Il est clair que cette somme est aussi égale à

$$\sum_{d|n} f(d)\, g(n/d) \quad \text{ou} \quad \sum_{d|n} f(n/d)\, g(d).$$

La véritable utilité des fonctions génératrices commence à se manifester lorsqu'on multiplie ensemble deux séries de Dirichlet pour en produire une troisième, puisqu'on reconnaît alors le lien avec le produit de Dirichlet.

Théorème 11.6 *Soit $F(s) = \sum f(n)/n^s$ et $G(s) = \sum g(n)/n^s$ deux séries de Dirichlet dont les abscisses de convergence absolue sont respectivement $\alpha_a(f)$ et $\alpha_a(g)$. Alors, si $s > \max(\alpha_a(f), \alpha_a(g))$, on a*

$$F(s)G(s) = \sum_{n=1}^{\infty} \frac{h(n)}{n^s},$$

où $h = f * g$.

DÉMONSTRATION Puisque la variable s est située à l'intérieur du domaine de convergence absolue commun aux deux séries, on peut, en les multipliant, réarranger les termes librement. On peut donc écrire

$$F(s)G(s) = \sum_{m=1}^{\infty} \frac{f(m)}{m^s} \cdot \sum_{n=1}^{\infty} \frac{g(n)}{n^s} = \sum_{m=1}^{\infty} \sum_{n=1}^{\infty} \frac{f(m)g(n)}{(mn)^s}$$
$$= \sum_{r=1}^{\infty} \frac{\sum_{mn=r} f(m)g(n)}{r^s} = \sum_{r=1}^{\infty} \frac{h(r)}{r^s},$$

où $h(r) = \sum_{mn=r} f(m)g(n) = (f * g)(r)$. ∎

Théorème 11.7 *Soit A l'ensemble des fonctions arithmétiques telles que $f(1) \neq 0$. Alors, $(A, *)$ est un groupe commutatif.*

DÉMONSTRATION Comme élément neutre, on choisit la fonction $E(n)$ définie à la section 2 du chapitre 4 et dont la fonction génératrice est la fonction $F(s) \equiv 1$. Ainsi, étant donné $f \in A$, la fonction inverse $g = f^{-1}$ sera définie comme étant la solution unique de l'équation

$$\sum_{n=1}^{\infty} \frac{f(n)}{n^s} \cdot \sum_{n=1}^{\infty} \frac{g(n)}{n^s} = 1.$$

Les autres propriétés qui caractérisent un groupe commutatif s'obtiennent aisément. ∎

Voici maintenant quelques exemples qui donnent une bonne idée des applications qu'on peut tirer du théorème 11.6.

Exemple 11.8 Comme $\sum_{d|n} \mu(d) = E(n)$ (voir le théorème 4.6), alors, pour $s > 1$,

$$\zeta(s) \sum_{n=1}^{\infty} \frac{\mu(n)}{n^s} = \sum_{n=1}^{\infty} \frac{1}{n^s} \cdot \sum_{n=1}^{\infty} \frac{\mu(n)}{n^s} = \sum_{n=1}^{\infty} \frac{E(n)}{n^s} = 1,$$

d'où

$$\sum_{n=1}^{\infty} \frac{\mu(n)}{n^s} = \frac{1}{\zeta(s)}.$$

Exemple 11.9 Nous avons établi au théorème 4.7 que $\sum_{d|n} \phi(d) = n$. Il s'ensuit que

$$\zeta(s) \sum_{n=1}^{\infty} \frac{\phi(n)}{n^s} = \sum_{n=1}^{\infty} \frac{1}{n^s} \cdot \sum_{n=1}^{\infty} \frac{\phi(n)}{n^s} = \sum_{n=1}^{\infty} \frac{n}{n^s} = \sum_{n=1}^{\infty} \frac{1}{n^{s-1}} = \zeta(s-1).$$

Il en résulte que

$$\sum_{n=1}^{\infty} \frac{\phi(n)}{n^s} = \frac{\zeta(s-1)}{\zeta(s)} \qquad (s > 2).$$

Remarque Il est intéressant de noter que la formule d'inversion de Mœbius donnée au théorème 4.32 peut s'énoncer et se démontrer à l'aide des produits de Dirichlet. En effet, l'énoncé de ce théorème peut s'écrire comme suit :

$$g = 1 * f \iff f = \mu * g.$$

Pour établir ($\Rightarrow$), on multiplie les deux membres de $g = 1 * f$ à gauche par μ, obtenant ainsi $\mu * g = \mu * 1 * f = E * f = f$, ce qui prouve ($\Rightarrow$). Pour établir ($\Leftarrow$), on multiplie $f = \mu * g$ à gauche par 1, ce qui donne $1 * f = 1 * \mu * g = E * g = g$, et ($\Leftarrow$) s'ensuit.

11.4 L'intervalle de convergence d'une série de Dirichlet

Nous avons vu au début du chapitre que l'intervalle de convergence simple d'une série de Dirichlet est parfois différent de l'intervalle de convergence absolue. Le résultat suivant va permettre, dans certains cas, d'établir assez facilement l'abscisse de convergence simple d'une série de Dirichlet.

Théorème 11.10 *Supposons que, pour un nombre réel s_0 fixe, les sommes partielles de la série $\sum_{n=1}^{\infty} \frac{f(n)}{n^{s_0}}$ sont bornées, ou en d'autres termes, qu'il existe un nombre réel B tel que, pour tout $x \geq 1$,*

$$\left| \sum_{n \leq x} \frac{f(n)}{n^{s_0}} \right| \leq B.$$

Alors, quel que soit $s > s_0$, la série $\sum_{n=1}^{\infty} \frac{f(n)}{n^s}$ converge.

DÉMONSTRATION Posons $a(n) = f(n)n^{-s_0}$ de sorte que $f(n)n^{-s} = a(n)n^{s_0-s}$, et soit $A(x) = \sum_{n \leq x} a(n)$. Alors on obtient

$$\sum_{n=1}^{M} \frac{f(n)}{n^s} = \sum_{n=1}^{M} a(n)n^{s_0-s} = \sum_{n=1}^{M}(A(n) - A(n-1))n^{s_0-s}$$

$$= \sum_{n=1}^{M} A(n)n^{s_0-s} - \sum_{n=1}^{M-1} A(n)(n+1)^{s_0-s}$$

$$= \sum_{n=1}^{M-1} A(n)\left(n^{s_0-s} - (n+1)^{s_0-s}\right) + A(M)M^{s_0-s}$$

$$= (s_0 - s) \sum_{n=1}^{M-1} \int_{n}^{n+1} A(t)t^{s_0-s-1} dt + A(M)M^{s_0-s}$$

$$= (s_0 - s) \int_{1}^{M} A(t)t^{s_0-s-1} dt + A(M)M^{s_0-s}.$$

Par hypothèse, on a $|A(x)| \leq B$. C'est pourquoi

$$\sum_{1 \leq n \leq M} \frac{f(n)}{n^s} \leq BM^{s_0-s} + (s_0-s)B \cdot \left.\frac{t^{s_0-s}}{s_0-s}\right|_{1}^{M} = B,$$

borne qui ne dépend pas de M, d'où le résultat. ∎

Corollaire 11.11 *S'il existe une constante $B > 0$ telle que $\left|\sum_{n \leq x} f(n)\right| \leq B$ pour chaque $x \geq 1$, alors la série de Dirichlet $\sum_{n=1}^{\infty} \frac{f(n)}{n^s}$ converge pour tout $s > 0$.*

Exemple 11.12 Il découle de ce corollaire que la série $F(s) = \sum_{n=1}^{\infty} \frac{(-1)^n}{n^s}$ converge pour chaque $s > 0$. Puisque cette série diverge pour chaque $s < 0$, on en déduit que l'abscisse de convergence simple α_c de $F(s)$ est égal à 0.

Remarque Il n'est pas toujours aisé d'établir l'abscisse de convergence simple d'une série. Par exemple, il est évident que l'abscisse de convergence absolue de $\sum_{n=1}^{\infty} \frac{\mu(n)}{n^s}$

est égal à 1. On peut par ailleurs démontrer que la série $\sum_{n=1}^{\infty} \frac{\mu(n)}{n^s}$ est convergente et qu'elle converge vers 0. Toutefois, ce résultat est loin d'être trivial, puisqu'on peut démontrer qu'il est équivalent au théorème des nombres premiers. On pourrait être tenté de croire que le fait que $\sum_{n=1}^{\infty} \frac{\mu(n)}{n} = 0$ puisse s'établir aisément à partir du fait que $\sum_{n=1}^{\infty} \frac{\mu(n)}{n^s} = \frac{1}{\zeta(s)}$ (voir l'exemple 11.8) et que $\zeta(s)$ possède un pôle[2] à $s = 1$; mais pour utiliser cette dernière relation, il faudrait pouvoir établir que

$$\lim_{s \to 1+} \sum_{n=1}^{\infty} \frac{\mu(n)}{n^s} = \sum_{n=1}^{\infty} \lim_{s \to 1+} \frac{\mu(n)}{n^s},$$

ce qui n'est pas possible puisqu'il n'existe pas encore aujourd'hui de théorème assez puissant pour permettre d'interchanger lim et $\sum$.

Le théorème 11.1 possède son analogue pour l'abscisse de convergence simple :

Théorème 11.13 *Si, pour une fonction f donnée, $I_c(f) \neq \emptyset$ et $J_c(f) \neq \emptyset$, alors la série $\sum_{n=1}^{\infty} \frac{f(n)}{n^s}$ possède une abscisse de convergence simple finie.*

DÉMONSTRATION   On procède comme dans la démonstration du théorème 11.1 en établissant que α_c est la borne supérieure de $J_c(f)$. ∎

Bien sûr, la convergence absolue implique la convergence simple. On a donc

$$\alpha_a \geq \alpha_c.$$

Nous avons vu, à l'exemple 11.12, que l'on peut avoir $\alpha_a - \alpha_c = 1$. Le résultat qui suit établit que l'intervalle de convergence conditionnelle, soit celui où la série converge simplement mais pas absolument, est toujours de longueur ≤ 1.

---

2. On dit qu'une fonction f possède un pôle d'ordre 1 à $s = 1$ s'il existe une suite de constantes complexes $c, c_0, c_1, \ldots$ et un $\varepsilon > 0$ telles que $c \neq 0$ et

$$f(s) = \frac{c}{s-1} + c_0 + c_1(s-1) + c_2(s-1)^2 + \cdots$$

pour tout s satisfaisant $0 < |s-1| < \varepsilon$.

Théorème 11.14 *Pour toute série de Dirichlet, on a*

$$0 \leq \alpha_a - \alpha_c \leq 1.$$

DÉMONSTRATION Le résultat sera établi si l'on réussit à démontrer que si $\sum_{n=1}^{\infty} \dfrac{f(n)}{n^{s_0}}$ converge pour un certain s_0, alors $\sum_{n=1}^{\infty} \dfrac{f(n)}{n^s}$ converge absolument pour chaque $s > s_0 + 1$. Or, puisque $\sum_{n=1}^{\infty} \dfrac{f(n)}{n^{s_0}}$ converge, chaque terme de cette série est borné; en d'autres mots, il existe $B > 0$ tel que $|f(n)n^{-s_0}| \leq B$, pour chaque $n \geq 1$. On a donc, en écrivant $s = s_0 + 1 + \eta$, avec $\eta > 0$,

$$\left|\frac{f(n)}{n^s}\right| = \left|\frac{f(n)}{n^{s_0}}\right| \frac{1}{n^{s-s_0}} \leq \frac{B}{n^{s-s_0}} = \frac{B}{n^{1+\eta}}.$$

Puisque $\sum_{n=1}^{\infty} \dfrac{1}{n^{1+\eta}}$ converge, il en est de même pour $\sum_{n=1}^{\infty} \dfrac{|f(n)|}{n^s}$. ∎

11.5 Les fonctions génératrices des fonctions multiplicatives

Nous avons vu au chapitre 5 que la fonction zêta de Riemann peut s'exprimer comme un produit infini, puisque, si $s > 1$, alors

$$\zeta(s) = \sum_{n=1}^{\infty} \frac{1}{n^s} = \prod_{p} \left(1 - \frac{1}{p^s}\right)^{-1}.$$

On peut démontrer un résultat encore plus général, soit le cas où la fonction $f(n) = n^{-s}$ est remplacée par une fonction arithmétique multiplicative $f(n)$ telle que $\sum_{n=1}^{\infty} f(n)$ converge absolument. Plus précisément, on a le résultat suivant.

Théorème 11.15 *Soit f une fonction arithmétique multiplicative telle que la série $\sum_{n=1}^{\infty} f(n)$ converge absolument. Alors,*

$$\sum_{n=1}^{\infty} f(n) = \prod_{p} (1 + f(p) + f(p^2) + \ldots). \qquad (11.4)$$

11.5 Les fonctions génératrices des fonctions multiplicatives

Si, de plus, f est complètement multiplicative, alors

$$\sum_{n=1}^{\infty} f(n) = \prod_{p} (1 - f(p))^{-1}. \tag{11.5}$$

DÉMONSTRATION Pour chaque $x > 2$, on définit

$$P(x) = \prod_{p \leq x} (1 + f(p) + f(p^2) + \ldots). \tag{11.6}$$

Par hypothèse, pour chaque p fixe, la série $1 + f(p) + f(p^2) + \ldots$ est absolument convergente; on peut donc, en développant le membre de droite de (11.6), réarranger les termes et obtenir

$$P(x) = \sum_{\substack{n=1 \\ p|n \Rightarrow p \leq x}}^{\infty} f(n).$$

C'est pourquoi

$$\sum_{n=1}^{\infty} f(n) - P(x) = \sum_{n=1}^{\infty} f(n) - \sum_{\substack{n=1 \\ p|n \Rightarrow p \leq x}}^{\infty} f(n) = \sum_{\substack{n=1 \\ \exists p|n \rightsquigarrow p > x}}^{\infty} f(n),$$

laquelle expression tend vers 0 lorsque $x \to +\infty$, puisque $\sum_{n=1}^{\infty} |f(n)|$ converge. Il s'ensuit donc que

$$\lim_{x \to \infty} P(x) = \sum_{n=1}^{\infty} f(n),$$

ce qui établit (11.4). Pour établir (11.5), il suffit d'observer que dans le cas où f est complètement multiplicative on a $f(p^k) = (f(p))^k$ et ainsi que

$$\prod_{p}(1 + f(p) + f(p^2) + f(p^3) + \ldots) = \prod_{p}(1 + f(p) + f(p)^2 + f(p)^3 + \ldots)$$

$$= \prod_{p}(1 - f(p))^{-1}. \qquad \blacksquare$$

Corollaire 11.16 *Soit f une fonction arithmétique multiplicative pour laquelle $\alpha_a(f)$ est finie. Alors, si $s > \alpha_a$, on a*

$$\sum_{n=1}^{\infty} \frac{f(n)}{n^s} = \prod_{p} \left(1 + \frac{f(p)}{p^s} + \frac{f(p^2)}{p^{2s}} + \ldots \right).$$

Dans le cas où f est complètement multiplicative, on a, si $s > \alpha_a$,

$$\sum_{n=1}^{\infty} \frac{f(n)}{n^s} = \prod_p \left(1 - \frac{f(p)}{p^s}\right)^{-1}.$$

DÉMONSTRATION Il suffit d'appliquer le théorème 11.15. ∎

Exemple 11.17 Les identités suivantes découlent aisément du théorème 11.15 ou du corollaire 11.16.

i) $\zeta(s) = \displaystyle\sum_{n=1}^{\infty} \frac{1}{n^s} = \prod_p \left(1 - \frac{1}{p^s}\right)^{-1}$ $\quad (s > 1)$

ii) $\dfrac{1}{\zeta(s)} = \displaystyle\sum_{n=1}^{\infty} \frac{\mu(n)}{n^s} = \prod_p \left(1 - \frac{1}{p^s}\right)$ $\quad (s > 1)$

iii) $\displaystyle\sum_{n=1}^{\infty} \frac{\tau(n)}{n^s} = \prod_p \left(1 + \frac{2}{p^s} + \frac{3}{p^{2s}} + \ldots\right) = \prod_p \left(1 - \frac{1}{p^s}\right)^{-2} = \zeta^2(s)$ $\quad (s > 1)$

iv) $\displaystyle\sum_{n=1}^{\infty} \frac{\phi(n)}{n^s} = \prod_p \left(\frac{1 - \frac{1}{p^s}}{1 - \frac{1}{p^{s-1}}}\right) = \frac{\zeta(s-1)}{\zeta(s)}$ $\quad (s > 2)$

v) $\displaystyle\sum_{n=1}^{\infty} \frac{\sigma(n)}{n^s} = \prod_p \left(1 + \frac{p+1}{p^s} + \frac{p^2+p+1}{p^{2s}} + \ldots\right) = \zeta(s)\zeta(s-1)$ $\quad (s > 2)$

Exercices sur le chapitre 11

1. Soit A l'ensemble des nombres naturels qui, dans leur représentation décimale, n'ont pas de «7» parmi leurs chiffres. Démontrer que $\sum_{n \in A} 1/n < +\infty$.

2. Pour chaque entier $n \geq 1$, on pose

$$P(n) = \prod_{\substack{p|n \\ p > \log n}} \left(1 - \frac{1}{p}\right).$$

Montrer que $\displaystyle\lim_{n \to \infty} P(n) = 1$.

3. Démontrer les identités de l'exemple 11.17.

4. Soit $0 < t \leq 1$, soit $\omega(n)$ la fonction arithmétique qui désigne le nombre de nombres premiers distincts qui divisent n et soit $\Omega(n)$ la fonction arithmétique qui désigne le nombre total de facteurs premiers qui divisent n. Démontrer que, pour $s > 1$, on a

$$\sum_{n=1}^{\infty} \frac{t^{\omega(n)}}{n^s} = \zeta(s) \prod_p \left(1 + \frac{t-1}{p^s}\right), \quad \sum_{n=1}^{\infty} \frac{t^{\Omega(n)}}{n^s} = \prod_p \left(1 - \frac{t}{p^s}\right)^{-1}$$

et

$$\sum_{n=1}^{\infty} \frac{t^{\Omega(n)-\omega(n)}}{n^s} = \prod_p \left(1 + \frac{1}{p^s - t}\right).$$

5. Démontrer que, si les nombres s, $s-a$, $s-b$ et $s-a-b$ sont tous plus grands que 1, alors il est vrai que

$$\sum_{n=1}^{\infty} \frac{\sigma_a(n)\sigma_b(n)}{n^s} = \frac{\zeta(s)\zeta(s-a)\zeta(s-b)\zeta(s-a-b)}{\zeta(2s-a-b)}.$$

6. Soit f une fonction définie par $f(1) = 1$ et

$$f(n) = f(q_1^{\alpha_1} q_2^{\alpha_2} \ldots q_r^{\alpha_r}) = \alpha_1 \alpha_2 \ldots \alpha_r \qquad \text{si } n > 1.$$

Démontrer que, si $s > 1$, alors

$$\sum_{n=1}^{\infty} \frac{f(n)}{n^s} = \frac{\zeta(s)\zeta(2s)\zeta(3s)}{\zeta(6s)}.$$

7. Soit g et h des fonctions complètement multiplicatives telles que

$$f(n) = \sum_{d|n} g(d)h(n/d).$$

Soit α_0 l'abscisse de convergence absolue de la série de Dirichlet pour f. Montrer que pour tout entier positif M et pour tout $s > \alpha_0$ on a

$$\sum_{n=1}^{\infty} \frac{f(nM)}{n^s} = \sum_{n=1}^{\infty} \frac{g(n)}{n^s} \sum_{n=1}^{\infty} \frac{h(n)}{n^s} \prod_{p^a \| M} \left(f(p^a) - g(p)h(p)f(p^{a-1})p^{-s}\right).$$

Déduire de ce résultat les faits suivants :

a) Pour $s > 2$, on a

$$\sum_{n=1}^{\infty} \frac{\sigma(nM)}{n^s} = \zeta(s)\zeta(s-1) \prod_{p^a \| M} \left(\sigma(p^a) - \sigma(p^{a-1})p^{-(s-1)}\right).$$

b) Pour $s > 1$, on a
$$\sum_{n=1}^{\infty} \frac{\tau(nM)}{n^s} = \zeta^2(s) \prod_{p^a \| M} (a + 1 - ap^{-s}).$$

8. Soit f une fonction complètement multiplicative telle que $\sum_{n=1}^{\infty} f(n)/n^s$ converge absolument pour $s > \alpha_0$. Montrer que, si $s > \alpha_0$, alors
$$\left(\sum_{n=1}^{\infty} \frac{f(n)}{n^s} \right)^{-1} = \sum_{n=1}^{\infty} \frac{f(n)\mu(n)}{n^s}.$$

Chapitre 12
Quelques développements asymptotiques élémentaires

12.1 La moyenne asymptotique d'une fonction arithmétique

Nous avons vu au chapitre 3 que la recherche des facteurs premiers d'un nombre est liée de près à certaines applications de la théorie des nombres. L'étude de la répartition et de l'ordre de grandeur des facteurs premiers d'un entier occupe une place importante en théorie des nombres. Aussi, l'intérêt de l'étude de plusieurs fonctions arithmétiques repose beaucoup sur l'information qu'elles peuvent révéler sur la répartition et l'ordre de grandeur des facteurs premiers d'un entier.

Ainsi, pour un entier n donné, on peut s'intéresser par exemple au nombre de facteurs premiers de n, au nombre de ses diviseurs ou à la somme de ses diviseurs. Ces quantités sont données respectivement par les fonctions $\omega(n)$, $\tau(n)$ et $\sigma(n)$, définies et étudiées en partie au chapitre 4.

On peut s'intéresser au comportement «local» de ces fonctions. Par exemple, il est possible de démontrer que $\omega(n)$ est «la plupart du temps» proche de $\log \log n$, en ce sens que, pour chaque $\epsilon > 0$ fixe,

$$\lim_{x \to \infty} \frac{1}{x} \#\{n \leq x : \ |\omega(n) - \log \log n| < (\log \log n)\} = 1.$$

Ce résultat repose toutefois sur des notions de probabilité un peu trop avancées pour le présent ouvrage. C'est pourquoi, bien que ce résultat soit des plus intéressants, nous ne l'étudierons pas ici[1].

---

[1]. Le lecteur intéressé peut consulter à ce sujet les livres de P.D.T.A. Elliott : *Probalistic Number Theory I : Mean-Value Theorems*, New York, Springer-Verlag, 1979 et *Probalistic Number Theory II : Central Limit Theorems*, New York, Springer-Verlag, 1980.

Le comportement «global» des fonctions arithmétiques est aussi d'un grand intérêt et il s'avère en général plus facile à étudier. Par comportement global d'une fonction arithmétique, on entend son «comportement moyen» sur un grand sous-ensemble de nombres naturels. Aussi, étant donné une fonction arithmétique $f(n)$, on s'intéresse le plus souvent au comportement de

$$M_N(f) \stackrel{\text{déf}}{=} \frac{1}{N} \sum_{n \leq N} f(n), \qquad (12.1)$$

soit la moyenne de f sur l'intervalle $[1, N]$. Lorsque $\lim_{N \to \infty} M_N(f)$ existe, on dit que la *valeur moyenne asymptotique de* f existe, auquel cas on écrit

$$M(f) \stackrel{\text{déf}}{=} \lim_{N \to \infty} M_N(f). \qquad (12.2)$$

Le comportement moyen d'une fonction arithmétique f peut très souvent s'étudier à partir de la fonction génératrice de f, soit en examinant la représentation $\sum_{n=1}^{\infty} \frac{f(n)}{n^s}$.

Donnons tout de suite un résultat, à la fois très général et très simple, qui s'avère très utile pour dévoiler le comportement asymptotique de certaines fonctions arithmétiques multiplicatives.

Théorème 12.1 (Wintner) *Soit $f(n)$ une fonction arithmétique pour laquelle on a, pour $s > 1$,*

$$\sum_{n=1}^{\infty} \frac{f(n)}{n^s} = \zeta(s) \sum_{n=1}^{\infty} \frac{g(n)}{n^s}, \qquad (12.3)$$

où $\sum_{n=1}^{\infty} \frac{g(n)}{n}$ converge absolument. Alors, $M(f)$ existe et

$$M(f) = \sum_{n=1}^{\infty} \frac{g(n)}{n}.$$

Remarque En d'autres mots, si la fonction génératrice de $f(n)$ est un «multiple» de $\zeta(s)$ et que ce multiple n'est «pas trop grand» lorsque $s = 1$, alors automatiquement la moyenne asymptotique de f existe.

12.1 La moyenne asymptotique d'une fonction arithmétique

DÉMONSTRATION D'après l'équation (12.3), on a $f = 1 * g$; d'où

$$\sum_{n \leq N} f(n) = \sum_{n \leq N} \sum_{d|n} g(d) = \sum_{d \leq N} g(d) \left[\frac{N}{d}\right]$$

$$= N \sum_{d \leq N} \frac{g(d)}{d} - \sum_{d \leq N} g(d) \left(\frac{N}{d} - \left[\frac{N}{d}\right]\right)$$

$$= N \sum_{d \leq N} \frac{g(d)}{d} - R_0(N).$$

Il est clair que

$$|R_0(N)| \leq \sum_{d \leq N} |g(d)| \stackrel{\text{déf}}{=} R(N).$$

Pour finir la démonstration, il faut démontrer que

$$\lim_{N \to \infty} \frac{R(N)}{N} = 0. \tag{12.4}$$

Puisque $R(N) \geq 0$, il suffit de démontrer que, étant donné $\varepsilon > 0$, il existe $N_0 = N_0(\varepsilon)$ tel que si $N \geq N_0$, alors

$$R(N) < \varepsilon N. \tag{12.5}$$

Or, pour chaque entier $N > 3$, on a, en notant $R(0) = 0$,

$$S(N) \stackrel{\text{déf}}{=} \sum_{n=[N/2]}^{N} \frac{|g(n)|}{n} = \sum_{n=[N/2]}^{N} \frac{R(n) - R(n-1)}{n}$$

$$= \sum_{n=[N/2]}^{N-1} R(n) \left(\frac{1}{n} - \frac{1}{n+1}\right) + \frac{R(N)}{N} - \frac{R([n/2] - 1)}{[n/2]}$$

$$= \sum_{n=[N/2]}^{N-1} \frac{R(n)}{n(n+1)} + \frac{R(N)}{N} - \frac{R([n/2] - 1)}{[n/2]}.$$

Il en résulte que, si N est suffisamment grand,

$$\frac{R(N)}{N} = S(N) - \sum_{n=[N/2]}^{N-1} \frac{R(n)}{n(n+1)} < S(N) < \varepsilon,$$

puisque, par hypothèse, $S(N) \to 0$ lorsque $N \to \infty$.

∎

Les applications du théorème de Wintner sont très nombreuses. Les deux exemples qui suivent sont parmi les plus classiques.

Exemple 12.2 La proportion des entiers positifs libres de carrés est égale à $6/\pi^2$ (soit environ $\frac{2}{3}$). Plus exactement, montrons que

$$\lim_{N\to\infty} \frac{1}{N} \sum_{n=1}^{N} \mu^2(n) = \frac{1}{\zeta(2)} = \frac{6}{\pi^2}. \tag{12.6}$$

En effet, on a

$$\sum_{n=1}^{\infty} \frac{\mu^2(n)}{n^s} = \prod_p \left(1 + \frac{1}{p^s}\right) = \frac{\prod_p \left(1 - \frac{1}{p^{2s}}\right)}{\prod_p \left(1 - \frac{1}{p^s}\right)} = \frac{\zeta(s)}{\zeta(2s)}.$$

Or,

$$\zeta(2) = \prod_p \left(1 - \frac{1}{p^2}\right)^{-1} = \sum_{n=1}^{\infty} \frac{1}{n^2},$$

laquelle série converge (absolument). On peut donc appliquer le théorème de Wintner et déduire l'énoncé (12.6) en observant que $\zeta(2) = \pi^2/6$.

Remarque L'exemple précédent signifie aussi que la probabilité que deux entiers soient relativement premiers est $6/\pi^2$. Une preuve très élémentaire de ce résultat a récemment été donnée par deux jeunes étudiants de 16 ans et 17 ans[2].

Exemple 12.3 La proportion des entiers n dont les exposants dans la factorisation $n = q_1^{\alpha_1} \cdot q_2^{\alpha_2} \cdot \ldots \cdot q_r^{\alpha_r}$ sont tous inférieurs ou égaux à 2, c'est-à-dire $\alpha_i \leq 2$ pour $i = 1, 2, \ldots, r$, est égale à $1/\zeta(3)$. En effet, si $\chi(n)$ est la fonction caractéristique de cet ensemble d'entiers, alors

$$\sum_{n=1}^{\infty} \frac{\chi(n)}{n^s} = \prod_p \left(1 + \frac{1}{p^s} + \frac{1}{p^{2s}}\right) = \frac{\prod_p \left(1 - \frac{1}{p^{3s}}\right)}{\prod_p \left(1 - \frac{1}{p^s}\right)} = \frac{\zeta(s)}{\zeta(3s)}.$$

En appliquant alors le théorème de Wintner, on obtient le résultat escompté.

---

2. ABRAMS, A.D., et M.J. PARIS. «The Probability that (a, b) = 1», *The College Mathematics Journal*, vol. 23, 1992, p. 47.

12.2 La fonction $\tau(n)$

Il va de soi que chaque fonction arithmétique ne possède pas nécessairement une valeur moyenne asymptotique. Il n'en demeure pas moins que pour plusieurs fonctions arithmétiques f, l'expression $M_N(f)$ possède un comportement asymptotique prévisible pour les grandes valeurs de N.

À ce sujet, considérons la fonction $\tau(n)$ qui compte le nombre de diviseurs de n. Nous avons vu au chapitre 4 que

$$\tau(n) = \tau(q_1^{\alpha_1} \cdot q_2^{\alpha_2} \cdot \ldots \cdot q_r^{\alpha_r}) = (\alpha_1+1)(\alpha_2+1) \cdot \ldots \cdot (\alpha_r+1). \qquad (12.7)$$

On cherche à établir le comportement de $\sum_{n \leq N} \tau(n)$ ou du moins à trouver une fonction continue et non décroissante $g(N)$ telle que

$$\frac{1}{N} \sum_{n \leq N} \tau(n) \sim g(N) \qquad (N \to \infty).$$

Il n'est pas évident que l'égalité (12.7) puisse aider à établir une telle relation. On procède donc autrement. On a, disons,

$$\sum_{n \leq N} \tau(n) = \sum_{n \leq N} \sum_{d \mid n} 1 = \sum_{n \leq N} \sum_{d_1 d_2 = n} 1 = \sum_{d_1 d_2 \leq N} 1 \qquad (12.8)$$

$$= \sum_{d_1 \leq N} \sum_{d_2 \leq N/d_1} 1 = \sum_{d_1 \leq N} \left[\frac{N}{d_1}\right]$$

$$= \sum_{d_1 \leq N} \frac{N}{d_1} - \sum_{d_1 \leq N} \left(\frac{N}{d_1} - \left[\frac{N}{d_1}\right]\right)$$

$$= N \sum_{d_1 \leq N} \frac{1}{d_1} - R(N).$$

De toute évidence, on a $|R(N)| \leq \sum_{d_1 \leq N} 1 \leq N$. D'autre part, à cause des résultats (5.16) et (5.17), on a

$$\sum_{d_1 \leq N} \frac{1}{d_1} = \log N + \gamma + o(1). \qquad (12.9)$$

En introduisant ces deux dernières estimations dans (12.8), on obtient

$$\sum_{n \leq N} \tau(n) = N \log N + O(N). \qquad (12.10)$$

La fonction $g(N)$ cherchée est donc $\log N$. On a ainsi réussi à établir que

$$\frac{1}{N} \sum_{n \leq N} \tau(n) \sim \log N, \tag{12.11}$$

ce qui indique que, en moyenne, dans l'intervalle $[1, N]$, chaque nombre naturel possède environ $\log N$ diviseurs.

On peut toutefois obtenir une estimation plus précise que (12.10). Pour ce faire, il faut suivre une autre méthode, de nature géométrique, qu'on appelle parfois la *méthode de l'hyperbole*.

Théorème 12.4 *Soit $\tau(n)$ le nombre de diviseurs de n. Alors,*

$$\sum_{n \leq N} \tau(n) = N \log N + (2\gamma - 1)N + o(N). \tag{12.12}$$

DÉMONSTRATION   On a établi ci-dessus que

$$\sum_{n \leq N} \tau(n) = \sum_{d \leq N} \left[\frac{N}{d}\right]. \tag{12.13}$$

La quantité de droite a en réalité une interprétation géométrique. En effet, elle représente le nombre de points à coordonnées entières situés sur ou sous la courbe (à l'intérieur du premier quadrant) $xy = N$.

En effet, la quantité $\left[\dfrac{N}{1}\right]$ représente le nombre de points à coordonnées entières situés sur le segment de droite vertical qui joint les points $(1, 1)$ et $(1, N)$; de même $\left[\dfrac{N}{2}\right]$ représente le nombre de points à coordonnées entières situés sur le segment de droite vertical qui joint les points $(2, 1)$ et $(2, N/2)$, et ainsi de suite pour les quantités $\left[\dfrac{N}{3}\right], \ldots, \left[\dfrac{N}{N}\right]$.
Il faut donc évaluer la surface contenue sous l'hyperbole $xy = N$ et située dans le premier quadrant.

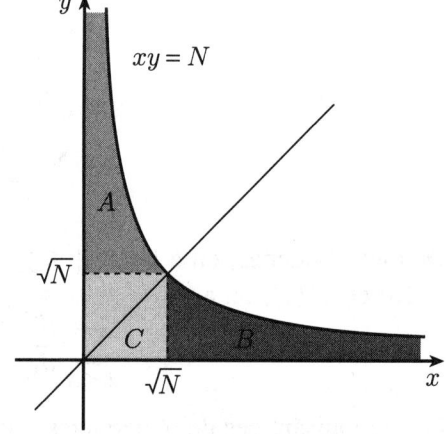

Pour ce faire, on subdivise cette surface en trois régions A, B et C, comme sur le dessin ci-dessus.

Puisque la réunion des trois régions est parfaitement symétrique par rapport à la droite $y = x$, il est évident que si l'on compte deux fois l'aire sous la courbe de $x = 1$ à $x = \sqrt{N}$, on obtient la surface cherchée mais avec en trop l'aire contenue dans le carré $[1, \sqrt{N}] \times [1, \sqrt{N}]$. On a donc que

$$S(N) = \sum_{n \leq N} \tau(n) = \sum_{d \leq N} \left[\frac{N}{d}\right] = 2 \sum_{d \leq \sqrt{N}} \left[\frac{N}{d}\right] - [\sqrt{N}][\sqrt{N}]$$

$$= 2 \left(\sum_{d \leq \sqrt{N}} \frac{N}{d} - \sum_{d \leq \sqrt{N}} \left(\frac{N}{d} - \left[\frac{N}{d}\right]\right) \right) - (\sqrt{N} + \theta_N)(\sqrt{N} + \theta_N),$$

où $|\theta_N| \leq 1$. Puisque $\left|\frac{N}{d} - \left[\frac{N}{d}\right]\right| \leq 1$, on a, en appliquant la relation (12.9),

$$S(N) = 2N \sum_{d \leq \sqrt{N}} \frac{1}{d} + O(\sqrt{N}) - N + O(\sqrt{N})$$
$$= 2N(\log \sqrt{N} + \gamma + o(1)) - N + O(\sqrt{N})$$
$$= N \log N + (2\gamma - 1)N + o(N),$$

ce qui établit (12.12). ∎

Remarque Comme nous l'avons vu au chapitre 11, la fonction génératrice de $\tau(n)$ est $\zeta^2(s)$, c'est-à-dire

$$\sum_{n=1}^{\infty} \frac{\tau(n)}{n^s} = \zeta^2(s);$$

par ailleurs, nous venons de démontrer que

$$\sum_{n \leq N} \tau(n) \sim N \log N.$$

On ouvre ainsi la porte à une généralisation possible du théorème de Wintner. En effet, on peut démontrer que si une fonction $f(n)$ satisfait une relation de la forme

$$\sum_{n=1}^{\infty} \frac{f(n)}{n^s} = \zeta^2(s) \cdot \sum_{n=1}^{\infty} \frac{g(n)}{n^s}, \qquad (12.14)$$

où $\sum_{n=1}^{\infty} \frac{g(n)}{n^s}$ converge absolument au point $s = 1$, alors

$$\sum_{n \leq N} f(n) \sim CN \log N,$$

où $C = \sum_{n=1}^{\infty} \frac{g(n)}{n}$. Ce résultat peut lui-même être généralisé au cas où $\sum_{n=1}^{\infty} \frac{f(n)}{n^s}$ est un «multiple» de $\zeta^k(s)$, auquel cas, si la série correspondante $\sum_{n=1}^{\infty} \frac{g(n)}{n^s}$ converge absolument à $s = 1$, on obtient[3] que

$$\sum_{n \leq N} f(n) \sim cN \log^{k-1} N,$$

où $c = \dfrac{1}{(k-1)!} \sum_{n=1}^{\infty} \dfrac{g(n)}{n}$.

Exercices sur le chapitre 12

1. Montrer que l'estimation $\pi(x) \geq c \log x$ (pour un entier $c > 0$) découle presque directement du fait que la densité des entiers positifs libres de carrés est égale à $6/\pi^2$. (Il s'agit là d'une méthode due à Erdös et Dressler.)

2. Soit f une fonction arithmétique. Montrer que
$$\sum_{\substack{n \leq N \\ (n,k)=1}} f(n) = \sum_{d|k} \mu(d) \sum_{m \leq N/d} f(md).$$

3. Soit $f(1) = 1$ et, pour chaque entier positif n, soit $f(n)$ le produit des exposants dans la représentation canonique de n en produit de facteurs premiers; en d'autres mots, pour $n > 1$, si on écrit $n = q_1^{\alpha_1} q_2^{\alpha_2} \ldots q_r^{\alpha_r}$, avec $r \geq 1$, $\alpha_i \in \mathbb{N}$ et q_i premiers distincts, alors $f(n) = \prod_{i=1}^{r} \alpha_i$. Démontrer que la moyenne asymptotique de $f(n)$ existe et est égale à $\dfrac{\zeta(2)\zeta(3)}{\zeta(6)}$.

4. On définit une fonction $\beta(n)$ analogue à la fonction $f(n)$ de l'exercice précédent en posant cette fois $\beta(n) = \prod_{i=1}^{r} \dfrac{3+(-1)^{\alpha_i}}{2}$ si $n = q_1^{\alpha_1} \ldots q_r^{\alpha_r} > 1$. Démontrer que la moyenne asymptotique de $\beta(n)$ existe et est égale à $\dfrac{\zeta(2)}{\zeta(3)}$.

5. Démontrer que
$$\sum_{n \leq N} \sigma(n) = \frac{\zeta(2)}{2} N^2 + O(N \log N).$$

---

3. Pour une démonstration de ce résultat, on peut consulter De Koninck et Mercier, *op. cit.*

6. Utiliser la relation $\phi(n) = n \sum_{d|n} \frac{\mu(d)}{d}$ pour démontrer que

$$\sum_{n \leq N} \phi(n) = \frac{3}{\pi^2} N^2 + O(N \log N).$$

7. Une fonction $L : [M, +\infty) \to \mathbb{R}$ continue sur $[M, +\infty)$, où M est un nombre réel positif, est dite à *oscillation lente* si, pour chaque nombre réel positif $c > 0$,

(1) $$\lim_{x \to \infty} \frac{L(cx)}{L(x)} = 1.$$

On note par $\mathcal{L}$ l'ensemble des fonctions à oscillation lente. On peut démontrer[4] qu'une fonction continue L appartient à $\mathcal{L}$ si et seulement si

(2) $$\frac{xL'(x)}{L(x)} = o(1).$$

a) Démontrer, en utilisant la définition (1) ou la caractéristique (2), que les fonctions suivantes appartiennent à $\mathcal{L}$:

$$\log x, \quad \log^3 x, \quad e^{\sqrt{\log x}}.$$

b) Démontrer que les fonctions suivantes n'appartiennent pas à $\mathcal{L}$:

$$\frac{1}{x}, \quad \sin x.$$

8. Soit $0 < a_1 < a_2 < \ldots$ une suite de nombres naturels et soit A l'ensemble des éléments de cette suite. On note

$$A(x) = \sum_{a_n \leq x} 1 = \sum_{\substack{a \leq x \\ a \in A}} 1.$$

On dit que A possède une densité s'il existe un nombre réel δ, $0 \leq \delta \leq 1$, tel que

$$\lim_{x \to \infty} \frac{A(x)}{x} = \delta,$$

auquel cas on dit que A est de densité δ.

a) Démontrer que l'ensemble des entiers positifs pairs est de densité $\delta = \frac{1}{2}$.

b) Soit $0 \leq b < a$ deux entiers et soit $A = \{n \in \mathbb{N} : n \equiv b \pmod{a}\}$. Démontrer que A est de densité $1/a$.

---

[4] Voir à ce sujet SENETA, E. *Regularly Varying Functions* (LNM 508), New York, Springer-Verlag et Berlin, Heidelberg, 1976.

c) Démontrer que l'ensemble des nombres premiers est de densité nulle.

d) On définit la fonction $f : \mathbb{N} \to \{0,1\}$ de la façon suivante : $f(1) = 1$ et, pour chaque entier $m \geq 0$, on pose
$$f(n) = \begin{cases} 1 & \text{si } 2^{2m} < n \leq 2^{2m+1}, \\ 0 & \text{si } 2^{2m+1} < n \leq 2^{2m+2}. \end{cases}$$
Démontrer que l'ensemble $A = \{n \in \mathbb{N} : f(n) = 1\}$ ne possède pas de densité.

9. Soit $A \subset \mathbb{N}$ un ensemble infini de densité $\delta > 0$. Montrer que la « distance moyenne » entre deux éléments consécutifs de A est égale à $1/\delta$, en ce sens que
$$\lim_{x \to \infty} \frac{1}{A(x)} \sum_{\substack{a_n \leq x \\ n \geq 2}} \frac{a_n - a_{n-1}}{1/\delta} = 1.$$

10. Soit $a, b \in \mathbb{N}$ et soit $f : [a, b] \to \mathbb{R}$. Démontrer qu'il existe un nombre réel $\theta = \theta(a, b)$ tel que $0 \leq \theta \leq 1$ et tel que
$$\sum_{a < n \leq b} f(n) = \int_a^b f(t)\, dt + \theta(f(b) - f(a)).$$

11. Soit $A \subset \mathbb{N}$ un ensemble de densité 0 et soit a_1 le plus petit élément de A. Soit par ailleurs $L : [a_1, +\infty) \to \mathbb{R}^+$ une fonction monotone croissante, continue et dérivable sur $[a_1, +\infty)$. Supposons de plus que $L'(x) = O(1)$. Montrer que les deux énoncés suivants sont équivalents :

a) $\displaystyle\sum_{\substack{a \leq x \\ a \in A}} L(a) = (1 + o(1))x$,

b) $\displaystyle A(x) = (1 + o(1)) \int_{a_1}^x \frac{dt}{L(t)}$.

12. Soit $L : [M, +\infty) \to \mathbb{R}^+$, où $M > 0$, une fonction dérivable. Démontrer que
$$L \in \mathcal{L} \iff \int_M^x \frac{dt}{L(t)} = (1 + o(1)) \frac{x}{L(x)}.$$

13. Soit $A \subset \mathbb{N}$ avec plus petit élément a_1 et soit $L : [a_1, +\infty) \to \mathbb{R}^+$ une fonction à oscillation lente et monotone croissante. Démontrer que
$$\lim_{x \to \infty} \frac{1}{x} \sum_{\substack{a \leq x \\ a \in A}} L(a) = 1 \iff \lim_{x \to \infty} \frac{L(x)}{x} \sum_{\substack{a \leq x \\ a \in A}} 1 = 1.$$

14. Soit $A = \{p : p+2 \text{ est premier}\}$. Nous avons vu au chapitre 5 qu'il est conjecturé que $A(x) \sim Cx/\log^2 x$ (lorsque $x \to \infty$) pour une certaine constante positive C. Au moyen de l'exercice précédent, démontrer que cette conjecture implique que

$$\sum_{\substack{p \leq x \\ p+2 \text{ premier}}} \frac{1}{C} \log^2 p = (1+o(1))x.$$

Problèmes à résoudre à l'ordinateur

15. Écrire un programme pour évaluer les expressions suivantes lorsque N augmente ($1 \leq N \leq 20\,000$).

   a) $\dfrac{1}{N \log N} \sum_{n=1}^{N} \tau(n)$ b) $\dfrac{12}{\pi^2 N^2} \sum_{n=1}^{N} \sigma(n)$

   c) $\dfrac{\pi^2}{3N^2} \sum_{n=1}^{N} \phi(n)$ d) $\dfrac{1}{N \log \log N} \sum_{n=1}^{N} \omega(n)$

16. Écrire un programme pour générer une table de valeurs pour $\mu(k)$ où $k \leq 20\,000$ et vérifier la conjecture de Mertens, selon laquelle $\left|\sum_{k=1}^{N} \mu(k)\right| < \sqrt{N}$, jusqu'à $N \leq 20\,000$.

Annexe A

Les nombres premiers plus petits que 10 000

2	3	5	7	11	13	17	19	23	29	31
37	41	43	47	53	59	61	67	71	73	79
83	89	97	101	103	107	109	113	127	131	137
139	149	151	157	163	167	173	179	181	191	193
197	199	211	223	227	229	233	239	241	251	257
263	269	271	277	281	283	293	307	311	313	317
331	337	347	349	353	359	367	373	379	383	389
397	401	409	419	421	431	433	439	443	449	457
461	463	467	479	487	491	499	503	509	521	523
541	547	557	563	569	571	577	587	593	599	601
607	613	617	619	631	641	643	647	653	659	661
673	677	683	691	701	709	719	727	733	739	743
751	757	761	769	773	787	797	809	811	821	823
827	829	839	853	857	859	863	877	881	883	887
907	911	919	929	937	941	947	953	967	971	977
983	991	997	1009	1013	1019	1021	1031	1033	1039	1049
1051	1061	1063	1069	1087	1091	1093	1097	1103	1109	1117
1123	1129	1151	1153	1163	1171	1181	1187	1193	1201	1213
1217	1223	1229	1231	1237	1249	1259	1277	1279	1283	1289
1291	1297	1301	1303	1307	1319	1321	1327	1361	1367	1373
1381	1399	1409	1423	1427	1429	1433	1439	1447	1451	1453
1459	1471	1481	1483	1487	1489	1493	1499	1511	1523	1531
1543	1549	1553	1559	1567	1571	1579	1583	1597	1601	1607
1609	1613	1619	1621	1627	1637	1657	1663	1667	1669	1693
1697	1699	1709	1721	1723	1733	1741	1747	1753	1759	1777
1783	1787	1789	1801	1811	1823	1831	1847	1861	1867	1871

1873	1877	1879	1889	1901	1907	1913	1931	1933	1949	1951
1973	1979	1987	1993	1997	1999	2003	2011	2017	2027	2029
2039	2053	2063	2069	2081	2083	2087	2089	2099	2111	2113
2129	2131	2137	2141	2143	2153	2161	2179	2203	2207	2213
2221	2237	2239	2243	2251	2267	2269	2273	2281	2287	2293
2297	2309	2311	2333	2339	2341	2347	2351	2357	2371	2377
2381	2383	2389	2393	2399	2411	2417	2423	2437	2441	2447
2459	2467	2473	2477	2503	2521	2531	2539	2543	2549	2551
2557	2579	2591	2593	2609	2617	2621	2633	2647	2657	2659
2663	2671	2677	2683	2687	2689	2693	2699	2707	2711	2713
2719	2729	2731	2741	2749	2753	2767	2777	2789	2791	2797
2801	2803	2819	2833	2837	2843	2851	2857	2861	2879	2887
2897	2903	2909	2917	2927	2939	2953	2957	2963	2969	2971
2999	3001	3011	3019	3023	3037	3041	3049	3061	3067	3079
3083	3089	3109	3119	3121	3137	3163	3167	3169	3181	3187
3191	3203	3209	3217	3221	3229	3251	3253	3257	3259	3271
3299	3301	3307	3313	3319	3323	3329	3331	3343	3347	3359
3361	3371	3373	3389	3391	3407	3413	3433	3449	3457	3461
3463	3467	3469	3491	3499	3511	3517	3527	3529	3533	3539
3541	3547	3557	3559	3571	3581	3583	3593	3607	3613	3617
3623	3631	3637	3643	3659	3671	3673	3677	3691	3697	3701
3709	3719	3727	3733	3739	3761	3767	3769	3779	3793	3797
3803	3821	3823	3833	3847	3851	3853	3863	3877	3881	3889
3907	3911	3917	3919	3923	3929	3931	3943	3947	3967	3989
4001	4003	4007	4013	4019	4021	4027	4049	4051	4057	4073
4079	4091	4093	4099	4111	4127	4129	4133	4139	4153	4157
4159	4177	4201	4211	4217	4219	4229	4231	4241	4243	4253
4259	4261	4271	4273	4283	4289	4297	4327	4337	4339	4349
4357	4363	4373	4391	4397	4409	4421	4423	4441	4447	4451
4457	4463	4481	4483	4493	4507	4513	4517	4519	4523	4547
4549	4561	4567	4583	4591	4597	4603	4621	4637	4639	4643
4649	4651	4657	4663	4673	4679	4691	4703	4721	4723	4729
4733	4751	4759	4783	4787	4789	4793	4799	4801	4813	4817
4831	4861	4871	4877	4889	4903	4909	4919	4931	4933	4937
4943	4951	4957	4967	4969	4973	4987	4993	4999	5003	5009
5011	5021	5023	5039	5051	5059	5077	5081	5087	5099	5101
5107	5113	5119	5147	5153	5167	5171	5179	5189	5197	5209
5227	5231	5233	5237	5261	5273	5279	5281	5297	5303	5309
5323	5333	5347	5351	5381	5387	5393	5399	5407	5413	5417

5419	5431	5437	5441	5443	5449	5471	5477	5479	5483	5501
5503	5507	5519	5521	5527	5531	5557	5563	5569	5573	5581
5591	5623	5639	5641	5647	5651	5653	5657	5659	5669	5683
5689	5693	5701	5711	5717	5737	5741	5743	5749	5779	5783
5791	5801	5807	5813	5821	5827	5839	5843	5849	5851	5857
5861	5867	5869	5879	5881	5897	5903	5923	5927	5939	5953
5981	5987	6007	6011	6029	6037	6043	6047	6053	6067	6073
6079	6089	6091	6101	6113	6121	6131	6133	6143	6151	6163
6173	6197	6199	6203	6211	6217	6221	6229	6247	6257	6263
6269	6271	6277	6287	6299	6301	6311	6317	6323	6329	6337
6343	6353	6359	6361	6367	6373	6379	6389	6397	6421	6427
6449	6451	6469	6473	6481	6491	6521	6529	6547	6551	6553
6563	6569	6571	6577	6581	6599	6607	6619	6637	6653	6659
6661	6673	6679	6689	6691	6701	6703	6709	6719	6733	6737
6761	6763	6779	6781	6791	6793	6803	6823	6827	6829	6833
6841	6857	6863	6869	6871	6883	6899	6907	6911	6917	6947
6949	6959	6961	6967	6971	6977	6983	6991	6997	7001	7013
7019	7027	7039	7043	7057	7069	7079	7103	7109	7121	7127
7129	7151	7159	7177	7187	7193	7207	7211	7213	7219	7229
7237	7243	7247	7253	7283	7297	7307	7309	7321	7331	7333
7349	7351	7369	7393	7411	7417	7433	7451	7457	7459	7477
7481	7487	7489	7499	7507	7517	7523	7529	7537	7541	7547
7549	7559	7561	7573	7577	7583	7589	7591	7603	7607	7621
7639	7643	7649	7669	7673	7681	7687	7691	7699	7703	7717
7723	7727	7741	7753	7757	7759	7789	7793	7817	7823	7829
7841	7853	7867	7873	7877	7879	7883	7901	7907	7919	7927
7933	7937	7949	7951	7963	7993	8009	8011	8017	8039	8053
8059	8069	8081	8087	8089	8093	8101	8111	8117	8123	8147
8161	8167	8171	8179	8191	8209	8219	8221	8231	8233	8237
8243	8263	8269	8273	8287	8291	8293	8297	8311	8317	8329
8353	8363	8369	8377	8387	8389	8419	8423	8429	8431	8443
8447	8461	8467	8501	8513	8521	8527	8537	8539	8543	8563
8573	8581	8597	8599	8609	8623	8627	8629	8641	8647	8663
8669	8677	8681	8689	8693	8699	8707	8713	8719	8731	8737
8741	8747	8753	8761	8779	8783	8803	8807	8819	8821	8831
8837	8839	8849	8861	8863	8867	8887	8893	8923	8929	8933
8941	8951	8963	8969	8971	8999	9001	9007	9011	9013	9029
9041	9043	9049	9059	9067	9091	9103	9109	9127	9133	9137
9151	9157	9161	9173	9181	9187	9199	9203	9209	9221	9227

210 Les nombres premiers plus petits que 10 000

9239	9241	9257	9277	9281	9283	9293	9311	9319	9323	9337
9341	9343	9349	9371	9377	9391	9397	9403	9413	9419	9421
9431	9433	9437	9439	9461	9463	9467	9473	9479	9491	9497
9511	9521	9533	9539	9547	9551	9587	9601	9613	9619	9623
9629	9631	9643	9649	9661	9677	9679	9689	9697	9719	9721
9733	9739	9743	9749	9767	9769	9781	9787	9791	9803	9811
9817	9829	9833	9839	9851	9857	9859	9871	9883	9887	9901
9907	9923	9929	9931	9941	9949	9967	9973			

Annexe B
La fonction $\pi(x)$ et ses estimations

D'après le tableau ci-dessous, on pourrait être porté à croire que l'on a toujours $\pi(x) < \text{Li}(x)$; c'est d'ailleurs ce qu'avait conjecturé Gauss. En fait, cette hypothèse a été vérifiée numériquement jusqu'à de très grandes valeurs de x. Toutefois, en 1914, Littlewood[1] a démontré que non seulement la conjecture de Gauss est fausse, mais en plus qu'il existe une suite $\{x_n\}$ telle que $\lim_{n\to\infty} x_n = +\infty$ et telle que

$$(-1)^{n+1} \left[\pi(x_n) - \text{Li}(x_n)\right] > 0$$

pour chaque entier positif n. En d'autres mots, Littlewood a démontré que la différence $\pi(x) - \text{Li}(x)$ change de signe indéfiniment.

x	$\pi(x)$	$\frac{x}{\log x}$	$\text{Li}(x)$	$\frac{\pi(x)}{x/\log x}$	$\frac{\pi(x)}{\text{Li}(x)}$
1 000	168	145	178	1,158	0,943 8
10 000	1 229	1 086	1 246	1,132	0,986 4
100 000	9 592	8 686	9 630	1,104	0,996 1
1 000 000	78 498	72 382	78 628	1,084	0,998 3
10 000 000	664 579	620 420	664 918	1,071	0,999 4
100 000 000	5 761 455	5 428 681	5 762 209	1,061	0,999 86
1 000 000 000	50 847 478	48 254 630	50 849 235	1,054	0,999 96

---

1. LITTLEWOOD, J.E. «Sur la distribution des nombres premiers», *C. R. Acad. Sci. Paris*, vol. 158, 1914, p. 1869-1872.

Annexe C

Nombres de Fermat, nombres de Mersenne et nombres parfaits

Facteurs des nombres de Fermat F_n pour $1 \leq n \leq 22$

n	Facteurs premiers	Date	Découvert par
1	5		Fermat
2	17		Fermat
3	257		Fermat
4	65 537		Fermat
5	641	1732	Euler
5	6 700 417	1732	Euler
6	274 177	1880	Landry
6	67 280 421 310 721	1880	Landry, LeLasseur, Gérardin
7	59 649 589 127 497 217	1970	Morrison, Brillhart
7	5 704 689 200 685 129 054 721	1970	Morrison, Brillhart
8	1 238 926 361 552 897	1909	Morehead, Western
9	2 424 833	1903	Western
9	composé	1967	Brillhart
10	45 592 577	1953	Selfridge
10	6 487 031 809	1962	Brillhart
10	455 925 777	1967	Brillhart
11	319 489	1899	Cunningham
11	974 849	1899	Cunningham
12	114 689	1877	Lucas, Pervouchine
12	26 017 793	1903	Western
12	63 766 529	1903	Western
12	190 274 191 361	1974	Hallyburton, Brillhart
13	2 710 954 639 361	1974	Hallyburton, Brillhart

n	Facteurs premiers	Date	Découvert par
14	composé (facteur inconnu)	1961	Selfridge, Hurwitz
15	1 214 251 009	1925	Kraitchik
16	825 753 601	1953	Selfridge
17	composé		
18	13 631 489	1903	Western
19	70 525 124 609	1962	Riesel
20	composé	1988	Young et Bell
21	448 529 642 913	1963	Wrathall
22	nature inconnue		

On remarque que les nombres de Fermat F_n sont premiers lorsque $n = 1, 2, 3, 4$. Les connaissances actuelles ont permis de démontrer que seulement pour $n = 5, 6, 7, 8, 9$ et 11 les nombres de Fermat sont composés et complètement factorisés. Le plus petit nombre de Fermat composé dont aucun facteur n'est connu est F_{14} tandis que le plus petit nombre de Fermat dont on n'a pas établi s'il est composé ou premier est F_{22}.

Nombres premiers de Mersenne $M_p = 2^p - 1$ pour $2 \leq p < 250$

p	$M_p = 2^p - 1$
2	3
3	7
5	31
7	127
13	8 191
17	131 071
19	524 287
31	2 147 483 647
61	2 305 843 009 213 693 951
89	618 970 019 642 690 137 449 562 111
107	162 259 276 829 213 363 391 578 010 288 127
127	170 141 183 460 469 231 731 687 303 715 884 105 727

Les vingt autres nombres premiers de Mersenne connus sont ceux correspondant à $p = 521, 607, 1279, 2203, 2281, 3217, 4253, 4423, 9689, 9941, 11213, 19937, 21701, 23209, 44497, 86243, 110503, 132049, 216091, 756839$ et 859433. Ce dernier nombre de Mersenne a été obtenu par David Slowinski et Paul Gage en 1993.

Liste des 30 premiers nombres parfaits pairs : $n = 2^{p-1}(2^p - 1)$

n	Nombres de chiffres	Date	Découvert par
$6 = 2(2^2 - 1)$	1	?	Connu d'Euclide
$28 = 2^2(2^3 - 1)$	2	?	Connu d'Euclide
$496 = 2^4(2^5 - 1)$	3	?	Connu d'Euclide
$8128 = 2^6(2^7 - 1)$	4	?	Connu d'Euclide
$33\,550\,336 = 2^{12}(2^{13} - 1)$	8	1456	Inconnu
$8\,589\,869\,056 = 2^{16}(2^{17} - 1)$	10	1588	Cataldi
$137\,438\,691\,328 = 2^{18}(2^{19} - 1)$	12	1588	Cataldi
$2^{30}(2^{31} - 1)$	19	1772	L. Euler
$2^{60}(2^{61} - 1)$	37	1883	I.M. Pervouchine
$2^{88}(2^{89} - 1)$	54	1911	R.E. Powers
$2^{106}(2^{107} - 1)$	65	1914	R.E. Powers
$2^{126}(2^{127} - 1)$	77	1876	E. Lucas
$2^{520}(2^{521} - 1)$	314	1952	R. Robinson
$2^{606}(2^{607} - 1)$	366	1952	R. Robinson
$2^{1278}(2^{1279} - 1)$	770	1952	R. Robinson
$2^{2202}(2^{2203} - 1)$	1327	1952	R. Robinson
$2^{2280}(2^{2281} - 1)$	1373	1952	R. Robinson
$2^{3216}(2^{3217} - 1)$	1937	1957	H. Riesel
$2^{4252}(2^{4253} - 1)$	2561	1961	A. Hurwitz
$2^{4422}(2^{4423} - 1)$	2663	1961	A. Hurwitz
$2^{9688}(2^{9689} - 1)$	5834	1963	D. Gillies
$2^{9940}(2^{9941} - 1)$	5985	1963	D. Gillies
$2^{11\,212}(2^{11\,213} - 1)$	6751	1963	D. Gillies
$2^{19\,936}(2^{19\,937} - 1)$	12003	1971	B. Tuckerman
$2^{21\,700}(2^{21\,701} - 1)$	13066	1978	L. Nickel et C. Noll
$2^{23\,208}(2^{23\,209} - 1)$	13973	1979	C. Noll
$2^{44\,496}(2^{44\,497} - 1)$	26790	1979	H. Nelson et D. Slowinski
$2^{86\,242}(2^{86\,243} - 1)$	51924	1982	D. Slowinski
$2^{110\,502}(2^{110\,503} - 1)$	66530	1988	W.N. Colquitt et L. Welsh
$2^{132\,048}(2^{132\,049} - 1)$	79502	1991	W.N. Colquitt et L. Welsh

Remarque Laura Nickel et Curt Noll étaient âgés seulement de 18 ans lorsqu'ils trouvèrent le 25e nombre parfait. On ne sait pas s'il existe des nombres parfaits entre ceux qui correspondent à $p = 132\,049$ et à $p = 216\,091$.

Annexe D
Problèmes ouverts en théorie des nombres

Plusieurs des problèmes énumérés ici sont extraits du livre de Richard Guy, *Unsolved Problems in Number Theory*, Springer-Verlag, New York, 1981.

1. Existe-t-il une infinité de nombres premiers de la forme $n^2 + 1$ (n entier)? La réponse est probablement oui. En fait, Hardy et Littlewood ont conjecturé qu'il en était ainsi et ont même émis une conjecture plus forte, soit que

$$\#\{n \leq x \mid n^2 + 1 \text{ premier}\} \sim \frac{c\sqrt{x}}{\log x},$$

où $c = \prod_p \left(1 - \frac{(-1)^{(p-1)/2}}{p-1}\right) \approx 1,3727$.

2. Existe-t-il un nombre premier de la forme $a^2 + b$, avec a entier, pour chaque entier $b > 0$?

3. Existe-t-il une infinité de nombres premiers de la forme $n! + 1$?

4. La suite $\{x_k\}$ définie par $x_k = 1 + \prod_{i=1}^{k} p_i$ contient-elle une infinité de nombres premiers? Les seules valeurs de $p_k \leq 1031$ pour lesquelles x_k est premier sont $p_k = 2, 3, 5, 7, 11, 31, 379, 1019$ et 1021.

5. (CONJECTURE DE SCHINZEL) Pour chaque nombre réel $x > 8$, il existe toujours un nombre premier entre x et $x + \log^2 x$.

6. David Silverman a remarqué que le produit

$$\prod_{i=1}^{m} \frac{p_i + 1}{p_i - 1}$$

est un nombre entier pour $m = 1, 2, 3, 4, 8$. Est-ce que cela arrive pour d'autres valeurs de m?

7. Si p est un nombre premier, alors $2^p - 1$ est-il toujours libre de carré? (Probablement pas!)

8. La suite $\{F_n\}$ des nombres de Fermat est définie par $F_n = 2^{2^n} + 1$. Ils se nomment ainsi en l'honneur de Pierre de Fermat qui, en 1640, a démontré que, pour $0 \leq n \leq 4$, F_n est premier. Fermat avait conjecturé que F_n était premier pour chaque entier n. En 1732, Euler réfutait la conjecture de Fermat en démontrant que $F_5 = 641 \times 6\,700\,417$. Depuis ce temps, aucun autre nombre premier de Fermat n'a été trouvé. On a de fait démontré que F_n est composé pour chaque entier n, $5 \leq n \leq 20$. Le cas de F_{20} a été réglé en 1988 par Buell et Young[1]. Hardy et Wright pensent qu'il n'y a qu'un nombre fini de F_n qui soient premiers. Qu'en pensez-vous?

9. Erdös a conjecturé que si $\{a_n\}$ est une suite infinie d'entiers positifs telle que

$$\sum_{i=1}^{\infty} \frac{1}{a_i} = +\infty,$$

alors elle contient en sous-suite des progressions arithmétiques arbitrairement longues. Erdös offre 3 000 \$ pour une preuve ou un contre-exemple de cette conjecture.

10. (CONJECTURE DE HARDY ET LITTLEWOOD) Soit $2 \leq x, y \in \mathbb{N}$ deux nombres arbitraires. Alors,

$$\pi(x + y) \leq \pi(x) + \pi(y).$$

En 1973, D. Hensley et I. Richards[2] démontraient que cette conjecture est incompatible avec la conjecture des nombres premiers jumeaux.

11. R.L. Graham offre 100 \$ à celui qui décidera si

$$\left(\binom{2n}{n}, 105 \right) = 1$$

---

1. BUELL, D.A., et J. YOUNG. «The Twentieth Fermat Number is Composite», *Math. Comp.*, vol. 50, 1988, p. 261–263.
2. HENSLEY D., et I. RICHARDS. «On the Incompatibility of Two Conjectures Concerning Primes», *Proceedings of Symposia in Pure Mathematics*, vol. 24, AMS, Rhode Island, 1973, p. 123–128.

une infinité de fois ou seulement un nombre fini de fois.

12. Existe-t-il une preuve élémentaire (c'est-à-dire sans utiliser les propriétés de la fonction zêta de Riemann) du fait que
$$\prod_p \frac{p^2+1}{p^2-1} = \frac{5}{2} ?$$

13. Erdös et Pomerance[3], en 1978, ont montré qu'il existe une infinité d'entiers n tels que
$$P(n) < P(n+1) < P(n+2),$$
où $P(n)$ désigne le plus grand facteur premier de n. Existe-t-il une infinité de n tels que
$$P(n) > P(n+1) > P(n+2) ?$$

14. Soit $f: \mathbb{N} \to \mathbb{N}$ définie par
$$f(n) = \begin{cases} 1 & \text{si } n = 1, \\ n/2 & \text{si } n \text{ est pair}, \\ 3n+1 & \text{autrement.} \end{cases}$$

Soit $n \in \mathbb{N}$. La suite $f(n), f(f(n)), f(f(f(n))), \ldots$ aboutit-elle nécessairement à 1 à la longue? Ce problème est souvent appelé le *problème de Syracuse*. Le lecteur intéressé peut consulter l'article écrit en 1984 par Hayes[4].

15. Soit $d_n = p_{n+1} - p_n$ la distance entre deux nombres premiers consécutifs. Rankin a démontré que, si[5] $c = e^\gamma$, alors
$$d_n > c \frac{\log n \log \log n \log \log \log \log n}{(\log \log \log n)^2}$$
pour une infinité d'entiers positifs n. Erdös offre 10 000 $ à celui ou celle qui fournira une preuve ou un contre-exemple du fait que l'on peut choisir c aussi grand que l'on veut. H. Maier et C. Pomerance[6] ont démontré que l'on peut prendre, dans l'inégalité ci-dessus, $c = c_o e^\gamma$, pour un certain $c_o \approx 1,3$.

---

3. ERDÖS, P., et C. POMERANCE. «On the Largest Prime Factors of n and $n+1$», *Aequationes Math.*, vol. 17, 1978, p. 311-321.
4. HAYES B. «Le problème de Syracuse», *Pour la science*, mai 1984, p. 98–103.
5. Ici γ est la constante d'Euler définie par $\gamma = \lim_{N \to \infty} \left(\sum_{n=1}^{N} \frac{1}{n} - \log N \right)$.
6. Voir DE KONINCK, J.M. et C. LEVESQUE. *Théorie des nombres*, Comptes rendus de la Conférence internationale de théorie des nombres tenue à l'Université Laval, 5-18 juillet 1987, Walter de Gruiter.

16. Il découle du théorème de Fermat que si p est premier, alors
$$p \,\bigg|\, \left(1^{p-1} + 2^{p-1} + \ldots + (p-1)^{p-1} + 1\right). \qquad (*)$$
La réciproque est-elle vraie? Giuga a vérifié $(*)$ pour $p \leq 10^{1000}$.

17. Existe-t-il un entier m tel que $x^4 + y^4 = mz^4$ possède une infinité de solutions entières avec $(x,y) = 1$?

18. Est-il vrai que $x^9 + y^9 = 7z^9$ n'a pas de solutions entières si $3|z$?

19. Quelles sont les solutions entières de
$$\frac{1}{w} + \frac{1}{x} + \frac{1}{y} + \frac{1}{z} + \frac{1}{wxyz} = 0?$$

20. Soit $\zeta(s) = \sum_{n=1}^{\infty} 1/n^s$, fonction que nous avons étudiée au chapitre 5. On sait que $\zeta(2) = \pi^2/6$ et ainsi que $\zeta(2)$ est un nombre irrationnel. On peut également démontrer que, pour chaque $n \in \mathbb{N}$, $\zeta(2n)$ est aussi un nombre irrationnel. Qu'en est-il de $\zeta(2n+1)$? Jusqu'en 1983, on n'en savait rien! En 1983, R. Apéry[7] démontrait que $\zeta(3)$ est irrationnel. Depuis ce moment, il n'y a pas eu de développements importants à ce sujet. On pourra consulter aussi l'article de Cohen[8].

---

7. APÉRY R. «Irrationnalité de $\zeta(2)$ et $\zeta(3)$», *Journées arithmétiques de Luminy*, *Astérisque*, vol. 61, p. 11-13.
8. COHEN, H. « Démonstration de l'irrationalité de $\zeta(3)$ (d'après R. Apéry)», *Séminaire de théorie des nombres*, Grenoble, 1978.

Corrigé partiel des problèmes

Chapitre 1 (p. 14)

2. a) Au moyen du théorème du binôme, on obtient facilement que
$$2^n = (1+1)^n = \sum_{k=0}^{n}\binom{n}{k}1^k 1^{n-k} = \sum_{k=0}^{n}\binom{n}{k},$$
ce qui est le résultat recherché.

b) En procédant comme ci-dessus, on a
$$0 = (1+(-1))^n = \sum_{k=0}^{n}\binom{n}{k}1^{n-k}(-1)^k = \sum_{k=0}^{n}(-1)^k\binom{n}{k},$$
ainsi qu'on le recherchait.

c) En procédant comme en a), on a
$$3^n = (2+1)^n = \sum_{k=0}^{n}\binom{n}{k}2^k 1^{n-k} = \sum_{k=0}^{n}2^k\binom{n}{k},$$
ainsi qu'on le voulait.

d) Cette identité se prouve facilement par induction. La proposition est évidemment vraie pour $n = 2$. Supposons qu'elle est vraie pour l'entier $n > 1$. Prouvons qu'elle est vraie pour l'entier $n + 1$. À l'aide de l'hypothèse d'induction et de la règle de Pascal, on a
$$\sum_{k=2}^{n+1}\binom{k}{2} = \sum_{k=2}^{n}\binom{k}{2} + \binom{n+1}{2} = \binom{n+1}{3} + \binom{n+1}{2} = \binom{n+2}{3},$$
ainsi qu'on le recherchait.

4. Puisque $n = 4k + r$, $0 \leq r \leq 3$, alors la première partie est démontrée. La seconde partie s'obtient comme suit : Puisque n est impair, alors $n = 4k + 1$ ou $n = 4k + 3$ et, dans chaque cas, on peut écrire n^2 sous la forme $8m + 1$.

6. Puisqu'il y a 14 entiers positifs qui sont divisibles par 7 entre 1 et 101 ($101 = \mathbf{14} \cdot 7 + 3$) et qu'il y en a 143 qui sont divisibles par 7 entre 1 et 1001 ($1001 = \mathbf{143} \cdot 7$), alors il y a 129 entiers positifs entre 101 et 1001 qui sont divisibles par 7.

8. Comme $a | 42n + 37 - 6(7n+4)$, on a $a|13$.

10. Puisque $0 = 0 \cdot |a|$ et comme $a = \pm |a|$, il est clair que $|a|$ est un diviseur commun de 0 et a. Soit d un diviseur commun de 0 et a. Alors, $d|a$ et ainsi $|d| \leq |a|$; mais alors $d \leq |a|$, c'est-à-dire qu'aucun diviseur commun de 0 et a n'excède $|a|$. Donc, $|a| = (a, 0)$.

12. On obtient successivement

$$629 = (-357) \times (-1) + 272,$$
$$-357 = 272 \times (-2) + 187,$$
$$272 = 187 \times 1 + 85,$$
$$187 = 85 \times 2 + 17,$$
$$85 = 17 \times 5.$$

On a donc $(-357, 629) = 17$ et, de plus,

$$17 = 7 \cdot (-357) + 4 \cdot (629).$$

14. La partie a) est immédiate. Pour la partie b), il suffit de remarquer que $(x_0 + b)a + (y_0 - a)b = d$.

16. Les trois premiers problèmes se résolvent de la même façon. Pour a), on procède comme suit. Soit $d = (a+b, a-b)$, alors $d|2b$ et $d|2a$. On a alors $d|(2b, 2a) = 2(a,b)$ et ainsi $d|2$. Finalement, pour d), il suffit de remarquer que $a^2 - 3ab + b^2 = (a+b)^2 - 5ab$.

18. a) Faux. En effet, $(2,3) = (2,5) = 1$ et pourtant $6 = [2,3] \neq [2,5] = 10$.
    b) Vrai. (c) Vrai.
    d) L'énoncé est vrai. En effet, soit $(a,b) = d$. On a $a = dA$ et $b = dB$ où $(A,B) = 1$. Ainsi, on a $(A^n, B^n) = 1$ et, puisque $a^n | b^n$, on obtient $A^n d^n | B^n d^n$ ou $A^n | B^n$. Donc, $A^n | (A^n, B^n) = 1$, ce qui montre que $A = 1$ et ainsi que $d = a$. En conséquence, $b = dB = aB$, ce qui démontre l'énoncé.
    e) L'énoncé est vrai.
    f) Faux. En effet, $(2^3)^2 | (2^2)^3$, pourtant on n'a pas que $2^3 | 2^2$.

20. Soit $d = (a, b, c)$ et $d_1 = ((a,b), c)$. Puisque $d|a$ et $d|b$, on a $d|(a,b)$. De même $d|c$, d'où $d|d_1$. D'autre part, $d_1|(a,b)$; il s'ensuit que $d_1|a$ et $d_1|b$, et puisque $d|c$ on en déduit que $d_1|d$.

22. Vrai.

24. Non; il suffit de considérer l'exemple suivant : $a = 2 \cdot 3$, $b = 3$ et $c = 3 \cdot 5$.

26. Supposons que $(m, n) = 1$. Alors, d'après le théorème 1.17 i),
$$(a^m - 1, a^n - 1) = (a^m - 1 - (a^n - 1), a^n - 1) = (a^m - a^n, a^n - 1).$$
Puisque $(a^n, a^n - 1) = 1$, alors
$$(a^n(a^{m-n} - 1), a^n - 1) = (a^{m-n} - 1, a^n - 1).$$
Soit $m > n$, alors $m = nq + r$, $0 \leq r < n$, d'où
$$(a^m - 1, a^n - 1) = (a^r - 1, a^n - 1).$$
En poursuivant le procédé ci-dessus, $n = rs + t$, où $0 \leq t < r$, on obtient
$$(a^r - 1, a^n - 1) = (a^r - 1, a^t - 1)$$
et finalement on obtient $(a-1, a-1) = a-1$. Si $d = (m, n)$, alors puisque $(m/d, n/d) = 1$, on a
$$\left((a^d)^{m/d} - 1, (a^d)^{n/d} - 1\right) = a^d - 1.$$
Pour les autres cas, y compris celui ci-dessus, on peut procéder de la façon suivante : soit $(m, n) = 1$ et soit $u = \pm 1$, $v = \pm 1$. Alors,
$$(a^m + u, a^n + v) = (a^m + u - uv(a^n + v), a^n + v) = (a^m - uva^n, a^n + v)$$
$$= (a^{m-n} - uv, a^n + v),$$
car $(a^n, a^n \pm 1) = 1$. En continuant le procédé, on obtient
$$(a^m + 1, a^n + 1) = (a^m + 1, a^n - 1) = (a + 1, a + 1) \text{ ou } (a + 1, a - 1)$$
tout dépendant des parités de m et n. Plus précisément, on a ce qui suit. Puisque $(a+1)|a^k+1$ pour k impair et que $(a+1)|a^k - 1$ pour k pair, alors, en tenant compte du fait que $a + 1$ ne peut diviser $a^k + 1$ à moins que $a = 1$, on obtient que
$$(a^m + 1, a^n + 1) = \begin{cases} a + 1 & \text{si } mn \text{ est impair} \\ 1 & \text{si } mn \text{ est pair et } a \text{ est pair} \\ 2 & \text{si } mn \text{ est pair et } a \text{ est impair} \end{cases}$$
et que
$$(a^m + 1, a^n - 1) = \begin{cases} 1 & \text{si } n \text{ est impair et } a \text{ est pair} \\ 2 & \text{si } n \text{ est impair et } a \text{ est impair} \\ a + 1 & \text{si } n \text{ est pair.} \end{cases}$$

Lorsque $d = (m, n)$, il suffit de procéder comme dans le premier cas.

Pour trouver la valeur de $(a^m - b^m, a^n - b^n)$, on peut supposer que $(a, b) = 1$ et $a > b$. Dans ce cas, on pose $d = (m, n)$, $u = a^d - b^d$ et $v = (a^m - b^m, a^n - b^n)$. Puisque $d|m$, alors $u|(a^m - b^m)$ et puisque $d|n$ on a aussi $u|(a^n - b^n)$ et on obtient que $u|v$. Il suffit alors de montrer que $v|u$. Choisissons des entiers $x > 0$ et $y > 0$ tels que $mx - ny = d$. Il est clair que
$$a^{mx} = a^{ny+d} = a^{ny}(b^d + u),$$
d'où
$$a^{mx} - b^{mx} = a^{ny}(b^d + u) - b^{ny+d} = b^d(a^{ny} - b^{ny}) + ua^{ny}.$$
Puisque $v|(a^m - b^m)$, on a $v|(a^{mx} - b^{mx})$ et de même $v|(a^{ny} - b^{ny})$, et la dernière équation permet d'obtenir que $v|ua^{ny}$. Puisque $(a, b) = 1$, alors $(v, a) = 1$. En effet, tout diviseur commun de a et v divise a^m et $a^m - b^m$ et ainsi divise b^m, et puisque $(a, b) = 1$, on a la conclusion. Finalement, $v|ua^{ny}$ implique $v|u$ et on a la conclusion.

28. Non. En effet, on a $5|2^2 + 1$ et pourtant $5 \nmid 2^4 + 1 = 17$.

30. On a $a = 10q + r$, avec $0 \leq r < 10$. Il faut donc que $10|r^{10} + 1$. C'est pourquoi on doit avoir $r = 3$ ou 7.

32. Tout entier positif A est de l'une des sept formes suivantes : $7k, 7k+1, \ldots, 7k+6$. Donc, s'il existe deux entiers n et m tels que $A = n^2 = m^3$, on s'aperçoit en considérant tous les cas que, nécessairement, A doit être de la forme $7k$ ou $7k + 1$.

34. $2^{10} 3^{10} = 60\,466\,176$.

36. Il existe des entiers a et b tels que $x = 5a$ et $y = 5b$. Ainsi, on obtient $x + y = 5a + 5b = 40$, c'est-à-dire $a + b = 8$. Cette dernière équation possède une infinité de solutions.

38. En utilisant le développement
$$\begin{aligned} n^k - 1 &= [(n-1) + 1]^k - 1 \\ &= (n-1)^k + k(n-1)^{k-1} + \cdots + k(n-1), \end{aligned}$$
on constate que tous les termes de la dernière expression sont divisibles par $(n-1)^2$ sauf peut-être le terme $k(n-1)$.

40. Tout nombre de la suite est de la forme $100k + 11 = 4(25k + 2) + 3$ où k est un entier non négatif. Alors, tout entier de la suite laisse un reste de 3 lorsqu'il est divisé par 4 et alors ne peut être un carré parfait. En effet, on sait que tout carré parfait est de la forme $4r$ ou $4r + 1$.

42. On suppose qu'il existe une solution $x = \frac{a}{b}$, avec $(a,b) = 1$, de ladite équation. Dans ce cas, on obtient que
$$a^5 = 10b^5 - ab^4.$$

Or, puisque b divise le membre de droite de cette équation, il doit aussi diviser a^5, ce qui veut dire que $(a,b) > 1$, contredisant ainsi l'hypothèse de départ. D'où le résultat.

44. a) On remarque que
$$a^{2^{m-r}} \cdot a^{2^{m-r}} = a^{2^{m-r+1}}.$$

Il s'ensuit l'équation suivante (que nous appellerons «équation (*)» pour plus de commodité) :
$$a^{2^m} - 1 = (a^{2^{m-1}} + 1)(a^{2^{m-1}} - 1) = (a^{2^{m-1}} + 1)(a^{2^{m-2}} + 1) \cdots (a^2 + 1)(a+1)(a-1).$$

Donc, si $m > n$, $a^{2^n} + 1$ est un diviseur de $a^{2^m} - 1$.

b) Notons que $a^{2^m} - 1 = (a^{2^m} + 1) - 2$ et que cet entier est divisible par les entiers de l'équation (*). Soit $d = (a^{2^m} + 1, a^{2^n} + 1)$. Puisque $r(a^{2^k} + 1) = (a^{2^m} + 1) - 2$ pour un certain entier positif r, on obtient que $d|2$, c'est-à-dire que $d = 1$ ou $d = 2$.

50. a) Cela découle du fait que $\mathbb{Z}$ est un idéal contenant E.
    b) Soit $a, b \in I(E)$. Alors $a, b \in I$. Mais I est un idéal de $\mathbb{Z}$, d'où $a + b \in I$. Puisque I est arbitraire, alors $a + b \in I(E)$. De même, pour $a \in I(E)$, $m \in \mathbb{Z}$, on a $am \in I$, pour tout $I \in \mathcal{F}$. Donc $am \in I(E)$.
    c) Puisque tout idéal I de $\mathbb{Z}$ vérifie $I \supseteq E$, alors $I(E) \supseteq E$. Soit I' un idéal $\supseteq E$. Alors, $I' \in \mathcal{F}$ et ainsi $I' \supseteq I(E)$.

52. a) Cela découle de l'exercice précédent.
    b) Si $a|1$, alors $(1) \subseteq (a)$, d'après la partie a). En outre, $(a) \subseteq (1)$, vu que $(1) = \mathbb{Z}$; donc $(a) = (1)$. Si $(a) = (1)$, on a alors $a|1$, d'après la partie a).
    c) Il suffit d'utiliser la partie a).

Chapitre 2 (p. 32)

2. En divisant l'entier n autant de fois que le facteur 2 apparaît, on obtient le résultat.

4. a) Les valeurs possibles de (a^2, b) sont p ou p^2.
   b) La seule valeur possible de (a^2, b^2) est p^2.
   c) Les valeurs possibles de (a^3, b) sont p, p^2 ou p^3.
   d) Les valeurs possibles de (a^3, b^2) sont p^2 ou p^3.

6. On a $(a^2b^2, p^4) = p^4$ et $(a^2 + b^2, p^4) = p^2$.

8. D'après l'exercice précédent, cela voudrait dire que n et $n+1$ sont deux carrés parfaits consécutifs, ce qui n'est pas possible.

10. a) Il faut utiliser la définition pour démontrer ce résultat.

    Les autres résultats s'obtiennent tous de la même façon. Par exemple, on procède comme suit pour obtenir d) et f).

    d) Soit
    $$\begin{cases} a = p_1^{\alpha_1} \cdot \ldots \cdot p_r^{\alpha_r}, \\ b = p_1^{\beta_1} \cdot \ldots \cdot p_r^{\beta_r}, \\ c = p_1^{\gamma_1} \cdot \ldots \cdot p_r^{\gamma_r}. \end{cases}$$

    Alors, on a
    $$(a, b, c) = p_1^{\min(\alpha_1, \beta_1, \gamma_1)} \cdot \ldots \cdot p_r^{\min(\alpha_r, \beta_r, \gamma_r)}$$
    et
    $$[a, b, c] = p_1^{\max(\alpha_1, \beta_1, \gamma_1)} \cdot \ldots \cdot p_r^{\max(\alpha_r, \beta_r, \gamma_r)}.$$

    Pour démontrer le résultat, on procède par contradiction. Supposons, par exemple, que $(a, b) > 1$. Alors, du fait que $(a, b, c)[a, b, c] = abc$, il s'ensuit, de par la notation ci-dessus, que
    $$\min(\alpha_i, \beta_i, \gamma_i) + \max(\alpha_i, \beta_i, \gamma_i) = \alpha_i + \beta_i + \gamma_i \quad (i = 1, 2, \ldots, r).$$

    Mais il est facile de démontrer que pour que la somme de trois entiers non négatifs soit égale à la somme du plus petit et du plus grand de ces mêmes trois nombres, il faut absolument qu'au moins deux d'entre eux soient nuls. Or, cela contredit le fait que $(a, b) > 1$, inégalité qui signifie qu'il existe un i_0 ($1 \leq i_0 \leq r$) pour lequel $\min(\alpha_{i_0}, \beta_{i_0}) \geq 1$. D'où le résultat.

    f) Soit
    $$\begin{cases} a = p_1^{\alpha_1} \cdot \ldots \cdot p_r^{\alpha_r}, \\ b = p_1^{\beta_1} \cdot \ldots \cdot p_r^{\beta_r}, \\ c = p_1^{\gamma_1} \cdot \ldots \cdot p_r^{\gamma_r}. \end{cases}$$

    Puisque $[a, b] = \prod_{i=1}^r p_i^{\max\{\alpha_i, \beta_i\}}$ et $(a, b) = \prod_{i=1}^r p_i^{\min\{\alpha_i, \beta_i\}}$, il suffit de montrer que, pour chaque i,
    $$2\max\{\alpha_i, \beta_i, \gamma_i\} - \max\{\alpha_i, \beta_i\} - \max\{\beta_i, \gamma_i\} - \max\{\gamma_i, \alpha_i\}$$
    $$= 2\min\{\alpha_i, \beta_i, \gamma_i\} - \min\{\alpha_i, \beta_i\} - \min\{\beta_i, \gamma_i\} - \min\{\gamma_i, \alpha_i\}.$$

    Sans perdre la généralité, on peut supposer que, pour un i donné, $\alpha_i \geq \beta_i \geq \gamma_i$, et on obtient alors facilement le résultat.

14. Il est facile de voir que
$$a^n - 1 = (a-1)(a^{n-1} + a^{n-2} + \cdots + a + 1),$$
où le second facteur est plus grand que 1. On doit donc avoir $a - 1 = 1$, c'est-à-dire $a = 2$. Si n est composé, alors $n = rs$, avec $r > 1$ et $s > 1$, et ainsi
$$a^n - 1 = 2^{rs} - 1 = (2^r - 1)(2^{r(s-1)} + \cdots + 2^r + 1)$$
et chaque facteur est plus grand que 1, ce qui est une contradiction.

16. Si a est impair, alors $a^n + 1 \geq 4$ est un entier pair, donc pas premier. D'autre part, si n a un facteur impair plus grand que 1, disons $n = mq$, avec q impair > 1, alors
$$a^n + 1 = (a^m + 1)(a^{m(q-1)} - a^{m(q-2)} + \cdots - a^m + 1).$$
Puisque $q \geq 3$, les deux facteurs sont plus grands que 1, et cela contredit le fait que $a^n + 1$ est premier. Donc, n n'a pas de facteur impair plus grand que 1 et n doit être de la forme 2^r.

18. Il suffit de considérer le polynôme
$$f(x) = (x - p_1)(x - p_2) \ldots (x - p_r) + x,$$
où p_k désigne le k-ième nombre premier.

20. La partie a) est évidente. Pour démontrer b), notons d'abord que la norme de tout nombre dans E est toujours ≥ 5. Supposons que $3 = (a+b\sqrt{-5})(c+d\sqrt{-5})$; en prenant la norme, on a $9 = (a^2 + 5b^2)(c^2 + 5d^2)$. Cela est impossible étant donné que les deux facteurs du membre de droite sont plus grands que 5. On obtient facilement que $29 = (3 + 2\sqrt{-5})(3 - 2\sqrt{-5})$. La partie c) découle du fait que
$$9 = 3 \cdot 3 = (2 + \sqrt{-5})(2 - \sqrt{-5}).$$

30. a) $\Rightarrow$ c). Si $p \in (p) \subseteq (a) = \{ma \mid m \in \mathbb{Z}\}$, alors il existe $b \in \mathbb{Z}$ tel que $p = ab$. Si $(a) \neq \mathbb{Z}$, alors $a \neq \pm 1$ et ainsi $b = \pm 1$. Donc $(p) = (a)$.

    c) $\Rightarrow$ b). Si $(ab) \subseteq (p)$ et $(a) \not\subseteq (p)$, alors $(a, p) = \mathbb{Z}$. Donc, il existe des entiers $m, n \in \mathbb{Z}$ tels que
    $$1 = ma + np \quad \text{c'est-à-dire} \quad b = mab + npb \in (p).$$

    b) $\Rightarrow$ a). Si $ab = p$, alors $(ab) \subseteq (p)$ et $(a) \subseteq (p)$ ou $(b) \subseteq (p)$. Si $(a) \subseteq (p)$, alors il existe $m \in \mathbb{Z}$ tel que $a = mp$ et $p = ab = mpb$ et il s'ensuit que $b = \pm 1$.

Chapitre 3 (p. 54)

2. E' contient le même nombre d'éléments que E et si, pour $x_1, x_2 \in E$, $x_1 \neq x_2$, on a
$$ax_1 + b \equiv ax_2 + b \pmod{m};$$
c'est pourquoi $ax_1 \equiv ax_2 \pmod{m}$ et ainsi $x_1 \equiv x_2 \pmod{m}$, ce qui est contraire à l'hypothèse.

4. $p|(a^2 - b^2)$ implique $p|(a+b)(a-b)$ et on a le résultat.

6. Il faut examiner à quoi sont congrus modulo 10 les quantités 4^0, 4^1, 4^2, ... On constate aisément que ces nombres sont congrus à 1, 4 ou 6.

8. Il suffit de faire essentiellement le même raisonnement que pour l'exercice précédent, et de constater ainsi que l'on n'a jamais $3n^2 + 3n + 1 \equiv 0 \pmod{5}$, pour chacun des cas $n \equiv 0, 1, 2, 3, 4 \pmod{5}$.

10. Soit $a_1, a_2, \ldots, a_m$ un système complet modulo m. Puisque $(m+1)/2$ est un entier positif, disons $(m+1)/2 = k$, alors
$$\sum_{i=1}^{m} a_i \equiv \sum_{i=1}^{m} i \equiv \frac{m(m+1)}{2} \equiv mk \equiv 0 \pmod{m},$$
comme il fallait le démontrer.

12. Le résultat découle immédiatement du théorème de Wilson.

14. Oui, il suffit d'utiliser le théorème de Fermat pour p et q.

16. Cela découle du fait que 12^{857} donne 3 comme reste et que 5^{6614} donne 4 comme reste lorsqu'on les divise par 7.

18. a) Il est clair que $7|n = abc$ si et seulement si
$$100a + 10b + c \equiv 2a + 3b + c \equiv 0 \pmod{7}.$$

b) Il est clair que $abcabc = (abc) \times 1001$. Or $13|1001$, d'où le résultat.

20. D'après le théorème de Wilson, on a $(4n)! \equiv -1 \pmod{p}$ et alors
$$(4n)(4n-1)\ldots[4n-(2n-1)](2n)! \equiv -1 \pmod{p}.$$

Puisque $4n = p-1 \equiv -1 \pmod{p}$, $4n-1 = p-2 \equiv -2 \pmod{p}$, et finalement $4n-(2n-1) = p-1-(2n-1) \equiv -2n \pmod{p}$, le résultat suit.

Pour la généralisation, on a, d'après le théorème de Wilson, $(m+n)! \equiv -1 \pmod{p}$ et alors
$$(m+n)(m+n-1)\ldots[m+n-(n-1)]m! \equiv -1 \pmod{p}.$$

Puisque $m+n = p-1 \equiv -1 \pmod{p}$, $m+n-1 = p-2 \equiv -2 \pmod{p}$ et finalement $m+n-(n-1) = p-n \equiv -n \pmod{p}$, en substituant, on trouve
$$(-1)^n m! n! \equiv -1 \pmod{p}.$$

Puisque m et n ont même parité, on a la solution.

22. a) Soit $d = (a^{2^m}+1, a^{2^n}+1)$, alors
$$a^{2^m} \equiv -1 \pmod{d} \qquad (*)$$
et aussi
$$a^{2^n} \equiv -1 \pmod{d}. \qquad (**)$$
Si $n > m$, alors, en élevant $(*)$ à la puissance 2^{n-m}, on obtient
$$(a^{2^m})^{2^{n-m}} \equiv (-1)^{2^{n-m}} \equiv 1 \pmod{d} \iff a^{2^n} \equiv 1 \pmod{d}. \qquad (***)$$
En considérant $(**)$ et $(***)$, on a $2 \equiv 0 \pmod{d}$, d'où le résultat.

b) Soit $F_n = 2^{2^n} + 1$, alors $F_{n+k} - 2 = 2^{2^{n+k}} - 1$ et ainsi
$$F_{n+k} - 2 = (2^{2^n}+1)(2^{2^{n+k}-2^n} - 2^{2^{n+k}-2\cdot 2^n} + \cdots - 1),$$
ce qui implique que $F_n | F_{n+k} - 2$. Soit $d = (F_n, F_{n+k})$, alors $d|F_n$ et $d|F_{n+k}$, et puisque $F_n|F_{n+k}-2$, alors $d|2$. Mais $d=2$ est impossible, car F_n est impair, d'où $d=1$. Il s'ensuit que les F_i sont divisibles par des nombres premiers différents et ainsi il y a au moins n nombres premiers $\leq F_n$. Il existe donc une infinité de nombres premiers.

24. D'après le théorème de Wilson, $n|(n-1)!+1 \iff n$ est un nombre premier, et on obtient le résultat.

26. D'après le théorème de Fermat,
$$1^{p-1} + \cdots + (p-1)^{p-1} \equiv \underbrace{1 + \cdots + 1}_{p-1 \text{ facteurs}} = p-1 \equiv -1 \pmod{p}.$$

28. Cela découle du fait que l'entier que l'on considère est égal à
$$\frac{n^5-n}{5}+\frac{n^3-n}{3}+n,$$
expression qui est un entier d'après le théorème de Fermat.

30. Puisque $2^{561} \equiv (-1)^{561} \equiv -1 \equiv 2 \pmod{3}$ et que, d'après le théorème de Fermat, $2^{561} = (2^{10})^{56} \cdot 2 \equiv 2 \pmod{11}$, $2^{561} = (2^{16})^{35} \cdot 2 \equiv 2 \pmod{17}$, on en conclut que $2^{561} \equiv 2 \pmod{561}$. L'autre partie se fait de la même façon.

32. La première congruence est équivalente à
$$\begin{cases} x \equiv 1 \pmod{2}, \\ 2x \equiv 1 \pmod{3}. \end{cases}$$
La deuxième congruence est équivalente à
$$\begin{cases} x \equiv 1 \pmod{3}, \\ 4x \equiv 3 \pmod{5}. \end{cases}$$
Or, la deuxième congruence du premier système contredit la première congruence du deuxième système. Il n'y a donc pas de solution.

34. Ce sont les entiers $23 + 30j$, $j \in \mathbb{Z}$.

36. Ce sont les entiers $60j - 2$, $j \in \mathbb{N}$.

38. Le plus petit nombre est 62.

40. On obtient
$$\frac{1}{3} = 0,\overline{3}, \quad \frac{1}{3^2} = 0,\overline{1} \quad \text{de période 1,}$$
$1/3^3 = 0,\overline{037}$ de période 3, $1/3^4 = 0,\overline{012\,345\,679}$ de période 9. Cependant,
$$\frac{1}{7} = 0,\overline{142\,857} \quad \text{est de période 6,}$$
$$\frac{1}{7^2} = 0,\overline{020\,408\,163\,265\,306\,122\,448\,979\,591\,836\,734\,693\,877\,551}$$
est de période 42 ($= 6 \times 7$). La période de $1/7^3$ est $6 \times 7 \times 7$. Il semble que l'on peut avancer les conjectures suivantes :
- Soit p un nombre premier tel que $(p, 30) = 1$, si p est de période m, alors $1/p^n$ est de période mp^{n-1}.
- Pour $n \geq 2$, $1/3^n$ est de période 3^{n-2}.

42. Le message est :

JE PARIE QUE VOUS AVEZ DÉCODÉ CE MESSAGE STOP VIVE LES MATHÉMATIQUES

Note : Le destinataire, et seulement lui, sait que

$$n = 98\,587 = pq = 311 \times 317$$

et que l'entier x qui fait l'affaire est $x = 65\,307$. Il s'agit donc de trouver le reste de la division de $23\,373^{65\,307}$ par $98\,587$, ensuite le reste de la division de $48\,969^{65\,307}$ par $98\,587$, etc.

50. Supposons que $(a, m) = 1$. Par la caractérisation des nombres relativement premiers, il existe des entiers x_0, y_0 tels que $ax_0 + my_0 = 1$. Il s'ensuit que $ax_0 \equiv 1 \pmod{m}$. Donc, x_0 est l'inverse de a dans $\mathbb{Z}_m$.

Inversement, si a est une unité, alors il existe un entier b tel que $ab = 1$ dans $\mathbb{Z}_m$. Cela signifie que $ab - 1 = my$ pour un entier y; c'est-à-dire, il existe des entiers b et $-y$ tels que $ab + (-y)m = 1$. Donc $(a, m) = 1$.

Pour voir que l'inverse est unique, on suppose que $ax_1 = 1$ et $ax_2 = 1$ dans $\mathbb{Z}_m$. Alors, $ax_1 \equiv ax_2 \pmod{m}$ et, puisque $(a, m) = 1$, on obtient $x_1 \equiv x_2 \pmod{m}$. Puisque x_1 et x_2 appartiennent au même système complet de résidus, ils doivent être égaux.

52. a) ($\Rightarrow$) S'il existe un $c \in \mathbb{Z}$ tel que $ac - b \in (m)$, alors $b \in (a, m)$.
    ($\Leftarrow$) Si $b \in (a, m)$, alors il existe des entiers r et s tels que $b = ar + ms$ et voilà pourquoi $ar \equiv b \pmod{m}$.

    b) ($\Rightarrow$) $ab \equiv 0 \pmod{p} \Rightarrow a \equiv 0 \pmod{p}$ ou $b \equiv 0 \pmod{p}$. C'est pourquoi p est un nombre premier.
    ($\Leftarrow$) (p) est un idéal maximal et donc pour $a \in \mathbb{Z}$, $a \not\equiv 0 \pmod{p}$. Ainsi, $(a, p) = \mathbb{Z}$ et alors il existe des entiers $m, n \in \mathbb{Z}$ tels que $ma + np = 1$, auquel cas $ma \equiv 1 \pmod{p}$, c'est-à-dire a est inversible dans $\mathbb{Z}/(p)$. Il s'ensuit que $\mathbb{Z}/(p)$ est un corps.

54. Les éléments de $U(\mathbb{Z}_8)$ sont les classes résiduelles 1, 3, 5, 7 et aucun de ces éléments n'est un générateur. Les éléments de $U(\mathbb{Z}_{10})$ sont les classes résiduelles 1, 3, 7, 9, avec les générateurs 3 et 7.

Chapitre 4 (p. 80)

2. On procède par contradiction en supposant que x et y ne sont pas des entiers. D'après l'hypothèse, on a les deux relations (1) $[x+y] = [x] + [y]$ et (2) $[-x-y] = [-x] + [-y]$. À cause du théorème 4.1 v), la relation (2) peut s'écrire $[-x-y] = -[x] - [y] - 2$, ce qui peut aussi s'écrire (3) $[x] + [y] = -[-x-y] - 2$. En combinant (1) et (3), on obtient que $[x+y] = -[-x-y] - 2$ ou, en d'autres mots, en posant $A = x+y$, que $[A] + [-A] = -2$, ce qui est impossible quel que soit le nombre réel A (en effet, on aurait alors, d'après le théorème 4.1 iv), $0 = [A + -A] \leq [A] + [-A] + 1 = -1$, c'est-à-dire $0 \leq -1$, donc un non-sens!).

4. a) Posons $x = m + \theta$, où $m \in \mathbb{Z}$ et $0 \leq \theta < 1$. La relation donnée est donc équivalente à
$$m + m + [\theta + \tfrac{1}{2}] = 2m + [2\theta],$$
c'est-à-dire $[\theta + \tfrac{1}{2}] = [2\theta]$. Or, si $0 \leq \theta < \tfrac{1}{2}$, cette dernière relation est équivalente à $0 = 0$, tandis que si $\tfrac{1}{2} \leq \theta < 1$, elle est équivalente à $1 = 1$. D'où le résultat.

   b) Si l'on pose $x = m + \theta$ et $y = n + \eta$ (avec $m, n \in \mathbb{N} \cup \{0\}$ et $0 \leq \theta < 1$, $0 \leq \eta < 1$), l'inégalité à démontrer est équivalente à
$$mn \leq [(m+\theta)(n+y)] = [mn + n\theta + m\eta + \theta\eta],$$
ce qui est évident.

   c) En utilisant le théorème 4.1 iv), on obtient $[x] = [x - y + y] \geq [x - y] + [y]$, ce qui prouve que $[x] - [y] \geq [x - y]$. De même, on a $[x] = [x - y + y] \leq [x - y] + [y] + 1$, ce qui prouve que $[x] - [y] \leq [x - y] + 1$. D'où le résultat.

6. a) $217 + 108 + 54 + 27 + 13 + 6 + 3 + 1 = 429$; b) $145 + 48 + 16 + 5 + 1 = 215$; c) 215; d) Puisque $435! = 2^{429} \cdot 3^{215} \ldots$, alors on peut écrire $435! = 2 \cdot (2^2)^{214} \cdot 3^{215} \ldots$, d'où on conclut que le facteur 12 apparaît 214 fois. e) C'est la plus grande puissance de 7, soit $62 + 8 + 1 = 71$.

8. Il faut considérer deux cas. Le premier cas est lorsque $p = 2$: on a alors que $\alpha = n + \sum_{j=1}^{\infty} \left[\dfrac{n}{2^j}\right]$. Le deuxième cas est celui où $p > 2$: on a alors que $\alpha = \sum_{j=1}^{\infty} \left[\dfrac{n}{p^j}\right]$.

10. Cela découle de la définition. Pour la seconde partie, kf n'est pas une fonction multiplicative, sauf dans le cas où $k = 1$.

12. Soit $k \in \mathbb{N}$ défini par $f(3) = 3 + k$. Alors, on a successivement, par la croissance stricte et le fait que f est multiplicative,

$$\begin{aligned} f(6) &= f(2)f(3) = 6 + 2k, \\ f(5) &\leq 5 + 2k, \\ f(10) &= f(2)f(5) \leq 10 + 4k, \\ f(9) &\leq 9 + 4k, \\ f(18) &= f(2)f(9) \leq 18 + 8k, \\ f(15) &\leq 15 + 8k. \qquad (*) \end{aligned}$$

Par ailleurs, puisque $f(3) = 3 + k$, on a que $f(5) \geq 5 + k$ et ainsi

$$f(15) = f(3)f(5) \geq 15 + 8k + k^2. \qquad (**)$$

De $(*)$ et $(**)$, on déduit que $k = 0$ et ainsi que $f(3) = 3$. On a donc démontré que $f(2^1 + 1) = 2^1 + 1$. Montrons que, de façon générale, on a

$$f(2^\nu + 1) = 2^\nu + 1. \qquad (***)$$

Pour cela, on recourt à l'induction. Supposons donc que $(***)$ est vrai pour $\nu = r$ et montrons que cela est vrai pour $\nu = r + 1$. Or,

$$f(2^{r+1} + 2) = f(2)f(2^r + 1) = 2(2^r + 1) = 2^{r+1} + 2.$$

Par croissance stricte, on entend que $f(2^{r+1} + 1) = 2^{r+1} + 1$. Cela démontre $(***)$. On en déduit donc, par croissance stricte, que $f(m) = m$ pour tout $m \in \mathbb{N}$.

14. Puisque $\sigma(x) \geq x$, alors $\sigma(x) = n$ possède, pour un entier positif n, seulement un nombre fini de solutions x. Les entiers de la forme p^{n-1} sont des solutions de $\tau(x) = n$, où p est un nombre premier. C'est pourquoi $\tau(x) = n$ possède une infinité de solutions entières x.

16. On obtient facilement pour $n = \prod_{i=1}^r q_i^{a_i} > 1$, que

$$F(n) = \prod_{i=1}^r \binom{a_i + 2}{2}.$$

18. D'après l'exercice précédent, $n^{\tau(n)/2} = n^3$ et alors $\tau(n) = 6$, d'où le résultat.

20. Cela découle de la formule de $\sigma(n)$ en fonction de la décomposition de n en facteurs premiers.

22. On établit aisément que

$$\sigma_{-k}(n) = \sum_{d|n} d^{-k} = n^{-k}\sum_{d|n}\left(\frac{n}{d}\right)^k = n^{-k}\sum_{d|n} d^k = n^{-k}\sigma_k(n).$$

24. $f(n) = \left(\dfrac{3}{2}\right)^{\omega(n)}$.

26. a) Puisque f et μ sont multiplicatives, $\sum_{d|n}\mu(d)f(d)$ est aussi une fonction multiplicative. Il suffit d'évaluer cette somme pour $n = p^\alpha$, auquel cas le résultat suit.

   b) Ces résultats sont facilement obtenus à partir de a).

28. Puisque la fonction F est multiplicative, il suffit de trouver la valeur de $F(p^\alpha)$, ce qui s'obtient assez facilement.

30. a) 440 ; b) 320 ; c) 1120.

32. Pour chaque $i = 0, 1, \ldots, k-1$, posons $E_i = \{n \mid im < n \le (i+1)m\}$. Alors, tous les entiers positifs $\le mk$ sont contenus dans $E = \cup_{i=0}^{k-1} E_i$. Si $(n,m) = 1$ et $n \in E_i$, alors $(n-im, m) = (n,m) = 1$ et $0 < n - im \le m$; ainsi, $n - im \in E_0$. La correspondance $n \leftrightarrow n - im$ montre que le nombre d'entiers dans E_i qui sont relativement premiers avec m est égal au nombre de ceux qui sont dans E_0, c'est-à-dire $\phi(m)$. Puisque chaque E_i contient $\phi(m)$ éléments qui sont relativement premiers avec m, on aura en tout $k\phi(m)$ entiers.

34. a) 3 ; b) 1 ; c) 2.

36. Puisque n est donné pair, on a que $n = 2^\alpha m$ pour un certain m impair et un certain $\alpha \ge 1$. Puisque la fonction $f(n) = \sum_{d|n}\mu(d)\phi(d)$ est multiplicative, alors on peut écrire

$$f(n) = f(2^\alpha)f(m).$$

Si on montre que $f(2^\alpha) = 0$, on aura terminé. Or, effectivement,

$$f(2^\alpha) = \mu(1)\phi(1) - \mu(2)\phi(2) = 1 - 1 = 0.$$

38. Puisque

$$\sum_{d|n}\frac{1}{d^2} = \frac{1}{n^2}\sum_{d|n}\frac{n^2}{d^2} = \frac{1}{n^2}\sum_{d|n} d^2 = \frac{\sigma_2(n)}{n^2}.$$

40. Il suffit de montrer que
$$\left(1-\frac{1}{p_1}\right)\cdots\left(1-\frac{1}{p_9}\right) > \frac{1}{7}.$$
Or, le plus petit nombre possible pour ce produit est obtenu lorsque $p_1 = 2, \ldots, p_9 = 23$, et dans ce cas
$$\left(1-\frac{1}{p_1}\right)\cdots\left(1-\frac{1}{p_9}\right) = \frac{110\,592}{676\,039} > \frac{1}{7}.$$

42. a) Le résultat s'obtient de la même façon que celui de l'exemple 4.27 c).

b) Cela découle de la partie a) et de la relation
$$\sum_{d|n} \tau(d)\phi(n/d) = \sigma(n).$$

44. On utilise la formule d'inversion de Mœbius.

a) On trouve facilement pour $n = \prod_{i=1}^{r} q_i^{a_i} > 1$, que
$$g(n) = \phi(n)\prod_{i=1}^{r} q_i^{a_i-1}(q_i+1).$$

b) g est une fonction multiplicative vérifiant
$$g(p^a) = \begin{cases} 1 & \text{si } a=0 \text{ ou } a=2 \\ -2 & \text{si } a=1 \\ 0 & \text{si } a \geq 3. \end{cases}$$

46. On a
$$\sigma(n) = n\prod_{q_i|n}\frac{1-q_i^{-a_i-1}}{1-q_i^{-1}} \quad \text{et} \quad \phi(n) = n\prod_{q_i|n}(1-q_i^{-1}).$$
C'est pourquoi
$$\frac{\sigma(n)\phi(n)}{n^2} = \prod_{q_i|n}(1-q_i^{-a_i-1}),$$
produit qui est bien situé entre $\prod_{q_i|n}(1-q_i^{-2})$ et 1.

48. Soit $r_1, \ldots, r_{\phi(n)}$ les entiers plus petits que n et relativement premiers avec n. Puisque $(a, n) = 1 \iff (n-a, n) = 1$, on a
$$\sum_{i=1}^{\phi(n)} a_i = \sum_{i=1}^{\phi(n)}(n-a_i) = n\phi(n) - \sum_{i=1}^{\phi(n)} a_i,$$
d'où le résultat.

50. Supposons que n est un nombre parfait pair. Alors $n = 2^{k-1}(2^k - 1)$. Puisqu'un nombre triangulaire est de la forme $m(m+1)/2$, il suffit de choisir $m = 2^k - 1$ pour obtenir le résultat.

52. Puisque $10^{c(n)-1} \leq n < 10^{c(n)}$, on a $c(n) = [\log_{10} n] + 1$. Posons
$$\sum\nolimits_1 = \sum_{1 \leq i \leq c(n)} \ell_i^2 \quad \text{et} \quad \sum\nolimits_2 = \sum_{\substack{d|n \\ 1 < d < n}} d.$$

Montrons que pour $n > 10^6$, on ne peut avoir $\sum_1 = \sum_2$, car $\sum_1$ est beaucoup trop petit par rapport à $\sum_2$. En effet,
$$\sum\nolimits_1 \leq 81 c(n) \leq 81(\log_{10} n + 1). \tag{$*$}$$
D'autre part, puisque chaque nombre composé a au moins un diviseur propre $> \sqrt{n}$,
$$\sum\nolimits_2 > \sqrt{n}. \tag{$**$}$$
Ainsi, en combinant $(*)$ et $(**)$, on aurait
$$\sqrt{n} < \sum\nolimits_2 = \sum\nolimits_1 \leq 81(\log_{10} n + 1),$$
ce qui n'est pas vrai si $n > 10^6$.

54. Il suffit de prendre $n = p$ premier (supérieur à 2). On a alors $\sigma(p) = 1 + p$ et ainsi $\sigma(p-1) \geq 1 + 2 + (p-1) = p + 2$, d'où le résultat.

56. On a
$$\sum_{d=1}^{n} \phi(d) \left[\frac{n}{d}\right] = \sum_{j=1}^{n} \sum_{d|j} \phi(d) = \sum_{j=1}^{n} j = \frac{n(n+1)}{2}.$$

58. Il est clair que
$$\int_0^j \cos\left(\frac{2n\pi[x+1]}{j}\right) dx = \sum_{k=1}^{j} \int_{k-1}^{k} \cos\left(\frac{2n\pi k}{j}\right) dx = \sum_{k=1}^{j} \cos\left(\frac{2n\pi k}{j}\right).$$

Si $j|n$, alors $\cos k(2n\pi/j) = 1$ et ainsi
$$\sum_{k=1}^{j} \cos k \left(\frac{2\pi n}{j}\right) = j.$$

On sait que
$$\sum_{k=1}^{j} \cos kx = \frac{\cos \frac{j+1}{2} x \sin jx}{\sin \frac{x}{2}},$$

d'où
$$\sum_{k=1}^{j} \cos k\left(\frac{2n\pi}{j}\right) = \frac{\cos \frac{j+1}{2} \frac{2\pi n}{j} \cdot \sin j \frac{2\pi n}{j}}{\sin \frac{\pi n}{j}} = \begin{cases} 0 & \text{si } j \nmid n \\ j & \text{si } j \mid n, \end{cases}$$

et on a le résultat.

60. Puisque $f(n) = \sigma(n)/\tau(n)$ est une fonction multiplicative, il suffit de trouver $f(p^\alpha)$. Or,
$$f(p^\alpha) = \frac{1 + p + p^2 + \cdots + p^\alpha}{\alpha + 1} \geq (1 \cdot p \cdots p^\alpha)^{1/(\alpha+1)} = \sqrt{p^\alpha}.$$

62. Soit $y = an - [an]$. Puisque $a^2 = a + 1$, on a
$$a^2 n - [a^2 n] = (a+1)n - [(a+1)n] = an - [an] = y.$$

D'où
$$-y/a = y(1-a) = (a^2 n - [a^2 n]) - (a^2 n - a[an])$$
$$= a[an] - [a^2 n],$$

et puisque $0 < y < 1 < a = (1 + \sqrt{5})/2$, en prenant les parties entières de chaque côté, on a le résultat.

64. Le nombre d'entiers parmi $1, 2, \ldots, n$ qui sont divisibles par 2^k et non par 2^{k+1} est $[n/2^k] - [n/2^{k+1}]$. Puisque $[x] + [x + \frac{1}{2}] = [2x]$, alors, en posant $x = n/2^{k+1}$, on a que $[n/2^k] - [n/2^{k+1}] = [n/2^{k+1} + 1/2]$. Si on somme cette expression pour $k = 0, 1, 2, \ldots$, on a alors compté tous les entiers de 1 à n.

Chapitre 5 (p. 108)

2. Soit $p_1, p_2, \ldots, p_r$ les nombres premiers $\leq \sqrt{x}$. Alors, tous les entiers $n, 1 < n \leq x$, et qui ne sont pas divisibles par $p_1, p_2, \ldots, p_r$ sont des nombres premiers. En conséquence, $\pi(x) - \pi(\sqrt{x})$ compte le nombre de nombres premiers $> \sqrt{x}$. Mais le nombre d'entiers $\leq x$ qui ne sont pas divisibles par $p_1, p_2, \ldots, p_r$ vaut

$$[x] - \sum_{1 \leq i \leq r} \left[\frac{x}{p_i}\right] + \sum_{1 \leq i < j \leq r} \left[\frac{x}{p_i p_j}\right] - \sum_{1 \leq i < j < k \leq r} \left[\frac{x}{p_i p_j p_k}\right] + \cdots + (-1)^2 \left[\frac{x}{p_i p_2 \cdots p_r}\right] \quad (*),$$

laquelle quantité peut s'écrire $\sum_{n \mid p_1 p_2 \ldots p_r} \mu(n) \left[\frac{x}{n}\right]$, d'où le résultat.

4. Supposons le contraire, c'est-à-dire que tous les intervalles $[n^2, (n+1)^2]$ contiennent moins de 1000 nombres premiers. On sait que la somme des réciproques des nombres premiers diverge. Ainsi, selon notre hypothèse, on aura

$$+\infty = \sum_p \frac{1}{p} = \sum_{n=1}^{\infty} \sum_{n^2 < p \leq (n+1)^2} \frac{1}{p}$$
$$< \sum_{n=1}^{\infty} \frac{1}{n^2} \sum_{n^2 < p \leq (n+1)^2} 1$$
$$= \sum_{n=1}^{\infty} \frac{1}{n^2} \Big(\pi((n+1)^2) - \pi(n^2) \Big) < 1000 \sum_{n=1}^{\infty} \frac{1}{n^2} < +\infty,$$

donc une contradiction. (Ce problème a été proposé dans *Math. Magazine*, avril 1992, p. 130.)

6. Supposons que
$$\frac{1}{q_1} + \cdots + \frac{1}{q_m} = n.$$

Alors,
$$\frac{1}{q_1} = n - \frac{1}{q_2} - \cdots - \frac{1}{q_m} = \frac{r}{q_2 \cdots q_m},$$

où r est un entier. Dans ce cas, le produit $q_2 \ldots q_m$ est divisible par q_1, ce qui est impossible.

Chapitre 6 (p. 125)

2. Cela découle du théorème 6.3.

4. Puisque $x = nx^* - bk$ et $y = ny^* + ak$, alors l'équation aura des solutions si

$$-\frac{y^* n}{a} < k < \frac{x^* n}{b}.$$

Si $n = ab$, alors $-y^* b < k < x^* a$ et, puisque $ax^* + by^* = 1$, on obtient $ax^* - 1 < k < ax^*$, ce qui est impossible.

S'il existe au moins une telle valeur de k, alors

$$\frac{-y^* n}{n} + 1 < \frac{x^* n}{b},$$

c'est-à-dire $n > ab$.

6. En posant $r = 16$ et $s = 5$, on obtient $z = 281$, $y = 160$ et $x = 231$.

8. Puisque $x = r^2 - s^2$, $y = 2rs$ et $z = r^2 + s^2$, on a $s(r-s) = 6$. En résolvant pour s, on trouve
$$s = \frac{r \pm \sqrt{r^2 - 24}}{2}.$$
Ainsi, pour que s existe, il faut que $r^2 \geq 24$ et que $\sqrt{r^2 - 24}$ soit un entier. C'est pourquoi il existe un entier u tel que $r^2 - 24 = u^2$ et alors
$$(r-u)(r+u) = 24 = 1 \cdot 24 = 2 \cdot 12 = 3 \cdot 8 = 4 \cdot 6.$$
On déduit les valeurs $r = 7$ et $r = 5$. On obtient ainsi les triples pythagoriciens $(21, 20, 29)$, $(16, 30, 34)$, $(13, 84, 85)$ et $(48, 14, 50)$.

10. Que n soit pair ou impair, on obtient une contradiction.

12. Puisque $x^2 + y^2 = (z^2)^2$, alors $x = r^2 - s^2$, $y = 2rs$ et $z^2 = r^2 + s^2$. En trouvant les solutions entières de cette dernière équation, on obtient que $y = 4mn(m^2 - n^2)$, $x = m^4 + n^4 - 6m^2n^2$ et $z = m^2 + n^2$.

14. On s'aperçoit aisément que le membre de gauche de l'équation est congru à 0, 2 ou 4 modulo 8, alors que le membre de droite est congru à 5 ou 6 modulo 8. Il en découle que l'équation n'a pas de solution entière.

16. On écrit la relation de départ sous la forme
$$X^3 + 3Y^3 = 9Z^3.$$
On procède par contradiction, en supposant d'abord que parmi toutes les solutions avec $Z > 0$, la plus petite (en Z) est x, y, z. De l'équation ci-dessus on déduit que x est un multiple de 3, et on écrit $x = 3n$, qu'on remplace immédiatement dans la relation. On obtient alors que $9n^3 + y^3 = 3z^3$, ce qui entraîne que y est aussi un multiple de 3. On pose alors $y = 3m$, ce qui amène la relation $9n^3 + 27m^3 = 3z^3$, laquelle implique que $3n^3 + 9m^3 = z^3$. D'où $z = 3k$ et $3n^3 + 9m^3 = 27k^3$, ce qui est équivalent à $n^3 + 3m^3 = 9k^3$. Or, cette relation est de la même forme que l'équation de départ. Mais $k = \frac{z}{3}$, ce qui contredit le choix minimal de z.

18. On écrit $x = 2^\alpha X$, $y = 2^\beta Y$, $z = 2^\gamma Z$, avec X, Y, Z impairs. On peut supposer que $\alpha \geq \beta \geq \gamma$. La relation donnée implique que l'on a tout au moins $\gamma \geq 1$. Avec ces notations, la relation de départ s'écrit
$$2^{2\alpha}X^2 + 2^{2\beta}Y^2 + 2^{2\gamma}Z^2 = 2^{\alpha+\beta+\gamma+1}XYZ,$$
et, en faisant une mise en évidence,
$$2^{2\gamma}\left(2^{2(\alpha-\gamma)}X^2 + 2^{2(\beta-\gamma)}Y^2 + Z^2\right) = 2^{\alpha+\beta+\gamma+1}XYZ.$$

Après simplification, cette dernière relation devient

(∗) $\left(2^{2(\alpha-\gamma)}X^2 + 2^{2(\beta-\gamma)}Y^2 + Z^2\right) = 2^{\alpha+\beta-\gamma+1}XYZ.$

Du fait que $\alpha \geq \beta \geq \gamma$ et que $\alpha \geq 1$, on a que $\alpha + \beta - \gamma + 1 \geq 1$. De cette observation, on conclut que le membre de gauche de (∗) est impair, alors que son membre de droite est pair.

20. Exactement un des nombres x, y, z doit être pair. Supposons le contraire, c'est-à-dire que les trois nombres x, y, z sont impairs. Alors, t^2 est un nombre de la forme $8k + 3$ et alors t est un nombre impair, ce qui contredit notre hypothèse. Or, si seulement un des nombres x, y, z est pair, la somme $x^2 + y^2 + z^2 = t^2$ est de la forme $4k + 2$, ce qui est impossible puisque le carré d'un nombre pair est de la forme $4k$. D'où le résultat.

22. Puisque $z \geq \max(x, y)$, alors on a, d'après l'équation, $n^x | n^y$ et $n^y | n^x$. Par conséquent, $x = y$ et il s'ensuit que $z = x + 1$ et $n = 2$.

Chapitre 7 (p. 142)

2. On obtient successivement

$$\left(\frac{-1}{11}\right) = -1, \left(\frac{-1}{13}\right) = 1, \left(\frac{2}{11}\right) = -1 \text{ et } \left(\frac{2}{13}\right) = -1.$$

4. On obtient que les résidus quadratiques modulo 7 sont 1, 2 et 4. Ceux de 13 sont 1, 3, 4, 9, 10 et 12.

6. La congruence en a) possède des solutions. Il en est de même pour b).

8. Puisque $\left(\frac{10}{p}\right) = \left(\frac{2}{p}\right)\left(\frac{5}{p}\right)$ et

$$\left(\frac{2}{p}\right) = \begin{cases} 1 & \text{si } p \equiv \pm 1 \pmod{8} \\ -1 & \text{si } p \equiv \pm 3 \pmod{8} \end{cases}$$

$$\left(\frac{5}{p}\right) = \begin{cases} 1 & \text{si } p \equiv \pm 1 \pmod{5} \\ -1 & \text{si } p \equiv \pm 2 \pmod{5}, \end{cases}$$

alors

$$\left(\frac{10}{p}\right) = \begin{cases} 1 & \text{si } p \equiv \pm 1, \pm 3, \pm 9, \pm 13 \pmod{40} \\ -1 & \text{si } p \equiv \pm 7, \pm 11, \pm 17, \pm 19 \pmod{40}. \end{cases}$$

10. Pour $a = 1$, les solutions sont $x \equiv \pm 1 \pmod{11}$. Pour $a = 3$, les solutions sont $x \equiv \pm 5 \pmod{11}$. Pour $a = 4$, les solutions sont $x \equiv \pm 2 \pmod{11}$. Pour $a = 5$, les solutions sont $x \equiv \pm 4 \pmod{11}$. Pour $a = 9$, les solutions sont $x \equiv \pm 3 \pmod{11}$.

12. a) 2 solutions; b) aucune solution; c) 2 solutions; d) aucune solution.

14. Les congruences qui possèdent des solutions sont : a), c), d) et f).

16. $p \equiv 1, 3 \pmod 8$.

18. Cela découle immédiatement du théorème 7.10.

20. Il faut que $\left(\dfrac{-1}{p}\right) = +1$. Il s'agit donc des nombres premiers p satisfaisant $p \equiv 1 \pmod 4$.

22. Cela découle du théorème d'Euler (voir chapitre 3).

24. Puisqu'il y a autant de résidus quadratiques que de non-résidus quadratiques, le résultat suit.

Chapitre 8 (p. 159)

2. a) 43/30; b) −17/30; c) 109/33; d) 19/15.

4. a) $x = -26, y = 65$; b) $x = 3, y = 2$.

6. Cela découle du fait que
$$\frac{1}{x} = 0 + \frac{1}{x} = 0 + \cfrac{1}{a_1 + \cfrac{1}{\ddots}} = [0, a_1, a_2, \ldots].$$

8. 9976/6961

10. Les réduites de π sont
$$\frac{3}{1}, \frac{22}{7}, \frac{333}{106}, \frac{355}{113}, \frac{103\,993}{33\,102}, \ldots$$
et on trouve ainsi
$$\left|\pi - \frac{355}{113}\right| < \frac{1}{113 \cdot 33\,102} < \frac{1}{10^6}.$$

Chapitre 9 (p. 168)

2. Il s'agit tout simplement de la réciproque du théorème 9.4.

4. On arrive aisément à montrer que le polynôme minimal est

$$x^3 - \frac{3}{2}x^2 + \frac{3}{4}x - 1.$$

6. On trouve facilement les équations polynomiales correspondantes.

8. Supposons que α et β sont respectivement de degrés r et s. On a alors que les nombres α et β satisfont les équations polynomiales :

$$\alpha^r + a_1\alpha^{r-1} + \cdots + a_{r-1}\alpha + a_r = 0,$$
$$\beta^s + b_1\beta^{s-1} + \cdots + b_{s-1}\beta + b_s = 0,$$

où les a_i et b_j sont des nombres rationnels. Posons $n = rs$. Énumérons alors les n nombres $\alpha^u \beta^v$, où $0 \leq u \leq r-1$ et $0 \leq v \leq s-1$. On les notera $\theta_1, \theta_2, \ldots, \theta_n$, (peu importe l'ordre).

Soit j quelconque, $1 \leq j \leq n$. On a alors que

$$\alpha\theta_j = \alpha^{u+1}\beta^v = \begin{cases} \theta_k \text{ pour un certain } k & \text{si } u+1 \leq r-1 \\ (-a_1\alpha^{r-1} - a_2\alpha^{r-2} - \cdots - \alpha_r)\beta^v & \text{si } u+1 = m. \end{cases}$$

Dans tous les cas, on obtient que $\alpha\theta_j$ peut s'écrire comme une combinaison linéaire des $\theta_1, \ldots, \theta_n$, c'est-à-dire que

$$\alpha\theta_j = h_{j,1}\theta_1 + \cdots + h_{j,n}\theta_n,$$

avec $h_{j,i} \in \mathbb{Q}$. De même, on obtient que

$$\beta\theta_j = k_{j,1}\theta_1 + \cdots + k_{j,n}\theta_n,$$

avec $k_{j,i} \in \mathbb{Q}$. Il en découle que

$$(\alpha + \beta)\theta_j = (h_{j,1} + k_{j,1})\theta_1 + \cdots + (h_{j,n} + k_{j,n})\theta_n.$$

Or, on a une telle équation pour chaque $j = 1, 2, \ldots, n$. On se retrouve donc dans les conditions de l'exercice précédent. On en conclut alors que $\alpha + \beta$ est un nombre algébrique. On peut effectuer le même genre de raisonnement pour obtenir que $\alpha\beta$ est aussi un nombre algébrique.

10. Le système peut s'écrire sous la forme :
$$\begin{cases} (a_{1,1} - \xi)\theta_1 + a_{1,2}\theta_2 + \cdots + a_{1,n}\theta_n = 0, \\ \theta_1 + (a_{2,2} - \xi)\theta_2 + \cdots + a_{2,n}\theta_n = 0, \\ \vdots \qquad \qquad \vdots \\ \theta_1 + a_{n,2}\theta_2 + \cdots + (a_{n,n} - \xi)\theta_n = 0. \end{cases}$$

On obtient donc ainsi un système d'équations linéaires homogènes en $\theta_1, \theta_2, \ldots, \theta_n$. Puisque les θ_i ne sont pas tous nuls, le déterminant de ses coefficients doit s'annuler. C'est pourquoi on a

$$\begin{vmatrix} a_{1,1} - \xi & a_{1,2} & \cdots & a_{1,n} \\ a_{2,1} & a_{2,2} - \xi & \cdots & a_{2,n} \\ \vdots & \vdots & \vdots & \vdots \\ \vdots & \vdots & \vdots & \vdots \\ a_{n,1} & a_{n,2} & \vdots & a_{n,n} - \xi \end{vmatrix} = 0.$$

En développant ce déterminant, on obtient une équation du type

$$\xi^n + b_1\xi^{n-1} + \cdots + b_{n-1}\xi + b_n = 0,$$

où les b_i sont des polynômes en $a_{i,j}$, ce qui veut bien sûr dire que ξ est un nombre algébrique.

Chapitre 10 (p. 178)

2. $1 = 1$, $3 = 3$, $4 = 3 + 1$, $5 = 5$, $6 = 5 + 1$, $7 = 7$, $8 = 5 + 3 = 7 + 1$, $9 = 5 + 3 + 1$, $10 = 7 + 3 = 9 + 1$, $11 = 11$, $12 = 11 + 1 = 9 + 3 = 7 + 5$.

4. Dans les deux cas, il y a $n + 1$ partitions.

6. En développant le produit, on obtient

$$\prod_{j=1}^{m}(1 + x^j) = (1 + x)(1 + x^2)\ldots(1 + x^m)$$
$$= 1 + x + x^2 + (x^{2+1} + x^3) + (x^4 + x^{3+1})$$
$$+ (x^5 + x^{4+1} + x^{3+2}) + \cdots$$

De façon générale, le terme x^n apparaîtra autant de fois que n peut s'exprimer comme une somme d'entiers différents, chacun n'excédant pas m.

8. Cela découle du théorème 10.6.

10. En représentation graphique, une partition de n en m parties peut être représentée par m rangées de points. Si l'on retranche de chacune des rangées le dernier point de la rangée, alors il restera en tout $n - m$ points et au plus m rangées. Réciproquement, étant donné $n - m$ points étalés sur $r \leq m$ rangées, si l'on ajoute un point à chacune des r rangées et, si $m > r$, on crée $m - r$ nouvelles rangées avec un point seulement sur chacune de ces $m - r$ rangées, on obtient ainsi un total de n points. Pour illustrer ce raisonnement, voici un exemple dans le cas où l'on a $n = 13$, $m = 4$ et $r = 1$:

12. En représentation graphique, une partition de n en m parties dont la plus grande est r peut être représentée par m rangées de points dont la première, qui a r points, est la plus «grande». Si l'on effectue la transposée de cette représentation (les rangées deviennent les colonnes, et les colonnes deviennent les rangées!), alors on obtient une partition de n avec r rangées dont la plus grande a m points. Il est clair qu'il y a bijection entre les deux sortes de partitions. Pour illustrer ce raisonnement, voici un exemple dans le cas où l'on a $n = 11$, $m = 4$ et $r = 6$:

Chapitre 11 (p. 192)

2. Ce problème se trouve dans le livre de Hlawka, Schoissengeier et Taschner[9]. On pose $f(n) = \sum\limits_{p|n, p > \log n} 1$. Il s'ensuit que

$$n \geq \prod_{\substack{p|n \\ p > \log n}} p \geq (\log n)^{f(n)},$$

d'où $\log n \geq f(n) \log \log n$, c'est-à-dire $f(n) \leq (\log n)/\log \log n$. Par ailleurs, pour n suffisamment grand, on a

$$\log\left(1 - \frac{1}{\log n}\right) \geq -\frac{2}{\log n}.$$

---

9. HLAWKA, E. et al. *Geometric and Analytic Number Theory*, New York, Springer-Verlag, 1991, 238 p.

Il s'ensuit que

$$0 \geq \log P(n) = \sum_{p|n, p > \log n} \log\left(1 - \frac{1}{p}\right) \geq f(n) \log\left(1 - \frac{1}{\log n}\right)$$
$$\geq -2\frac{f(n)}{\log n} \geq -\frac{2}{\log \log n}.$$

On en déduit que $\lim_{n \to \infty} \log P(n) = 0$, d'où le résultat.

4. Puisque $t^{\omega(n)}$ et $t^{\Omega(n)}$ sont des fonctions multiplicatives, ces résultats sont des conséquences du corollaire 11.16.

6. Puisque la fonction f est multiplicative, alors, en utilisant le corollaire 11.16, on obtient le résultat.

8. Cela résulte du fait que pour $s > \alpha_0$, on a

$$\sum_{n=1}^{\infty} \frac{f(n)}{n^s} \sum_{n=1}^{\infty} \frac{f(n)\mu(n)}{n^s} = \sum_{n=1}^{\infty} \frac{h(n)}{n^s},$$

où $h(n) = \sum_{d|n} \mu(d) f(d) f(n/d) = f(n) \sum_{d|n} \mu(d)$.

Chapitre 12 (p. 202)

2. Le résultat découle du fait que

$$\sum_{d|k} \mu(d) \sum_{m \leq N/d} f(md) = \sum_{\substack{md \leq N \\ d|k}} \mu(d) f(md) = \sum_{n \leq N} \left(\sum_{\substack{d|k \\ d|n}} \mu(d)\right) f(n) = \sum_{\substack{n \leq N \\ (n,k)=1}} f(n).$$

4. La démonstration est analogue à celle de l'exercice précédent si l'on observe que

$$\sum_{n=1}^{\infty} \frac{\beta(n)}{n^s} = \prod_p \left(1 + \frac{1}{p^s} + \frac{2}{p^{2s}} + \frac{1}{p^{3s}} + \frac{2}{p^{4s}} + \cdots\right) = \frac{\zeta(s)\zeta(2s)}{\zeta(3s)}.$$

6. En utilisant la représentation donnée de $\phi(n)$ et en procédant comme dans l'exercice 5, on a

$$\sum_{n \leq N} \phi(n) = \sum_{n \leq N} \sum_{d|n} \mu(d) \frac{n}{d} = \sum_{ed \leq N} e\mu(d) = \sum_{d \leq N} \mu(d) \sum_{e \leq N/d} e$$

$$= \sum_{d \leq N} \mu(d) \left\{ \frac{1}{2} \left(\frac{N}{d} \right)^2 + O\left(\frac{N}{d} \right) \right\}$$

$$= \frac{N^2}{2} \sum_{d \leq N} \frac{\mu(d)}{d^2} + O\left(N \sum_{d \leq N} \frac{1}{d} \right)$$

$$= \frac{N^2}{2} \frac{1}{\zeta(2)} + O(N) + O(N \log N)$$

$$= \frac{N^2}{2} \frac{1}{\zeta(2)} + O(N \log N),$$

ce qui est l'estimation requise.

8. a) Cela découle immédiatement du fait que $A(x) = \left[\dfrac{x}{2}\right]$.

b) En constatant que $A(x) = \left[\dfrac{x}{a}\right]$, le résultat suit.

c) D'après le théorème des nombres premiers, on a

$$A(x) = \pi(x) \sim x/\log x,$$

de sorte que $A(x)/x \sim 1/\log x$, ce qui prouve que la densité de A est 0.

d) Montrons que les deux expressions

$$\frac{A(2^{2r+1})}{2^{2r+1}} \quad \text{et} \quad \frac{A(2^{2r+2})}{2^{2r+2}}$$

ne tendent pas vers la même limite lorsque $r \to \infty$ (r entier positif); il s'ensuivra alors que la limite de $A(x)/x$ n'existe pas et donc que A ne possède pas de densité. En effet, il est assez facile de constater que

$$A(2^{2r+1}) = \sum_{\substack{a \in A \\ a \leq 2^{2r+1}}} 1 = 1 + 4 + 16 + \ldots + 2^{2r} = 4^0 + 4^1 + 4^2 + \ldots + 4^r$$

$$= \frac{4^{r+1} - 1}{(4-1)} = \frac{4^{r+1} - 1}{3},$$

de sorte que

$$\frac{A(2^{2r+1})}{2^{2r+1}} = \frac{4^{r+1} - 1}{3 \cdot 2^{2r+1}} \sim \frac{2}{3} \quad \text{lorsque } r \to \infty.$$

De même, on obtient, puisque $A(2^{2r+2}) = A(2^{2r+1})$,

$$\frac{A(2^{2r+2})}{2^{2r+2}} = \frac{A(2^{2r+1})}{2^{2r+2}} = \frac{4^{r+1} - 1}{3 \cdot 2^{2r+2}} \sim \frac{1}{3} \quad \text{lorsque } r \to \infty,$$

ce qui fournit la contradiction cherchée; d'où le résultat.

10. Supposons que f est monotone décroissante, auquel cas, avec une démarche géométrique, il est facile de constater que

$$0 < \int_a^b f(t)\,dt - \sum_{a<n\leq b} f(n) < \sum_{a\leq n\leq b-1} f(n) - \sum_{a<n\leq b} f(n) = f(a) - f(b),$$

d'où le résultat. Si f est monotone croissante, l'argumentation est analogue.

12. Soit d'abord $L \in \mathcal{L}$. L'intégration par parties donne

$$\int_M^x \frac{dt}{L(t)} = \frac{t}{L(t)}\bigg|_M^x - \int_M^x \frac{tL'(t)}{L^2(t)}\,dt = \frac{x}{L(x)} + O(1) - \int_M^x \frac{\eta(t)}{L(t)}\,dt,$$

où $\eta(t) = tL'(t)/L(t)$. Il découle alors aisément de cette relation que, comme $\eta(t) = o(1)$, on a

$$\int_M^x \frac{dt}{L(t)} = (1 + o(1))\frac{x}{L(x)}.$$

Pour démontrer la réciproque, c'est-à-dire que si $L : [M, \infty) \to \mathbb{R}^+$ une fonction continue, alors

$$\int_M^x L(t)\,dt = (1 + o(1))xL(x) \Rightarrow L \in \mathcal{L}.$$

Posons d'abord

$$I(x) = \int_M^x L(t)\,dt, \quad \xi(x) = \frac{xL(x)}{I(x)}, \tag{1}$$

de sorte que

$$I'(x) = L(x) \tag{2}$$

et, par hypothèse,

$$\lim_{x\to\infty} \xi(x) = 1. \tag{3}$$

Soit y un nombre réel satisfaisant à $M < y \leq x$. Alors, pour chaque $y \leq u \leq x$, on a, à cause de (1) et (2),

$$\frac{\xi(u)}{u} = \frac{1}{I(u)/I(y)} \cdot \frac{I'(u)}{I(y)}.$$

Si on intègre par rapport à u entre y et x, on obtient

$$\int_y^x \frac{\xi(u)}{u}\,du = \int_y^x \frac{1}{I(u)/I(y)} \frac{d}{du}\left(\frac{I(u)}{I(y)}\right) du = \log\left(\frac{I(u)}{I(y)}\right)\bigg|_y^x + c_0,$$

pour une certaine constante c_0. Or, en posant $y = x$, on obtient que $c_0 = 0$. Il découle de cela et de (1) que

$$e^{\int_y^x \frac{\xi(u)}{u}\,du} = \frac{I(x)}{I(y)} = \frac{1}{I(y)} \cdot \frac{xL(x)}{\xi(x)}. \tag{4}$$

D'autre part, il est clair que

$$e^{\int_y^x \frac{\xi(u)-1}{u}du} = e^{\int_y^x \frac{\xi(u)}{u}du - \log x + \log y} = \frac{y}{x} e^{\int_y^x \frac{\xi(u)}{u}du}. \tag{5}$$

En combinant (4) et (5), on obtient que

$$e^{\int_y^x \frac{\xi(u)-1}{u}du} = \frac{y}{x} \frac{1}{I(y)} \frac{xL(x)}{\xi(x)} = (1+o(1)) \frac{y}{I(y)} L(x) \quad (x \to \infty),$$

où on a utilisé (3). Si on pose $\eta(u) = \xi(u) - 1$, on a ainsi obtenu que

$$L(x) = (C(y) + o(1)) e^{\int_y^x \frac{\eta(u)}{u}du},$$

pour une certaine constante $C(y) = I(y)/y$ et une fonction $\eta(u)$ qui tend vers 0 (à cause de (3)). C'est pourquoi, à cause du théorème de représentation, on peut conclure que $L \in \mathcal{L}$.

14. Ce résultat est une conséquence immédiate de l'exercice précédent.

Bibliographie

ABRAMS, Aaron D., et Matteo J. PARIS. «The Probability that $(a,b) = 1$», *The College Mathematics Journal*, vol. 23, 1992, p. 47.

ANDREWS, George E. *Number Theory*, W.B. Saunders Co., 1971.

APÉRY, R. «Irrationalité de $\zeta(2)$ et $\zeta(3)$», *Journées arithmétiques de Luminy, Astérisque*, vol. 61, 1979, p. 11–13.

APOSTOL, T.M. *Introduction to Analytic Number Theory*, New York, Springer-Verlag, 1976.

AYOUB, R. *An Introduction to the Analytic Theory of Numbers*, AMS, Rhode Island, 1963.

BERTRAND, J. *Mémoire sur le nombre de valeurs que peut prendre une fonction quand on y permute les lettres qu'elle renferme, Journal de l'École polytechnique*, vol. 30, 1845, p. 123–140.

BRENT, R.P., G.L. COHEN, et H.J.J. te RIELE. «Improved Techniques for Lower Bounds for Odd Perfect Numbers», *Math. Comp.*, vol. 57, 1991, p. 857–868.

BUELL, D.A., et J. YOUNG. «The Twentieth Fermat Number is Composite», *Math. Comp.*, vol. 50, 1988, p. 261–263.

BURTON, D.M. *Elementary Number Theory*, Boston, Allyn and Bacon, 1980.

COHEN, H. «Démonstration de l'irrationalité de $\zeta(3)$ (d'après R. Apéry)», *Séminaire de théorie des nombres*, Grenoble, 1978, 9 p.

DE KONINCK, J.M. «Développements récents dans l'étude de la fonction zêta de Riemann», *Gazette Sci. Math. Québec*, vol. 13, 1989, p. 2–19.

DE KONINCK, J.M. «Review of the books ARITHMETIC FUNCTIONS AND INTEGER PRODUCTS (by P.D.T.A. Elliott) and INTRODUCTION TO ARITHMETICAL

FUNCTIONS (by Paul J. McCarthy)», *Bull. Amer. Math. Soc.*, vol. 18, 1988, p. 230–247.

DE KONINCK, J.M., et A. IVIĆ. *Topics in Arithmetical Functions*, North-Holland, Amsterdam, 1980.

DE KONINCK, J.M., et C. LEVESQUE. *Théorie des nombres*, Comptes rendus de la Conférence internationale de théorie des nombres tenue à l'Université Laval, 5–18 juillet 1987, Walter de Gruiter.

DE KONINCK, J.M., et A. MERCIER. *Approche élémentaire de l'étude des fonctions arithmétiques*, Québec, Les Presses de L'Université Laval, 1982.

DUDLEY, U. *Elementary Number Theory*, San Francisco, Freeman, 1969.

EDWARDS, H.M. *Riemann Zeta Function*, New York, Academic Press, 1974.

ELLIOTT, P.D.T.A. *Probabilistic Number Theory I : Mean-Value Theorems*, New York, Springer-Verlag, 1979.

ELLIOTT, P.D.T.A. *Probabilistic Number Theory II : Central Limit Theorems*, New York, Springer-Verlag, 1980.

ELLISON, W.J. *Les nombres premiers*, Paris, Hermann, 1973.

ERDÖS, P. «Beweis eines Satzes von Tschebyscheff», *Acta Litt. Sci. Reg. Univ. Hunga. Fr. Jos. Sci. Math.*, vol. 5, 1932, p. 194–198.

ERDÖS, P. «On a New Method in Elementary Number Theory Which Leads to an Elementary Proof of the Prime Number Theorem», *Proc. Nat. Acad. Sci.*, Washington, vol. 35, 1949, p. 374–383.

ERDÖS, P., et C. POMERANCE, «On the Largest Prime Factors of n and $n+1$», *Aequationes Math.*, vol. 17, 1978, p. 311–321.

GROSSWALD, E. *Topics from the Theory of Numbers*, New York, MacMillan, 1966.

GROSSWALD, E. *On Representations of Integers as Sums of Squares*, New York, Springer-Verlag, 1985.

GUÉRIN, F. «On a Problem Connected with a Theorem of Jarnik», *Monat. Math.*, vol. 111, 1991, p. 287–291.

GUY, R. *Unsolved Problems in Number Theory*, New York, Springer-Verlag, 1981.

HARDY, G.H., et J.E. LITTLEWOOD. «Some Problems of "Partitio Numerorum", III : On the Expression of a Number as a Sum of Primes», *Acta Math.*, vol. 44, 1923,

p. 1–70. Reprinted in *Collected Papers of G.H. Hardy*, vol. 1, p. 561–630, Oxford, Clarendon Press, 1966.

HARDY, G.H., et S. RAMANUJAN. «Asymptotic Formulæ in Combinatory Analysis», *Proc. London Math. Soc.*, vol. 17, 1918, p. 75–115.

HARDY, G.H., et E.M. WRIGHT. *An Introduction to the Theory of Numbers*, Oxford University Press, 1960.

HAYES, B. «Le problème de Syracuse», *Pour la Science*, mai 1984, p. 98–103.

HENSLEY, D., et I. RICHARDS. «On the Incompatibility of Two Conjectures Concerning Primes», *Proceedings of Symposia in Pure Mathematics*, vol. 24, AMS, Rhode Island, 1973, p. 123–128.

HLAWKA, E., J. SCHOISSENGEIER et R. TASCHNER. *Geometric and Analytic Number Theory*, New York, Springer-Verlag, 1991, x + 238 p.

HUA, L.K. *Introduction to Number Theory*, New York, Springer-Verlag, 1982.

IVIĆ, A. *The Riemann Zeta Function*, New York, John Wiley & Sons, 1985.

KOBLITZ, N. *A Course in Number Theory and Cryptography*, New York, Springer-Verlag, 1987.

LITTLEWOOD, J.E. «Sur la distribution des nombres premiers», *C.R. Acad. Sci. Paris*, vol. 158, 1914, p. 1869–1872.

NEWMAN, D.J. «The Evaluation of the Constant in the Formula for the Number of Partitions of n», *Amer. J. Math.*, vol. 73, 1951, p. 599–601.

NICKEL, L., et C. NOLL. «The 25th and 26th Mersenne Primes», *Math. Comp.*, vol. 35, 1980, n° 152, p. 1387–1390.

NIVEN, I., et H.J. ZUCKERMAN. *An Intoduction to the Theory of Numbers*, New York, John Wiley & Sons, 1979.

PARADY, B., J. SMITH et S. ZARANTONELLO. «Largest Known Twin Primes», *Math. Comp.*, vol. 55, 1990, p. 381–382.

PATTERSON, S.J. *An Introduction to the Theory of the Riemann Zeta Function*, Cambridge, Cambridge University Press, 1988.

POMERANCE, C. «The Search for Prime Numbers», *Scientific American*, vol. 247, déc. 1982, p. 136–147.

RIBENBOIM, P. *13 Lectures on Fermat's Last Theorem*, New York, Springer-Verlag, 1979.

RIBENBOIM, P. *The Book of Prime Numbers*, New York, Springer-Verlag, 1989.

RIBENBOIM, P. *The Little Book of Big Primes*, New York, Springer-Verlag, 1991.

RIEMANN, B. «Ueber die Anzhal der Primzahlen unter eine gegebenen Grösse», *Monat. Preuss. Akad. Wiss.*, Berlin, 1859, p. 671–680.

ROBERTS, J. *Elementary Number Theory : a Problem Oriented Approach*, Cambridge, M.I.T. Press, 1978.

ROSSER, B. «The n-th Prime is Greater than $n \log n$», *Proc. London Math. Soc.*, vol. 49, 1939, p. 21–44.

RUBINSTEIN, M. «A Simple Heuristic Proof of Hardy and Littlewood's Conjecture B», *Amer. Math. Monthly*, vol. 100, 1993, p. 456–460.

SELBERG, A. «An Elementary Proof of the Prime Number Theorem», *Ann. Math.*, vol. 50, 1949, p. 303–313.

SENETA, E. *Regularly varying functions* (LNM 508), New York, Springer-Verlag, et Berlin, Heidelberg, 1976.

SIERPINSKY, W. *250 Problems in Elementary Number Theory*, New York, American Elsevier Publishing Co., 1970.

SILVERMAN, J.H. *The Arithmetic of Elliptic Curves*, New York, Springer-Verlag, 1986.

TCHEBYCHEFF, P.L. «Mémoire sur les nombres premiers», *St. Pet. Ac. Mm.*, vol. 7, 1854, p. 17–33.

TENENBAUM, G. *Introduction à la théorie analytique des nombres,* Université de Nancy I, 1991.

TITCHMARSH, E.C. *The Theory of the Riemann Zeta Function*, Oxford, 1951.

VON DER POORTEN, A. «A proof that Euler Missed... Apéry's Proof of the Irrationality of $\zeta(3)$», *Math. Intell.*, vol. 1, 1979, p. 195–203.

WALL, C.R. *Selected Topics in Number Theory*, Columbia, University of S.C. Press, 1974.

Index

$\mu(n)$ 65
$\omega(n)$ 65
$\phi(n)$ 65

A
Adleman (L.) 49
Approximation rationnelle 157

B
Balasubramanian (R.) 125
Bertrand (Joseph) 100
    Postulat de 101

C
Caractère 182
Cercle
    Méthode du 175
Chen (Jing Run) 125
Classes résiduelles modulo m 39
Codage 48
Congruence 37
    Solution d'une 44
Conjecture des nombres premiers jumeaux 29, 94
Constante d'Euler-Mascheroni 103
Cycle d'une fraction 47

D
Descente infinie de Fermat 117
Deshouiller (Jean-Marc) 125
Diophante 111
Dirichlet (Peter Gustav Lejeune-) 182
    Produit de 90
    Séries de 182
    Théorème de 29, 164
Diviseur(s)
    Nombre de 65
    Plus grand commun 8
    propre 4
    Somme des 65
Division euclidienne 5
Dress (F.) 125

E
Entier relativement premier 11
Équation diophantienne 111
Équation pythagoricienne 115
Ératosthène 26
    Crible d' 25
Erdös (Paul) 95
Euclide 1, 26
    Algorithme d' 10
    Lemme d' 11
    Théorème d' 26
Euler (Leonhard) 34, 37, 66
    Critère d' 133
    Fonction d' 41, 42, 68
    Théorème d' 43
Euler-Mascheroni
    Constante d' 103

F
Faltings (G.) 120
Fermat (Pierre de) 34, 42, 111, 120
    Dernier théorème de ou grand théorème de 43, 119
    Méthode de descente infinie de 117
    Nombres de 34
    Petit théorème de 42, 43
Fonction
    arithmétique 65
        Dérivée d'une 91
    d'Euler 41, 42, 68
    de Mœbius 65
    génératrice 181
    multiplicative 72
        complètement 72
    partition 172
    Valeur moyenne asymptotique d'une 196
    zêta de Riemann 105, 183
Fraction
    continue simple
        finie 146
        infinie 152
    Cycle d'une 47
    Période d'une 47

G
Gauss (Carl Friedrich) 37, 38, 95
    Lemme de 135
Goldbach (Christian) 36, 71
    Conjecture de 71

H
Hadamard (Jacques) ix, 95
Hilbert (David) 125
Hyperbole
    Méthode de l' 200

I
Induction 3
Inégalités de Tchebycheff 96

J

Jacobi (Carl Gustav Jacob) 141
   Symbole de 141

K

k-ième réduite d'une fraction 147
   Dénominateur de la 149
   Numérateur de la 149
Kronecker (Leopold)
   Théorème de 168

L

Lagrange (Joseph Louis) 37, 122
   Identité de 121
   Théorème de 157
La Vallée-Poussin (Charles Jean de) ix, 95
Legendre (Adrien Marie) 37, 95, 133
   Symbole de 132

M

Mersenne (Marin) 34
   Nombres de 34
Meziriac (Bachet de) 111
Mœbius (Augustus Ferdinand) 78
   Fonction de 65
   Formule d'inversion de 78
Multiple 4
   Plus petit commun 12

N

Newton
   Binôme de 4
Nombre(s)
   algébrique 165
   composé 21
   de Fermat 34
   de Mersene 34
   d'or 154
   parfait(s) 34, 77
   « parfait Canada » 85
   premiers 21
      Théorème des 95
      premiers jumeaux 93
         Conjecture des 29, 94
   transcendant 165
   triangulaire 14
   Non congru à 37
   Non-résidu quadratique 131

P

Partie entière ou plus grand entier 61
Partie fractionnaire 61
Partition(s)
   conjuguée 173
   Nombre de 171
   représentation graphique d'une 173
Pascal (Blaise)
   Règle de 4
Période d'une fraction, 47
Principe du bon ordre 2
Propriété Archimédienne 2
Pythagore 1, 115
   Théorème de 114

R

Réciprocité quadratique
   Loi de 139
Règle de Pascal 4
Résidu(s) 41
   quadratique 130
   Système complet de 41
   Système réduit de 41
Ribenboim (Paulo) 120
Riemann (Georg Friedrich Bernhard) 105, 107
   Fonction zêta de 105, 183
   Hypothèse de 108
Rivest (R.L.) 49

S

Selberg (A.) 95
Séries
   de Dirichlet 182
   L 182
Shamir (A.) 49
Solution(s)
   Nombre de 44
   primitive 115

T

Tchebycheff (Pafnuti Lvovich) 28, 94
   Inégalités de 96
Théorème
   des nombres premiers 95
   du binôme 4
   du reste chinois 46
   fondamental de l'arithmétique 22

U

Unité 59

V

Valeur moyenne asymptotique d'une fonction 196
Vinogradov (Ivan Metveevitch) 36

W

Wagstaff (S.S.) 120
Waring (Edward) 124
   Problème de 120, 121, 124
Wilson (John)
   Théorème de 45
Wintner
   Théorème de 196

Z

Zêta
   Fonction — de Riemann 105, 183